임베디드 소프트웨어를 위한 DSP 신호처리와 TMS320F2837xD

강건일 지음

저자소개

강건일(Keonil Kang)

[주요 경력]
(현재) 주식회사 케이벨 대표
(전) 한양대학교(서울) 부설 연구소 전기정보통신 기술연구소
(전) 삼성전자 주식회사 SYSTEM LSI 사업부
MCU Software House_ KI-TELECOM 대표 (1996 ~ 1999)
(전) 주식회사 OTRON 부설 기술연구소 ((구) 올림포스전자 주식회사)

[주요 학력]
한양대학교 대학원(서울) - 전자컴퓨터통신공학과 박사 졸업(박사)
서울대학교 공과대학 AIP35기 수료
카이스트(KAIST) 테크노경영 대학원(서울) ATM3기 수료

[기술 문의]
TEL: 02 6443 4703
E mail: kangkeonil@naver.com
Home Page: www.avmart.co.kr
Down Load: www.avmart.co.kr → 커뮤니티→ 제품 관련 자료실

임베디드 소프트웨어를 위한
DSP 신호처리와 TMS320F2837xD

인 쇄: 2023년 8월 21일 초판 1쇄
발 행: 2023년 8월 30일 초판 1쇄

저 자: 강건일
발행인: 송 준
발행처: 도서출판 홍릉
주 소: 01093 서울시 강북구 인수봉로 50길 10
등 록: 1976년 10월 21일 제5-66호

전 화: 02-999-2274~5, 903-7037
팩 스: 02-905-6729
e-mail: hongpub@hongpub.co.kr
http://www.hongpub.co.kr
ISBN: 979-11-5600-126-3(93560)

정 가: 27,000원

임베디드 소프트웨어를 위한 DSP 신호처리와 TMS320F2837xD

강건일 지음

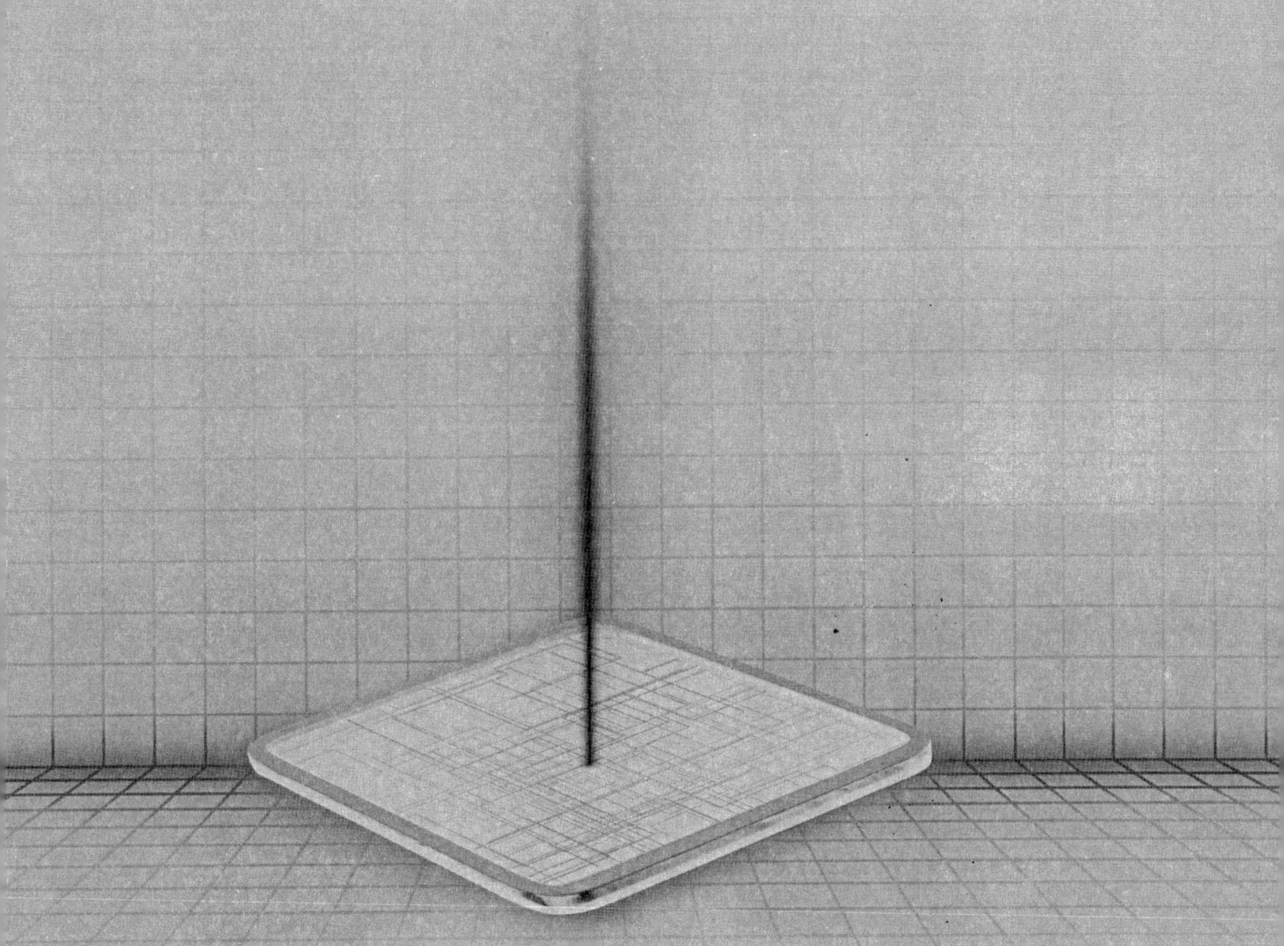

도서출판 홍릉

Foreword

요즈음 매스컴을 통하여 인공 지능(AI), 로봇, 그리고 자율 주행 관련하여 많은 정보들이 보도되고 있다. 운송과 자동차 산업은 물론이고 의료 산업과 가전 제품 산업 등에도 폭 넓게 AI 기술이 적용되고 있다고 전한다. 실제적으로, 임베디드 시스템(embedded system) 회로 기반으로 개발되는 로봇 청소기, 인공지능 에어컨, 드론 제어 장치, 조명 제어 시스템 등과 같은 제품군에서, 이들은 **감지 신호를 디지털 신호 처리하여 시스템을 제어하는 장치에 빠르게 적용**되고 있다. 이러한 현상은 반도체 산업의 발달로 인하여 DSP(digital signal processor) 회로의 실시간 연산 처리 속도가 빨라진 것이 주요 요인 중의 하나이다. 앞으로 AI가 접목된 DSP 회로 기반 임베디드 시스템 기술은 DSP 연산 처리 속도가 빨라질수록 더 빠르게 발전될 것이다. DSP 회로 기반 임베디드 시스템 개발을 수행하기 위하여 가장 기본이 되는 바탕 기술은 디지털 신호 처리 소프트웨어 개발이다. **임베디드 시스템 소프트웨어 개발은, PC을 기반으로 소프트웨어를 개발하는 것에 비하여, 가성비 좋은 하드웨어 와 좀더 정교하고 정확한 소프트웨어 기술이 요구된다.**

DSP 회로 기반 임베디드 시스템 개발에 입문하는 분들은, DSP 회로 기반의 소프트웨어 설계를 진행하기 위하여, DSP 회로 관련한 테크니컬 매뉴얼(technical manual), 아날로그 신호 처리에 대한 회로 이해, 디지털 신호 처리 관련 연산 식 이해, 그리고 프로그램 설계를 위한 코딩 기술 등을 빠른 시간내에 모두 습득해야 하는 다소 힘겨운 상황에 처할 수 있다.

본 교재는, DSP 회로 기반 임베디드 시스템을 개발하시는 분들의 학습 과정 어려움을 좀 더 빠르게 극복할 수 있도록, 디지털 신호 처리 프로그램 개발에 직간접으로 필요한 신호처리의 기초적 개념이 포함된 학습 요소들을 쉽게 이해할 수 있게 해석하여 설명하고 관련된 내용으로 신호 처리 회로와 C 언어로 설계된 프로그램 예제를 만들어 게재한다. 즉, 아날로그 회로 방식의 신호 처리 이론과 응용 회로 예제를 실어 회로 구성 동작을 설명하고, MATLAB 툴 상에서 프로그램을 설계하여 예제를 Simulation 하여 결과를 확인하고, 그리고 DSP 회로 기반에서 C 언어로 설계된 디지털 신호 처리 프로그램 예제를 기능별로 나누어 게재하여 실행되는 프로그램을 해석하고 연산 식 처리 과정을 설명한다. 추가적인 심화 과정으로 실전에서 사용될 수 있는 응용 제품의 프로그램을 DSP 보드 상에서 실행하고 나타난 측정된 결과 값을 이론적 설명과 함께 게재한다. 게재된 예제에 대한 실행 결과는 디지털 오실로스코프로 측정한 값이다.

DSP 회로 기반으로 디지털 신호 처리 소스 프로그램을 개발하고 실행하기 위해서는, DSP IC와 전원 공급 회로, 그리고 DSP 입력과 출력을 인터페이스(interface) 할 수 있게 마련된 I/O 회로, 오디오 증폭기 회로 등이 실험용 DSP 보드 상에 함께 실장 되어야 한다. 본 교재에 사용되는 DSP 보드(KB2837xD)는 TI 사 제품 DSP IC "Tms320f283xD"가 실장 된 DSP 프로그램 개발용 임베디드 구조로 설계된 보드로, 설계자가 DSP 기능을 효율적으로 응용 사용할 수 있도록, 오디오 증폭기를 포함하여 설계자가 편리하게 사용할 수 있도록 DSP IC 주변의 인터페이스 회로가 고 성능으로 잘 설계되어 DSP 보드에 함께 실장 되어있다. 게재된 다수의 예제는, 저자가 직접 설계하여 DSP 보드 상에서 실행한 소스 프로그램으로, FIR(finite impulse response) 필터, 적응(adaptive) 필터, FFT(fast Fourier transform)의 개념을 쉽게 이해할 수 있게 설계된 기본 소스 프로그램과, 실제 현장에서 사용될 수 있는 DSP 회로 기반으로 설계된 응용 제품의 소스 프로그램 등이다. 그리고 임베디드 시스템 개발에 처음 입문하시는 분들이 개념에서부터 예제 프로그램까지 내용을 쉽게 찾아볼 수 있도록 흐름도를 만들어 목차 앞에 별첨한다.

저자는, DSP 회로 기반의 디지털 신호 처리 소프트웨어를 처음 입문하시는 분들부터 DSP 회로 기반 임베디드 시스템을 개발하는 소프트웨어 엔지니어 분들 모두에게 도움을 줄 수 있는 교재가 되기를 기대하여 본다.

목차

CHAPTER

01 디지털 신호 처리를 위한 개요

CHAPTER

02 KB2837xD 보드 상에서 LED 점멸 프로그램 설계

CHAPTER

03 디지털 신호 처리의 이해

CHAPTER

06 Notch 필터 설계

CHAPTER

07 1KHz 정현 파 신호 발생기 설계

CHAPTER

08 적응 필터(Adaptive Filter)의 개념

CHAPTER

09 KB2837xD 보드 상에서 적응 필터 구동 프로그램 설계와 실행

CHAPTER

10 KB2837xD 보드 상에서 소음 환경 내 이상 음 모니터링 시스템 설계

CHAPTER

11 적응 필터의 수렴과 발산 이해

CHAPTER

12 고속 푸리에 변환(Fast Fourier Transform)

CHAPTER

14 KB2837xD 보드 상에서 DUAL CPU Mode 프로그램 설계

APPENDIX

01 CCS 셋업

APPENDIX

02 KB2837xD 보드의 블록 별 회로도

APPENDIX

03 KB2837xD 보드와 함께 실험에 적용되는 센서 모듈과 부품 규격

그림목차

부록그림목차

CHAPTER

01 디지털 신호 처리를 위한 개요

TMS320F2837xD 개발용 보드

Model 디지털 신호처리 개발 키트 (KB2837xD)

출처 www.avmart.co.kr

1-1 아날로그 신호와 디지털 신호의 개념

인체의 모든 감각 기관에서 느끼는 감각은, 어떤 환경과 조건에서 발생된 신호가 눈과 귀 같은 감각 기관에 접하여 신경망을 거쳐 뇌에서 판정한 결과로 생각할 수 있다. 즉, 눈에 보이는 것도 신호이고, 귀에 들리는 소리도 신호이며 피부에 와 닫는 감각도 신호이다. 주변의 모든 환경에서 발생된 신호는 시간이 경과하면서 그 자체가 가지는 물리적 특성에 의하여 크기와 주기가 연속적으로 변화한다. 우리는 이것을 아날로그 신호(analog signal) 라 부른다. 반면에 디지털 신호는 그것의 크기가 0 또는 1의 2가지 신호 형태만 존재하고, 인위적으로 만들어진 형식에 의하여 일정한 방향으로 0 과 1의 크기로 구성된 패턴(pattern)의 조합 내용이 변화하는 신호이다. 전원이 인가되지 않은 상태에서 자연과 사물에서 발생되는 모든 신호는 아날로그 신호 형태를 가지며, 이렇게 감지된 아날로그 신호는 전기적 신호로 바꿀 수 있는 센서를 통하여 디지털 변환 장치에 입력되어 디지털 신호로 변환된다. 이렇게 신호가 처리되는 과정을 디지털 신호처리라 한다.

예를 들어 설명하면, 두 사람이 서로 대화를 나누는 과정에서 상대방의 입에서 송출된 말 소리(음성 신호)는 아날로그 신호 형태로 내 자신의 귀에 들리게 된다. 귀에 들린 신호는 아날로그 신호이다. 귀의 청각 기관은 아날로그 신호만을 인식하도록 구조되었다. 디지털 신호 처리 기술이 발전하지 못한 1990년도 이전에는 아날로그 신호를 마그네틱 소자를 이용하여 그 내용을 아날로그 신호 형태로 저장하여 보관하고, 아날로그 신호 형태로 보관된 신호는 아날로그 신호의 진폭을 크게 하는 증폭기 회로를 통하여 재생되어 사용되었다. 테이프 레코드 와 LP 플레이어 등이 이러한 저장 기술을 바탕으로 만들어진 기기에 해당된다. 반면에 디지털 신호는 0 과 1의 크기를 가지는 신호 값들을 직렬 또는 병렬로 열거하여, 그 열거된 값을 8, 16, 32, 64, … 단위로 묶어서 저장(write)하고 다시 읽어내어 사용하는 신호를 의미한다. 여기서 0과 1의 값을 가지는 신호 8 개를 묶어서 한 개의 데이터 값으로 처리하는 신호를 8비트 신호라 하고 (8 bit = 1 byte), 64 개를 묶어서 한 개의 데이터 값으로 처리하는 신호를 64비트 신호라 나타낸다.

1-2 가청 주파수 대역 내에서의 소리 신호

1-2-1 소리 신호(sound signal)는 무엇인가?

자연 환경에서 많이 접할 수 있는 신호들 중에서 환경 변화와 물리적 변화에 가장 민감하게 그 특성이 변하는 것이 소리 신호이다. 소리 신호는 인간의 귀로 들을 수 있는 신호로 표현될 수 있고, 일반적으로 가청 주파수 대역의 아날로그 신호 또는 오디오 신호로 표현되며 20Hz ~ 20KHz 주파수 대역을 갖는다. 그러나 실제적으로 인간이 들을 수 있는 주파수 대역은 30Hz ~ 13KHz 범위에 있고, 일상적으로 대화에 사용되는 주파수 대역은 200Hz ~ 4000Hz 범위에 있다. 소리의 크기 변화 폭은 진폭의 변화 크기를 의미하며 음 압(sound pressure level, spl) 값으로 나타낸다. 우리가 사용하는 음 압은 공기의 압력 값을 나타내며 1 Pascal(1Pa = 10 ubar = 94dBspl)를 기본 단위로 사용한다. 음 압 값은 SPL Meter로 측정된 값이고, 주변 환경에서 조용하다고 느끼는 정도가 약 40dBspl ~ 45dBspl 수준이고, 소음이 심하다고 느끼는 정도는 60dBspl 이상으로 측정된 값이다.

1-2-2 소리 신호의 특성

1) 소리 신호의 레벨(level)메타 값 데시벨(dBspl)은 소리 신호의 크기를 나타내는 값이다. 그리고 표준화된 최저 가청 한계의 기본 레벨 "Po"는 20uPa이다. 귀로 들리는 소리의 음원 값을 P로 나타낼 때 산출된 결과 값은 dBspl로 표기된다. 즉, dBspl = 20 log P/Po이다.

2) 소리 신호의 전달 속도

소리 신호는 공기중에서 1초에 약 340m 거리에 도달될 수 있으며, 연못의 잔 물결처럼 사방으로 펼쳐 나간다. 소리의 전달 속도는 매질에 따라서 다르게 나타나서, 물 같은 액체에서는 공기 중에서 보다 약 4배 정도 빠르고 금속 같은 고체에서는 약 15배 정도 빠르게 전달된다. 공기중에서 소리 신호는 거리가 증가할 수록 그 크기가 감소하며, 물체에 부딪칠 때는 물 방울이 튀겨 나가듯이 사방으로 퍼져 나간다. 퍼져 나간 소리 신호의 위상이 특정 방향으로 진행 전달되는 신호의 위상과 동위상이 되어 겹쳐질 때 소리는 더 커지고 역위상으로 겹쳐지면 소리의 크기는 더 감소하여 작게 들린다. 그리고 소리 신호는 소리 진행 방향과 물체에 반사된 신호와의 위상 상관 관계에 따라서 민감하게 그 특성이 변화된다. 소리의 발생 파워를 "P"로 할 때, P 신호가 특정 방향으로 나아가는 비율을 음향 인턴시티(intensity)라 하고 이것을 "I"로 하여 매개 변수의 관계 수식을 다음과 같이 나타낸다.

$$I = P/4\pi r^2 = P^2/pc \qquad (1\text{-}1)$$

r = 음원 거리, p = 공기의 밀도, C = 소리의 속도

즉, 음원의 파워는 음향 인턴시티와 비례하고 음 압의 자승에 비례한다. 또한 음향 인턴시티는 거리의 자승의 값에 반비례하여 그 크기가 감소한다.

3) 소리 신호의 크기

음압 (SPL, dB)	음압 발생	비고
140 ~	비행기 소리, 폭발음	청각 기능 상실 위험
114 ~ 120	실내 음악 공연장	청각 일부 손실 위험
55 ~ 94	자동차, 공사장 등의 소음	스트레스 유발 소음
45 ~ 54	주거 환경의 소음 기준 값	숲 속의 새소리
40 ~ 45	귀로 들을 수 있는 최소값	미세 바람 소리
0	Hearing threshold	음 압의 최소 단위

| **그림 1-1** | 소리 신호의 크기와 귀로 들리는 느낌

4) 소리 신호의 크기 측정

소리 신호는 SPL(sound pressure level) 메타로 측정하고, SPL메타로 측정된 값은 표준화되어 사용된다. 다만 값을 측정할 때 고려할 사항이 몇 가지 있다. SPL메타에 입력된 신호를 약 1초(sec) 동안 읽어서 그 값을 나타내는 SLOW MODE가 있고, 입력된 신호를 짧은 시간(100msec)내에 읽어 그 값을 나타내는 FAST MODE가 있다. 또 다른 선택 모드는 웨이트(weight) 필터 선택이다. 일반적인 주변 환경에서 소리 신호를 측정할 때, 주변에서 발생된 환경 잡음이 신호음과 함께 섞여서, 원하는 주파수 대역에서 측정된 값의 정확도가 떨어지는 결과가 나타난다. 이러한 환경 잡음 영향을 측정 결과 값에 보상하기 위하여 노이즈 제거 필터를 선택할 수 있게 만들어 놓았다. 이러한 선택 모드는 아날로그 신호 처리에서의 결과 값을 바탕으로 만들어진 것이고, 근래에 만들어진 디지털 SPL 메터에서는 소리 신호를 FFT(fast Fourier transform) 연산 처리 후, 주파수 별 진폭의 크기를 화면에 바로 나타내어 신호에 잡음이 섞여 있는 정도를 좀더 쉽게 읽을 수 있다. 그림 1-2는 소리 신호를 측정할 때 선택할 수 있는 웨이트 필터 특성을 간단하게 나타낸 그래프이다. 입력된 신호의 측정 값을 0dB로 놓을 때, 입력 신호 대비 주파수 별 감쇄된 크기를 나타낸다.

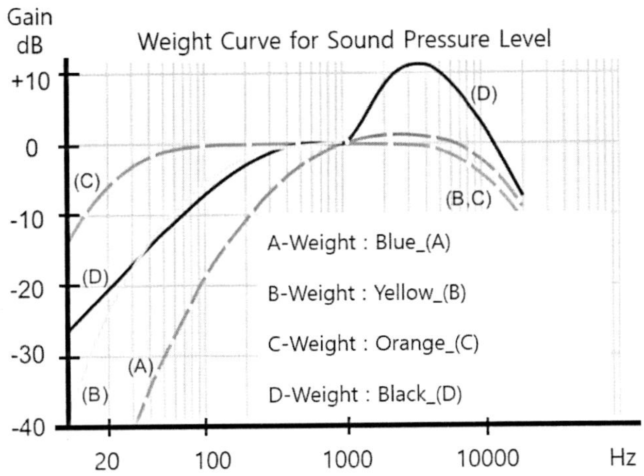

| 그림 1-2 | 소리 신호를 측정할 때 선택할 수 있는 WEIGHT 필터 특성

5) 소리 신호의 크기 교정(calibration)

소리의 크기는 SPL 메타로 측정된다. SPL 메타의 기준 값은 Sound Generator를 이용하여 1KHz 정현 파 신호를 94dBspl 크기로 밀착 인가하여 교정(calibration) 한다.

그림 1-3은 소리 신호를 전기 신호로 변환하는 마이크로폰의 감도(sensitivity)을 교정된 Sound Generator를 이용하여 측정하는 과정을 나타낸다.

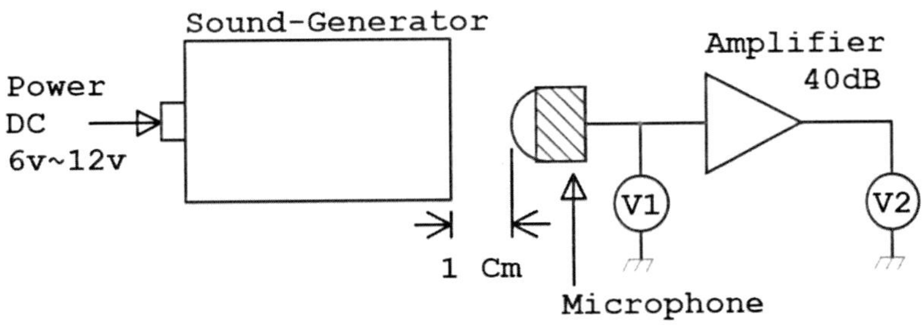

| 그림 1-3 | 소리 신호를 전기 신호로 변환하는 마이크로폰의 감도(sensitivity) 측정

측정 예 Microphone 규격이 -40dBV / 1 pa(= 94dBspl) 또는 -60dBV / 1 ubar(1Pa= 10ubar) 로 표기 되어져 있다면 다음과 같이 그림 상의 V1 값과 V2 값이 측정되어진다.

V1 : 10mV, V2 : 1000mV.

참고 Sound Generator와 마이크로폰 사이의 거리는 가깝게 위치하여야 잡음 신호에 의한 측정 오차가 적다.

6) 잡음과 찌그러짐(noise and distortion)

귀로 들을 수 있는 가청 신호의 경우, 귀에서 들리는 신호가 주변 환경 여건에 따라 명료하게 들리지 않을 수 있다. 이것은 신호음에 주변 환경에서 발생된 잡음이 섞이거나 신호 자체가 찌그러져서 그러한 결과가 나타난다. 모든 아날로그 신호에는 잡음과 찌그러짐이 신호에 섞여 존재한다. 신호 대비 잡음이 섞이는 정도를 비율로 나타낸 수치를 S/N RATIO(signal to noise ratio, dB)라 나타낸다.

$$SNR = \frac{P_s}{P_n},\ SNR(dB) = 10log\frac{P_s}{P_n} \qquad (1-2)$$

P_s는 신호의 전력을 나타내고 P_n는 잡음의 전력을 의미한다.

순수한 정현 파 신호의 찌그러짐은 0%로 나타낸다. 순수한 정현 파(sine wave) 신호를 기준 값으로 정하여, 측정하고자 하는 상대 신호의 찌그러짐 정도를 나타내는 수치를 THD(total harmonic distortion, %)로 나타내어 사용한다. 구형 파(square wave) 신호의 THD는 약 48.3% 수준이고, 톱니 파(sawtooth signal)의 THD는 약 80.3%로 측정된다. 그리고 주파수가 각각 다른 여러 정현 파 신호들이 합쳐져서 또 다른 찌그러진 신호가 만들어질 수 있다. 구형 파 신호의 경우 THD가 48% 수준으로 이 신호를 푸리에 변환(fast Fourier transform)하면 진폭과 주파수가 각각 다른 여러 정현 파 신호로 분해된다. 구형 파는 여러 주파수 대역을 갈는 정현 파 신호와 그것의 고조파 신호가 합해진 복합 신호이다.

THD를 산출하는 식은 다소 복잡하다. 아날로그 신호에는 고조파(harmonic) 성분이 함께 섞여 존재하고, 그 존재 된 고조파 크기도 함께 결과 값에 영향을 주기 때문이다. THD의 측정 값은 측정된 주파수와 함께 표기되며 기본 파(fundamental or first harmonic)의 크기를 RMS(root mean square)로 측정하여, 측정된 그 값을 기준으로 삼아서 측정된 고조파 RMS 크기와 비(ratio)로 나타낸다(출처 Wikipedia).

$$
\begin{aligned}
THD_F &= \sqrt{v_2^2 + v_2^3 + v_2^4 \cdots / v_1} \\
THD_F &= \sqrt{\frac{\pi^2}{8} - 1} = 0.483 \text{ at square wave} \\
THD_F &= \sqrt{\frac{\pi^2}{6} - 1} = 0.803 \text{ at sawtooth signal} \\
THD_F &= \sqrt{\frac{\pi^4}{96} - 1} = 0.121 \text{ at triangle wave}
\end{aligned}
\tag{1-3}
$$

1-3 디지털 신호 처리 프로그램 실험에 적용된 DSP 타겟 보드 KB2837xD의 하드웨어 구조

1-3-1 KB2837xD 보드의 구조

그림 1-4, 1-5는 KB2837xD 보드의 입력 단자와 출력 단자 표기를 나타낸다.

[앞면 부위]

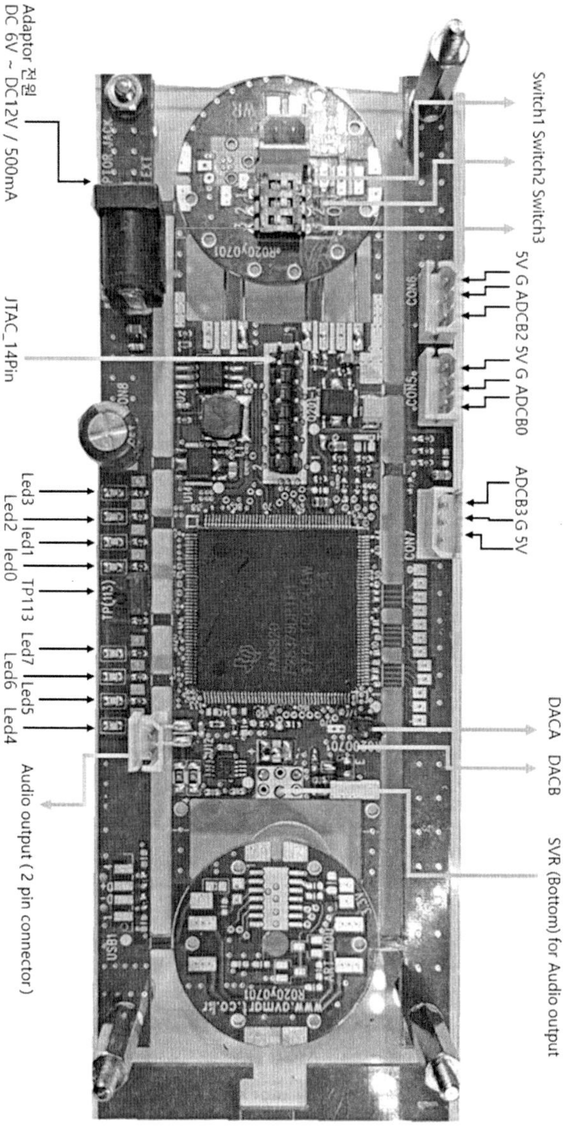

| 그림 1-4 | KB2837xD 앞면 부위

[뒷면 부위]

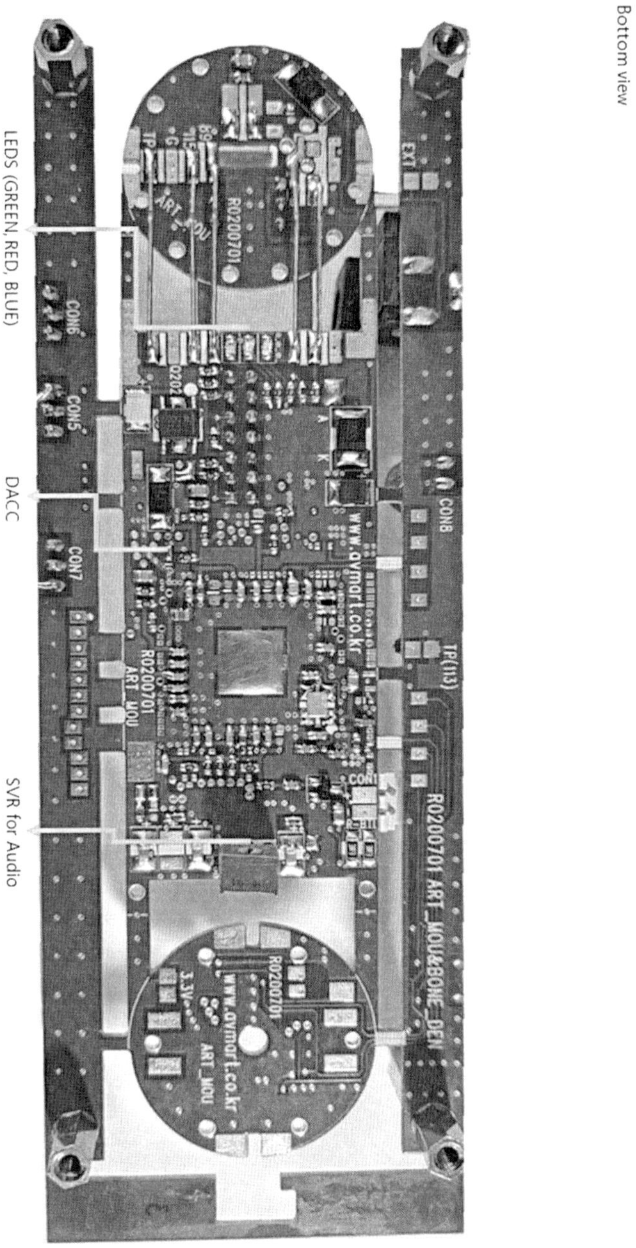

| 그림 1-5 | KB2837xD 뒷면 부위

1-4 KB2837xD 보드의 입력과 출력 단자에 대한 회로 구성과 전기적 특성

1-4-1 GPIO(general purpose input output) 전기적 특성

GPIO 단자의 입력과 출력의 동작 설정은 프로그램 셋업 과정에 의하여 해당 기능이 선택되어 설정된다. 출력 단자로 사용시 High 또는 Low 로 출력되며, High일 때는 내부 또는 외부의 회로에 연결된 Pull up 저항 값에 따라 출력 회로 부하에 흘러 들어가는 전류가 제한된다. 그리고 Low 로 동작될 경우에는 DSP IC 내부 회로 구성 규격에 의하여 GPIO 출력 단자로 최대 흐를 수 있는 Sink 전류가 결정된다.

그림 1-6은 DSP IC 자체의 전기적 특성 표이고, GPIO의 최대 Source 전류는 4mA, 그리고 최대 Sink 전류는 4mA를 나타내고 있다.

over recommended operating conditions (unless otherwise noted)

PARAMETER			TEST CONDITIONS	MIN	TYP	MAX	UNIT
V_{OH}	High-level output voltage		$I_{OH} = I_{OH}$ MIN	V_{DDIO} * 0.8			V
			I_{OH} = –100 µA	V_{DDIO} – 0.2			
V_{OL}	Low-level output voltage		$I_{OL} = I_{OL}$ MAX			0.4	V
			I_{OL} = 100 µA			0.2	
I_{OH}	High-level output source current for all output pins			–4			mA
I_{OL}	Low-level output sink current for all output pins					4	mA
V_{IH}	High-level input voltage (3.3 V)	GPIO0–GPIO7, GPIO42–GPIO43, GPIO46–GPIO47		V_{DDIO} * 0.7		V_{DDIO} + 0.3	V
		All other pins		2.0		V_{DDIO} + 0.3	
V_{IL}	Low-level input voltage (3.3 V)			V_{SS} – 0.3		0.8	V
$V_{HYSTERESIS}$	Input hysteresis				150		mV
$I_{pulldown}$	Input current	Digital inputs with pulldown(1)	V_{DDIO} = 3.3 V $V_{IN} = V_{DDIO}$		120		µA
I_{pullup}	Input current	Digital inputs with pullup enabled(1)	V_{DDIO} = 3.3 V V_{IN} = 0 V		150		µA
I_{LEAK}	Pin leakage	Digital	Pullups disabled 0 V ≤ V_{IN} ≤ V_{DDIO}			2	µA
		Analog (except ADCINB0 or DACOUTx)	0 V ≤ V_{IN} ≤ V_{DDA}			2	
		ADCINB0			2	11(2)	
		DACOUTx			66		

| 그림 1-6 | TMS320F2837xD 동작에 적용되는 전기적 특성(참고 www.ti.com)

1-4-2 LED 구동 회로의 구조와 특성

LED(light emitting diode) 점멸 회로는 GPIO 1개의 단자(port)에 LED 1개와 저항 1개로 직렬 연결된다. 그림 1-7는 GRN_LED, RED_LED, BLUE_LED의 점멸 동작을 확인하기 위하여 설계된 회로이다.

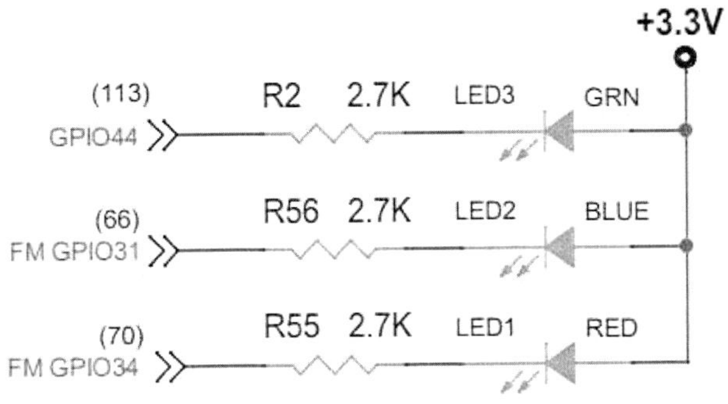

| 그림 1-7 | LED 점멸 회로

일반적으로, LED는 순방향으로 바이어스 전압이(forward voltage) 인가되어야 켜지며, LED에 흐르는 전류양에 따라 밝기가 변한다. 즉, 흐르는 전류가 많아질수록 밝아진다. 그림 1-8 은 Red LED의 기본적인 전기적 특성을 나타낸다.

(Ta=25℃)

Item	Symbol	Condition	Min.	Typ.	Max.	Unit
Forward Voltage	V_F	IF=20mA		2.1	2.6	V
Reverse Current	I_R	VR=5V			10	uA
Peak Emission Wavelength	λ_P	IF=20mA		645		nm
Dominant Wavelength	λ_D	IF=20mA		631		nm
Viewing Angle	$2\theta_{1/2}$	IF=20mA		130		Deg
Luminous Intensity	I_V	IF=20mA	30.0	80.0		mcd

| 그림 1-8 | RED LED의 기본적인 전기적 특성

그림 1-8의 점멸 회로도 상에서 RED LED에 흐르는 전류를 약식으로 계산해 볼 수 있다.

전류, I = (3.3V – 2.1V) / 2700ohm, 즉, LED에 흐르는 전류 I = 0.44mA가 된다.

1-4-3 GPIO(general purpose input output) 구조와 전기적 특성

DSP IC의 GPIO는 입력과 출력기능 뿐만 아니라 DSP IC 내부에 실장 된 모듈의 입력과 출력 단자 회로를 공유하여 선택할 수 있는 MUX 기능을 포함하고 있어서, 이것을 효율적으로 제어하기 위해서는 셋업(setup)과정이 필요하다. 셋업 과정은 프로그램 설계에서 오타 실수로 인한 오류가 발생될 수 있는 부분이다. 설정 과정에서 오류를 줄이기 위하여 프로그램 작성시 "#define"을 미리 설정하여 사용하면 편리하다. 본 교재에서 설명되는 DSP IC "TMS320F2837xD"의 경우, DSP package에 따라서도 GPIO 기능 대비 GPIO의 단자(pin) 번호가 다르게 구성된다. 그리고 각기 다른 여러 기능별 모듈의 입력과 출력은, GPIO 셋업 상태에 따라 설정된 GPIO 단자(pin, port)와 연결되어 모듈 간에 연결된 회로의 기능으로 동작된다. 개발자는 설계에 필요한 입력과 출력의 기능을 구분하여 GPIO 단자를 설정하고 단자의 입력과 출력 특성을 함께 셋업 한다. 그리고 출력 단자로 사용시, 출력 단자에 연결될 부하 조건에 맞게, Open Drain 모드와 Push-Pull 모드를 구분하여 셋업 한다. 그림 1-9은 GPIO 출력 단자의 내부 회로 구조를 나타낸다.

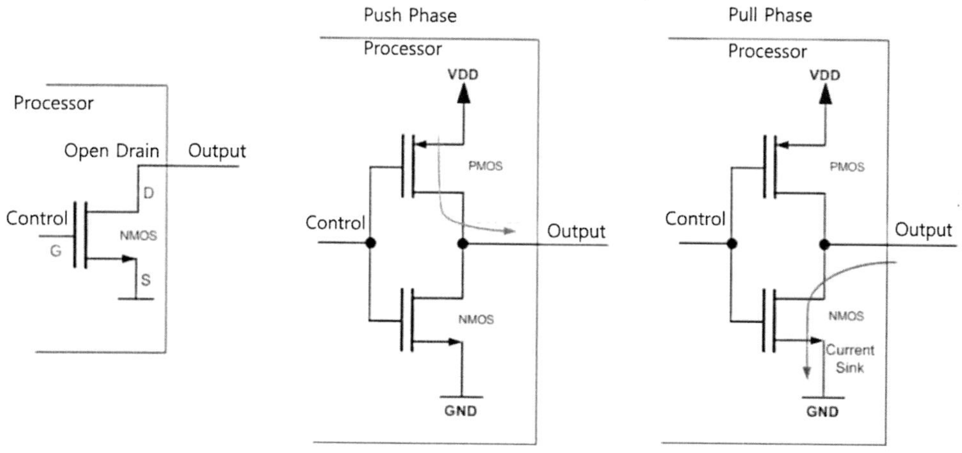

| 그림 1-9 | 출력 단자의 내부 회로(출처 www.ti.com)

그림 1-10은 GPIO 포트의 Multi 기능을 나타내는 설명서의 일부분이고, 그림 1-11은 GPIO 포트(port)의 MUX 기능을 나타내는 구성(block)도면의 일 부분을 나타낸다. 이 내용은 DSP IC 규격에 표기된 사항으로, 한개의 GPIO 단자(pin)가 프로그램 셋업 설정에 따라 여러가지 기능으로 동작되는 것을 설명한 것이다. (세부 사항은 TI 사의 "TMS320F2837xD" 관련 Data Sheet 또는 Technical manual를 참고 바랍니다.)

TERMINAL					I/O/Z[1]	DESCRIPTION
NAME	MUX POSITION	ZWT BALL NO.	PTP PIN NO.	PZP PIN NO.		
ADCIND2		T6	58	–	I	ADC-D input 2
CMPIN8P					I	Comparator 8 positive input
ADCIND3		U6	59	–	I	ADC-D input 3
CMPIN8N					I	Comparator 8 negative input
ADCIND4		T7	60	–	I	ADC-D input 4
ADCIND5		U7	–	–	I	ADC-D input 5
GPIO AND PERIPHERAL SIGNALS						
GPIO0	0, 4, 8, 12	C8	160	–	I/O	General-purpose input/output 0
EPWM1A	1				O	Enhanced PWM1 output A (HRPWM-capable)
SDAA	6				I/OD	I2C-A data open-drain bidirectional port
GPIO1	0, 4, 8, 12	D8	161	–	I/O	General-purpose input/output 1
EPWM1B	1				O	Enhanced PWM1 output B (HRPWM-capable)
MFSRB	3				I/O	McBSP-B receive frame synch
SCLA	6				I/OD	I2C-A clock open-drain bidirectional port
GPIO2	0, 4, 8, 12	A7	162	91	I/O	General-purpose input/output 2
EPWM2A	1				O	Enhanced PWM2 output A (HRPWM-capable)
OUTPUTXBAR1	5				O	Output 1 of the output XBAR
SDAB	6				I/OD	I2C-B data open-drain bidirectional port
GPIO3	0, 4, 8, 12	B7	163	92	I/O	General-purpose input/output 3
EPWM2B	1				O	Enhanced PWM2 output B (HRPWM-capable)
OUTPUTXBAR2	2				O	Output 2 of the output XBAR
MCLKRB	3				I/O	McBSP-B receive clock
OUTPUTXBAR2	5				O	Output 2 of the output XBAR
SCLB	6				I/OD	I2C-B clock open-drain bidirectional port

| 그림 1-10 | GPIO 포트의 멀티 기능 설명 표(출처 www.ti.com)

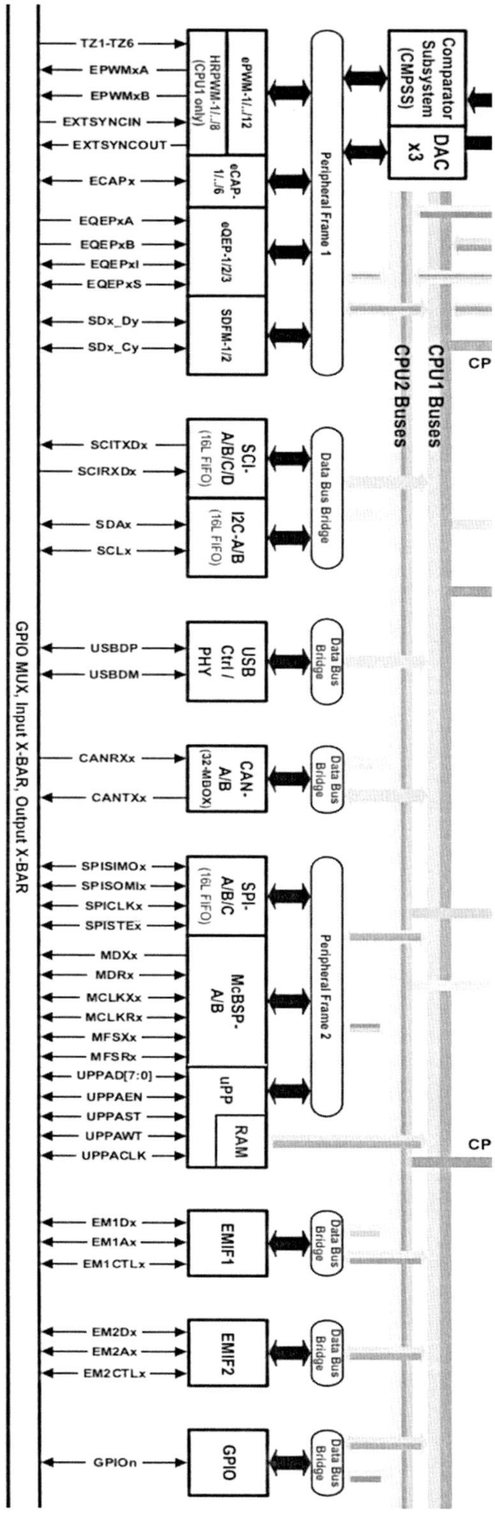

| 그림 1-11 | GPIO의 내부 구조(출처 www.ti.com)

CHAPTER 02

KB2837xD 보드 상에서 LED 점멸 프로그램 설계

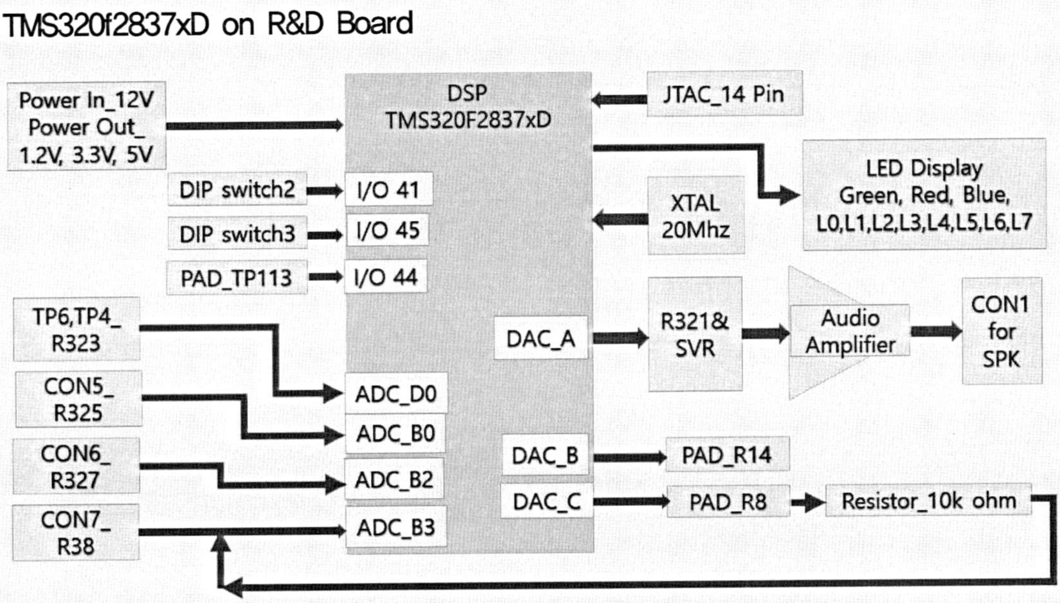

출처 www.avmart.co.kr

2-1 새로운 프로젝트 생성 순서

TI 사에서 무상으로 배포된 CCS 툴 상에서, 새로운 프로젝트의 생성을 만들기 위해서는, 공통적으로 진행되어야 하는 몇 가지 일반적인 과정이 필요하다. 그림 2-1은 프로젝트 생성부터 빌드(build)까지 필요한 과정을 나타낸다.

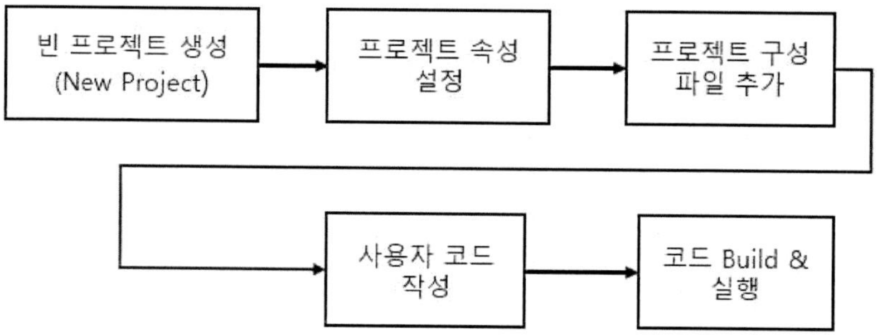

| 그림 2-1 | 새로운 프로젝트 생성 과정

2-2 프로그램 설계할 때 코드 작성에 대한 순서 흐름도

프로그램 설계 과정에서 코드를 작성할 때, DSP IC 내부에 실장 된 각 블록의 동작을 오 동작 없이 잘 실행시키기 위해서는, DSP IC를 설계한 제조사에서 제공한 "Technical Manual"에 준하여 DSP IC에 실장 된 모듈 별 동작이 순서에 맞게 실행되도록 프로그램이 설계되어야 한다. 제조사로부터 제공된 Technical Manual에 맞지 않게 설계된 소스 프로그램은 CCS 툴 상의 Build와 동작 실행 과정에서 에러가 발생된다. 즉, DSP IC 내부의 각 모듈 회로가 제대로 구동되지 않아 오동작이 발생되고, 그리고 실행 속도가 느려질 수 있다. DSP IC 내부에는 기능별로 하드웨어(hardware) 회로로 구성된 모듈(module)이 다수 개 실장 되어 있고, 전원이 동시에 다수의 모듈에 인가되면 파워 리셋(power reset)이 동시에 실행된다. 그리고 이어서 설계된 프로그램으로 실행되는 셋업(set up) 과정이 실행된다. 각 모듈의 프로그램 셋업 과정에는 초기화(initialize) 과정이 포함된다.

그림 2-2는 소스 프로그램 설계에 필요한 블록 별 프로그램 구성 순서 흐름도이다. 시작에서 IDLE LOOP 과정까지의 구성을 흐름도와 같이 순서대로 작성될 것이 권고된다. 다만 각 모듈의 셋업과 각 함수 블록은 메인 프로그램 작성 후에 블록 별로 작성되어 메인 프로그램 후단에 삽입되어도 실행 동작에서 실행 속도의 차이는 발생하지 않는다.

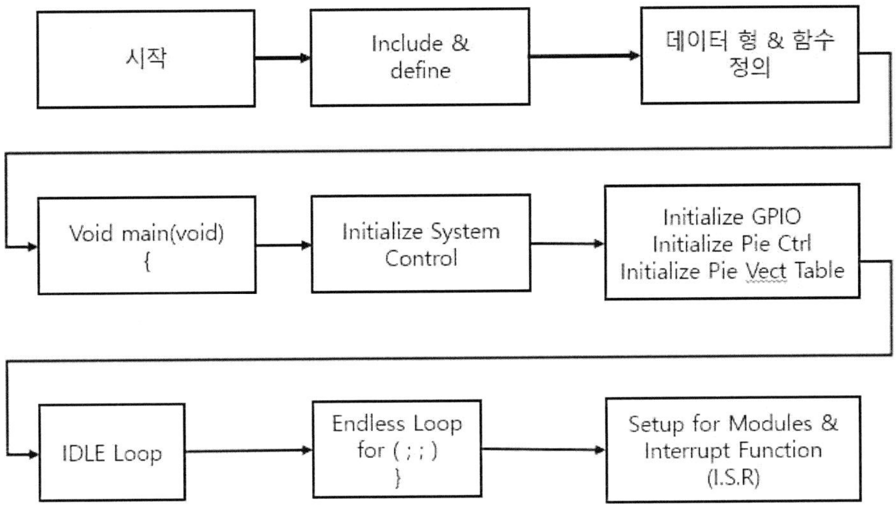

| 그림 2-2 | 소스 프로그램 설계에 필요한 모듈 별 작성 순서 흐름도

참고 1) Setup for Modules: ADC 모듈, DAC 모듈, EPWM 모듈을 초기화하고, 파라메터 값을 설정한다.
2) I.S.R: Interrupt service routine_ 인터럽트 내에서 실행할 프로그램을 작성한다.

2-3 LED 점멸 동작을 위한 소스 프로그램 설계와 실행

DSP IC의 GPIO 단자는 입력과 출력에 해당되는 기본적인 기능과 DSP IC 내부의 다른 모듈들 간의 회로를 공유할 수 있는 복합적인 기능을 갖고 있어서, 이것을 효율적으로 제어하기 위해서는 셋업 설정 과정이 중요하다. 코드 작성시 셋업 설정 과정은 다소 지루하고 오타 실수가 빈번하게 발생될 수 있고, 이로 인하여 빌드 과정에서 에러가 종종 발생된다. 이러한 설계 과정에서 발생되는 오류를 줄이고 편리하게 코드 수정을 하기 위하여 GPIO 부분은 "#define"을 미리 설정하여 사용하면 편리하다. 다음의 예제는 GPIO 설정과 LED 점멸 소스 프로그램을 나타낸다. 왼쪽의 순차 번호 표기는 설명을 위하여 마련된 것으로 코드 작성시 삽입하지 않는다.

```
#include "F28x_Project.h"
#define SW2_STATE   GpioDataRegs.GPBDAT.bit.GPIO41
#define SW3_STATE   GpioDataRegs.GPBDAT.bit.GPIO45
#define BLU_LED_HIGH        GpioDataRegs.GPASET.bit.GPIO31=1
#define BLU_LED_LOW         GpioDataRegs.GPACLEAR.bit.GPIO31=1
#define RED_LED_HIGH        GpioDataRegs.GPBSET.bit.GPIO34=1
#define RED_LED_LOW         GpioDataRegs.GPBCLEAR.bit.GPIO34=1
#define GRN_LED_HIGH        GpioDataRegs.GPBSET.bit.GPIO44=1
#define GRN_LED_LOW         GpioDataRegs.GPBCLEAR.bit.GPIO44=1
#define L2_LED_HIGH        GpioDataRegs.GPBSET.bit.GPIO38=1
#define L2_LED_LOW         GpioDataRegs.GPBCLEAR.bit.GPIO38=1
#define L0_LED_HIGH        GpioDataRegs.GPBSET.bit.GPIO37=1
#define L0_LED_LOW         GpioDataRegs.GPBCLEAR.bit.GPIO37=1
#define L1_LED_HIGH        GpioDataRegs.GPBSET.bit.GPIO40=1
#define L1_LED_LOW         GpioDataRegs.GPBCLEAR.bit.GPIO40=1
#define L3_LED_HIGH        GpioDataRegs.GPBSET.bit.GPIO39=1
#define L3_LED_LOW         GpioDataRegs.GPBCLEAR.bit.GPIO39=1
#define L4_LED_HIGH        GpioDataRegs.GPBSET.bit.GPIO43=1
#define L4_LED_LOW         GpioDataRegs.GPBCLEAR.bit.GPIO43=1
#define L5_LED_HIGH        GpioDataRegs.GPCSET.bit.GPIO67 = 1
#define L5_LED_LOW         GpioDataRegs.GPCCLEAR.bit.GPIO67 = 1
#define L6_LED_HIGH        GpioDataRegs.GPBSET.bit.GPIO47=1
#define L6_LED_LOW         GpioDataRegs.GPBCLEAR.bit.GPIO47=1
#define L7_LED_HIGH        GpioDataRegs.GPBSET.bit.GPIO46=1
#define L7_LED_LOW         GpioDataRegs.GPBCLEAR.bit.GPIO46=1

#define REFERENCE_VDAC  0
#define REFERENCE_VREF  1

#define setup  50

interrupt void cpu_timer1_isr(void);
void InitDacModules(void);
void InitEPwmModules(void);
void InitAdcModule(void);
__interrupt void MainIsr(void);

Uint16  BackTicker;
Uint16  IsrTicker;

int main(void)
{
// Step 1. 시스템 콘트롤 초기화
   InitSysCtrl();
    #ifdef _FLASH
       InitFlash();
    #endif

// Step 2. GPIO 초기화
InitGpio(); //
 EALLOW;
GpioCtrlRegs.GPADIR.bit.GPIO31 = 1; //Blu
GpioCtrlRegs.GPBDIR.bit.GPIO34 = 1; //Red
GpioCtrlRegs.GPBDIR.bit.GPIO38 = 1; //L2
```

- 라인 10–11: KB2837xD 보드에 실장 된 스위치 2와 스위치 3의 GPIO 단자(pin) 배정을 정의하는 것으로, GPIO41 이 스위치 2로 동작되도록 정의하고, GPIO45는 스위치 3으로 동작되도록 정의한다.
- 라인 12–33: KB2837xD 보드에 실장 된 Green Led, Red LED, Blue LED, L0 ~ L7 LED에 대하여 GPIO 설정에 대한 정의를 나타낸다.
- 라인 35–36: DAC 모듈과 ADC 모듈 설정에 관련된 사항으로, 아날로그 신호를 디지털 신호로 변환 처리할 때 기준 전압에 대하여 어떤 값을 사용할 것인지를 정의한 것이다. KB2837xD 보드 상의 회로에서 "VDAC"는 10kohm으로 풀 업(pullup)되어 있고, VREF는 3.3V 전원 회로에 연결되어 있다.
- 라인 38: KB2837xD 보드의 warming up을 하기 위하여 SETUP용 함수를 만들어서 보드에 실장 된 LEDS가 반복 동작하는 횟수를 정의한 것이다.
- 라인 40–44: DSP IC 내부에 실장 된 모듈을 구동하기위한 함수 명이다. (참고 TI 사의 technical manual)
- 라인 46–47: 카운터 용도로 사용되는 변수명과 형태를 지정한 것이다. Uint16 은 일반적인 부호 없는 정수를 나타낸다.
- 라인 52–55: FLASH 메모리의 사용과 초기화 과정이다.
- 라인 57: GPIO의 초기화를 선언하는 과정이다. 프로젝트 구성에 필요한 사항으로, DSP IC 제조사에서 지원되는 파일들에 의하여 초기화가 실행된다. 지원되는 파일은 TI 사 홈페이지 상에서 C2000 WARE 내의 해당 디바이스를 찾아, 해당되는 파일을 "File Add" 하여 함께 Build한다. 파일을 찾는 경로는 ~F2837xD_header₩source이다.
- 라인 58: GPIO 초기화 설정이다.
- 라인 59: EALLOW(Enable write access to protected register)는 C28xx 코어가 내장한 명령어들 중의 하나로, 핵심적인 중요한 레지스터에 예상하지 못한 임의 접근신호로 인하여 그 값이 변경되는 것을 방지하기 위한 잠금 장치로, 보호 장치의 동작이 시작됨을 의미한다. 함께 사용되는 명령어는 라인 99의 EDIS(Disable write access to protected register)로 언급된 두개의 명령어가 함께 사용되며, EDIS는 보호 장치 동작의 해지를 나타낸다.

```
63 GpioCtrlRegs.GPBDIR.bit.GPIO44 = 1; //Grn
64 GpioCtrlRegs.GPCDIR.bit.GPIO67 = 1; //L5,
65 GpioCtrlRegs.GPBDIR.bit.GPIO37 = 1; //L0,
66 GpioCtrlRegs.GPBDIR.bit.GPIO47 = 1; //L6,
67 GpioCtrlRegs.GPBDIR.bit.GPIO40 = 1; //L1,
68 GpioCtrlRegs.GPBDIR.bit.GPIO39 = 1; //L3,
69 GpioCtrlRegs.GPBDIR.bit.GPIO43 = 1; //L4,
70 GpioCtrlRegs.GPBDIR.bit.GPIO46 = 1; //L7,
71
```

- 라인 60–70: GPIO 컨트롤 레지스터의 셋업을 설정한다.

```
72 GPIO_SetupPinOptions(31, GPIO_OUTPUT, GPIO_PUSHPULL);
73 GPIO_SetupPinMux(31, GPIO_MUX_CPU1, 0);
74 GPIO_SetupPinOptions(34, GPIO_OUTPUT, GPIO_PUSHPULL);
75 GPIO_SetupPinMux(34, GPIO_MUX_CPU1, 0);
76 GPIO_SetupPinOptions(38, GPIO_OUTPUT, GPIO_PUSHPULL);
77 GPIO_SetupPinMux(38, GPIO_MUX_CPU1, 0);
78 GPIO_SetupPinOptions(44, GPIO_OUTPUT, GPIO_PUSHPULL);
79 GPIO_SetupPinMux(44, GPIO_MUX_CPU1, 0);
80 GPIO_SetupPinOptions(37, GPIO_OUTPUT, GPIO_PUSHPULL);
81 GPIO_SetupPinMux(37, GPIO_MUX_CPU1, 0);
82 GPIO_SetupPinOptions(40, GPIO_OUTPUT, GPIO_PUSHPULL);
83 GPIO_SetupPinMux(40, GPIO_MUX_CPU1, 0);
84 GPIO_SetupPinOptions(39, GPIO_OUTPUT, GPIO_PUSHPULL);
85 GPIO_SetupPinMux(39, GPIO_MUX_CPU1, 0);
86 GPIO_SetupPinOptions(43, GPIO_OUTPUT, GPIO_PUSHPULL);
87 GPIO_SetupPinMux(43, GPIO_MUX_CPU1, 0);
88 GPIO_SetupPinOptions(67, GPIO_OUTPUT, GPIO_PUSHPULL);
89 GPIO_SetupPinMux(67, GPIO_MUX_CPU1, 0);
90 GPIO_SetupPinOptions(47, GPIO_OUTPUT, GPIO_PUSHPULL);
91 GPIO_SetupPinMux(47, GPIO_MUX_CPU1, 0);
92 GPIO_SetupPinOptions(46, GPIO_OUTPUT, GPIO_PUSHPULL);
93 GPIO_SetupPinMux(46, GPIO_MUX_CPU1, 0);
94 GPIO_SetupPinOptions(41, GPIO_INPUT, GPIO_QUAL6);
95 GPIO_SetupPinMux(41, GPIO_MUX_CPU1, 0);
96 GPIO_SetupPinOptions(45, GPIO_INPUT, GPIO_QUAL6);
97 GPIO_SetupPinMux(45, GPIO_MUX_CPU1, 0);
98        //
```

- 라인 72–97: GPIO의 출력 포트를 설정한다. 출력 특성이 PUSH–PULL 회로로 동작되도록 설정한다.

```
99   EDIS;
```

- 라인 99: EDIS는 EALLOW와 함께 프로그램 작성시 적용되며, EDIS(Disable write access to protected register)는 보호 장치 동작의 잠금을 해지한다. EALLOW 비트는 LOCK이 걸려있는 레지스터(register)의 잠금을 풀고 닫음을 제어하는 Status Register(ST1)에 속한 비트이다.

참고적인 사항으로, 설계자는 메인 프로그램의 소스 코드를 작성할 때, 코드의 블록 별 구성 순서를 이해하며 소스 코드를 TI 사에서 배포한 Technical manual에 준하여 아래와 같이 블록별로 작성해 나아가야 빌드 시 에러가 최소화된다.

시작 → 메모리 복사 → 시스템 초기화 → 플래시 초기화와 최적화 → 입출력 포트(port) 설정 → 인터럽트 회로 초기화 → 메인 프로그램 내 무한 루프 진입 → 메인 프로그램 내 연속 반복 동작 실행 → 인터럽트 함수 → 모듈 실행용 함수 나열

```
100   GpioDataRegs.GPADAT.bit.GPIO31 = 1;
101   GpioDataRegs.GPBDAT.bit.GPIO38 = 1; //L2
102   GpioDataRegs.GPBDAT.bit.GPIO44 = 1; // Grn
103   GpioDataRegs.GPBDAT.bit.GPIO34 = 1; // Red
104   GpioDataRegs.GPBDAT.bit.GPIO37 = 1;//L0,
105   GpioDataRegs.GPBDAT.bit.GPIO47 = 1; // L6 ,
106   GpioCtrlRegs.GPCDIR.bit.GPIO67 = 1; // L5,
107   GpioDataRegs.GPBDAT.bit.GPIO40 = 1; //L1,
108   GpioDataRegs.GPBDAT.bit.GPIO39 = 1; //L3
109   GpioDataRegs.GPBDAT.bit.GPIO43 = 1; //L4
110   GpioDataRegs.GPBDAT.bit.GPIO46 = 1; //L7
111     //
112     // Step 3. 인터럽트 크리어, PIE 벡터 초기화
113         DINT; // 디스에이블 이터럽트
114
115         InitPieCtrl(); //PIE 컨트롤 레지스터 초기화
116
117         IER = 0x0000;
118         IFR = 0x0000;
119
120         InitPieVectTable();//PIE 벡터 테이블 초기화
121
122    EINT;  // Enable Global interrupt INTM
123    ERTM;  // Enable Global realtime interrupt DBGM
124    EALLOW;
```

- 라인 100-110: GPIO의 컨트롤 레지스터의 셋업을 나타낸다.
- 라인 113: Interrupt Disable을 나타내며, 초기화 과정의 불안정한 상태에서 불필요하게

인터럽트가 동작되지 않게 조치를 한다. 앞에서 언급된 "EALLOW, EDIS"와 같은 맥락으로 컴파일 과정이 진행되기 전 전처리기에 의하여 "F2837xD_Device.h" 헤더 파일에 정의된 인라인 어셈블리 함수로 대치된다.

- 라인 117-118: Interrupt Enable Register와 Interrupt Flag Register를 나타내고, Register값을 0(zero)으로 초기화한다. 인터럽트 신호가 통과해야 할 관문은 2단계인데, 1단계는 PIEIER(peripheral interrupt extension IER)과 PIEIFR(peripheral interrupt extension IFR)이고, 2단계 관문이 INTM이다. 인터럽트 신호는 1단계 관문을 통과하여 최종 스위치 역할을 하는 INTM을 지나서 CPU에 도달하여야 인터럽트 동작이 실행된다.
- 라인 120: 인터럽트의 확장 모듈인 PIE 모듈 회로 레지스터를 모두 초기화하는 함수이다. InitPieVectTable은 DSP 제조사인 TI 사가 인터럽트 서비스 루틴(interrupt service routine, ISR)의 주소를 미리 설정해 놓은 영역으로 배치하는 함수이다.
- 라인 122: 전역 인터럽트 스위치 INTM를 켜서(on)활성화 한다.
- 라인 123: DBGM 비트를 활성화한다. Debug enable mask bit 가 0 일때 real time debugging이 가능하다. STANDALONE 모드 사용이 아닌, JTAG 에뮬레이터를 사용하여 메모리를 관찰하고 변경하는 등 Real time mode 로 사용할 때 적용되는 함수이다.

```
125  PieVectTable.ADCB1_INT = &MainIsr;//
126    EDIS;
127   PieCtrlRegs.PIEIER1.bit.INTx2 = 1;
128    IER |= M_INT1;
129
```

- 라인 125: 인터럽트 서비스 루틴을 재 배치한다. (Interrupt service routine re-mapping)
- 라인 127-128: ADCB1_INT에 대하여 PIE 그룹 1의 인터럽트 1을 가능하게 한다(enable pie group 1 interrupt 1 for adcb1_int). 이 부분은 ADC(analog digital converter) 모듈에 의한 인터럽트 발생을 나타낸 부분으로, ADC 모듈은 인터럽트 설정이 가능한 3개의 ADC 인터럽트를 가지고 있다. 또한 이 인터럽트는 16개의 EOC(end of conversion) 신호에 의하여 생성될 수도 있다. 여기서는 ADC_B 모듈을 사용하고 있으며, ADC 인터럽트 1로 사용 설정을 하였고 ADCB1 이 여기에 해당된다. 그림 2-3은 PIE(peripheral interrupt

expansion) 벡터 테이블(출처 www.ti.com)의 일부를 나타낸 것으로 INTx.2에 ADCB1 이 배치된 것을 보여준다.

	INTx.1	INTx.2	INTx.3	INTx.4	INTx.5	INTx.6	INTx.7	INTx.8	INTx.9
INT1.y	ADCA1	ADCB1	ADCC1	XINT1	XINT2	ADCD1	TIMER0	WAKE	-
INT2.y	EPWM1_TZ	EPWM2_TZ	EPWM3_TZ	EPWM4_TZ	EPWM5_TZ	EPWM6_TZ	EPWM7_TZ	EPWM8_TZ	EPWM9_TZ
INT3.y	EPWM1	EPWM2	EPWM3	EPWM4	EPWM5	EPWM6	EPWM7	EPWM8	EPWM9
INT4.y	ECAP1	ECAP2	ECAP3	ECAP4	ECAP5	ECAP6	-	-	-
INT5.y	EQEP1	EQEP2	EQEP3	-	CLB1	CLB2	CLB3	CLB4	SD1
INT6.y	SPIA_RX	SPIA_TX	SPIB_RX	SPIB_TX	MCBSPA_RX	MCBSPA_TX	MCBSPB_RX	MCBSPB_TX	SPIC_RX
INT7.y	DMA_CH1	DMA_CH2	DMA_CH3	DMA_CH4	DMA_CH5	DMA_CH6	-	-	-
INT8.y	I2CA	I2CA_FIFO	I2CB	I2CB_FIFO	SCIC_RX	SCIC_TX	SCID_RX	SCID_TX	-
INT9.y	SCIA_RX	SCIA_TX	SCIB_RX	SCIB_TX	CANA_0	CANA_1	CANB_0	CANB_1	-
INT10.y	ADCA_EVT	ADCA2	ADCA3	ADCA4	ADCB_EVT	ADCB2	ADCB3	ADCB4	ADCC_EVT
INT11.y	CLA1_1	CLA1_2	CLA1_3	CLA1_4	CLA1_5	CLA1_6	CLA1_7	CLA1_8	-
INT12.y	XINT3	XINT4	XINT5	-	-	VCU	FPU_OVERFLOW	FPU_UNDERFLOW	EMIF_ERROR

Note: Cells marked "-" are Reserved

| 그림 2-3 | PIE(peripheral interrupt expansion) 벡터 테이블 일부

```
130 // Step 6.일반적 루프
131  InitEPwmModules();   // Initialize
132  InitDacModules();    // Initialize
133  InitAdcModule();     // Initialize
134
135 //  Step 7 //소프트웨어 모듈 초기화
136  BackTicker = 0;
137  IsrTicker = 0;
138 //  Step 8 //인터럽트 인에이블
139
140  EINT;   // Enable Global interrupt
141  ERTM;   // Enable Global real-time
142 //  Step 9 // 프로그램 루프
```

- 라인 130–133: DSP IC에 내장된 EPWM 모듈, DAC 모듈, ADC 모듈을 초기화한다.
- 라인 136–137: 카운트 모듈을 초기화한다.
- 라인 140–141: Global 인터럽트를 Enable, Global 실 시간 타임 모듈을 Enable 한다.
- 라인 143–170: 100msec On_100msec Off 동작을 Setup에서 정의된 30회 실행한다. Setup 프로그램이 실행되는 동안, 인터럽트가 주기적으로 반복 실행되어 인터럽트가 실행되는 시간만큼 설정된 시간에서 늘어난다. 그림 2-4는 LED가 동작되는 상태를 LED 출력 단자에서 디지털 오실로스코프로 측정한 결과를 나타낸다(실 동작 측정 값: 170msec On & Off).

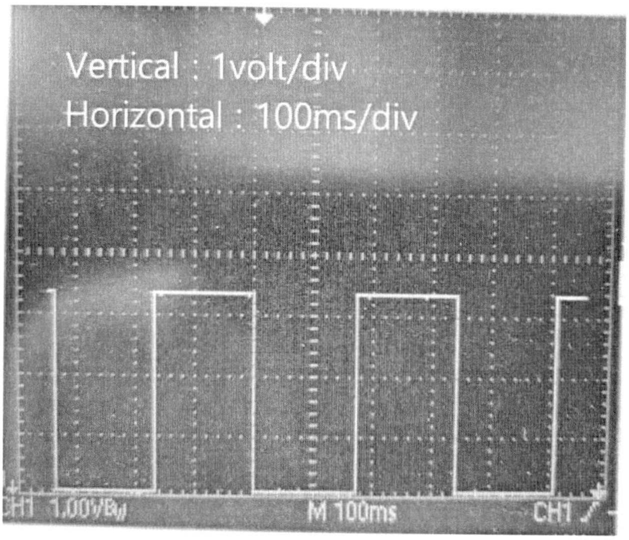

| 그림 2-4 | SETUP 실행에서 LED가 동작되는 상태를 LED 출력 단자에서 측정

프로그램 소스 코드에서 ON & OFF 기능이 동작되는 시간은 100msec ON & OFF이나, 실제적 동작 상태를 측정한 값은 약 170msec On & OFF이다. 코드에서 지정한 시간 값과 실 동작 시간 값의 차이 발생은 50usec 주기로 동작되는 인터럽트의 실행 동작 영향으로 인하여 실제 동작 시간이 지연되었기 때문이다. LED 구동 회로는 외부 전원 3.3V에 풀 업(pull up) 되어 있고 출력 포트가 Low (0V)일 때 LED가 켜진다.

```
143  int j ;
144  for (j = 0; j <  setup ; j++) // 실측정:170ms
145    {
146      RED_LED_LOW ;   // LOW 일때 켜짐
147      BLU_LED_LOW ;   //
148      GRN_LED_LOW ;
149      L0_LED_LOW ;
150      L1_LED_LOW ;
151      L2_LED_LOW ;
152      L3_LED_LOW ;
153      L4_LED_LOW ;
154      L5_LED_LOW ;
155      L6_LED_LOW ;
156      L7_LED_LOW ;
157      DELAY_US(100000); // 100msec LED 켜짐
158      RED_LED_HIGH ;
159      BLU_LED_HIGH ;
160      GRN_LED_HIGH ;
161      L0_LED_HIGH  ;
162      L1_LED_HIGH  ;
163      L2_LED_HIGH  ;
164      L3_LED_HIGH  ;
165      L4_LED_HIGH  ;
166      L5_LED_HIGH  ;
167      L6_LED_HIGH  ;
168      L7_LED_HIGH  ;
169      DELAY_US(100000); //100msec LED 꺼짐
170                 }
```

- 라인 171–172: 무한 루프 프로그램이 실행된다.
- 라인 173: 카운트 함수가 실행된다.
- 라인 174–175: 무한 루프 실행 시간을 측정하기 위하여 LED L4을 실행시킨다. 그리고 LED 켜 짐 동작을 10usec 유지시킨 후 다음 명령어를 실행한다.

```
171        for(;;)
172        {
173            BackTicker++;
174            L4_LED_LOW   ; //L4 메인 동작시간 시작
175            DELAY_US(10);
176
177    if (SW2_STATE) // switch 2 off (HIGH)
178      {
179      if(SW3_STATE)  // 스위치2,스위치3 모두 OFF,
180       {
181                 GRN_LED_LOW ; // GRN LED ON
182                  RED_LED_HIGH ;
183                  BLU_LED_HIGH ;
184                  L2_LED_HIGH  ;
185                  L3_LED_HIGH  ;
186                  DELAY_US(10);
```

- 라인 177-217: 스위치 2와 스위치 3 동작에 따라 실장 된 LED가 켜 짐 과 꺼 짐 동작이 실행된다. 그림 2-5는 메인 프로그램 내에서 무한 루프가 실행된 시간을 디지털 오실로스코프로 L4 단자에서 측정한 결과로 50usec 주기로 동작되며 L4가 켜진 시간은 약 38usec이다.

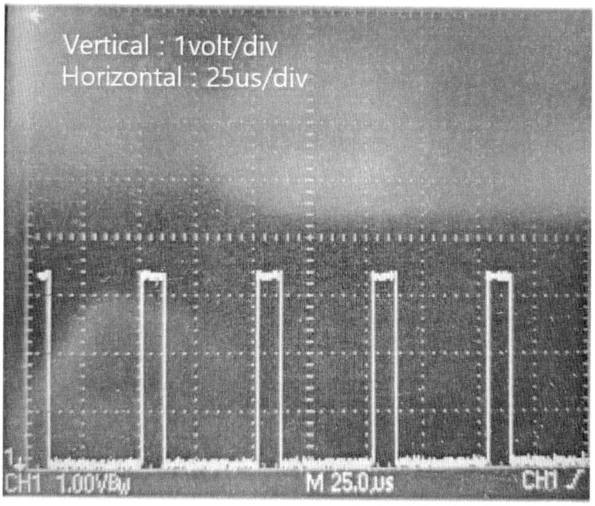

| 그림 2-5 | 메인 프로그램 내에서 무한 루프가 실행된 시간(L4)

```
187               } //switch2,3 모두 off 동작끝
188      else  // switch 3 만 on (LOW),BLUE on
189        {
190           GRN_LED_HIGH ; //GRN OFF
191           RED_LED_HIGH ; //
192           BLU_LED_LOW ; // BLUE ON low 일때 켜짐,
```

```
193          L3_LED_LOW  ; //L3 켜짐
194          DELAY_US(10);
195            } //blue 의 스위치3 if 문 끝
196               }  //if sw2 끝
197    else if (SW3_STATE) //스위치2 켜짐 switch2 on
198    {
199      GRN_LED_HIGH ;
200      RED_LED_LOW ; // ON low 일때 켜짐, RED led 켜짐
201      BLU_LED_HIGH ;
202      L2_LED_LOW  ;//L2 켜짐
203      DELAY_US(10);
204         }  //sw2 Red else if 의끝  END
205
206    else  // 스위치 모두 ON,  LED 모두 켜짐
207        {
208          GRN_LED_LOW ;
209          RED_LED_LOW ;
210          BLU_LED_LOW ;
211          L2_LED_LOW  ;
212          L3_LED_LOW  ;
213          DELAY_US(10);
214           } //처음 else switch2
215     L4_LED_HIGH ;
216       DELAY_US(10);
217            }  //무한 루프 반복
218              } // 메인 끝
```

• 라인 218: 메인 프로그램이 종료한다.

```
219 //   Step 10
220 //  함수
221    __interrupt void MainIsr(void)
222    {
223      IsrTicker++;
224      L5_LED_LOW ;  //L5 켜짐, 주기확인용
225  // 크리어
226      AdcbRegs.ADCINTFLGCLR.bit.ADCINT1 = 1;
227      PieCtrlRegs.PIEACK.bit.ACK1 = 1;
228
229      DELAY_US(10);
230      L5_LED_HIGH ; //L5 꺼짐,
231      DELAY_US(10);
232
233              }  //Main Isr 끝
234
```

• 라인 219-234: 인터럽트 함수 프로그램이다. 인터럽트 실행 동작을 확인하기 위하여 인터럽트에서 LED L5 동작과 지연 시간 10usec가 합하여 실행한다. 그림 2-6은 인터럽트내의 프로그램이 실행되는 시간을 디지털 오실로스코프로 측정한 값이다. 인터럽트 주기는 ADC 모듈의 샘플링 주파수(sampling frequency)와 동기 되어 50usec이고 이 기간(period) 범위에서 메인 무한 루프와 인터럽트가 실행된다. 인터럽트내 프로그램 실행 시간은 약11~12usec로 측정된다.

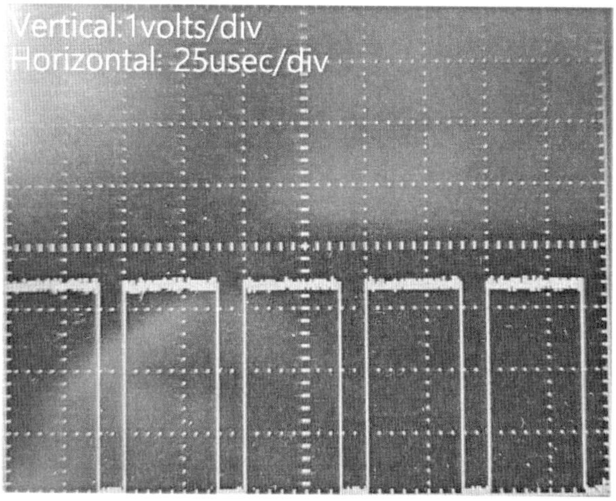

| 그림 2-6 | 인터럽트 함수 내의 프로그램이 실행된 시간 측정 값

```
235 void InitDacModules(void)//DAC 모듈
236  {
237    EALLOW;
238    DacaRegs.DACCTL.bit.DACREFSEL   = REFERENCE_VREF ;
239    DacbRegs.DACCTL.bit.DACREFSEL   = REFERENCE_VREF;
240    DaccRegs.DACCTL.bit.DACREFSEL   = REFERENCE_VREF;
241
242    DacaRegs.DACOUTEN.bit.DACOUTEN = 1;
243    DacbRegs.DACOUTEN.bit.DACOUTEN = 1;
244    DaccRegs.DACOUTEN.bit.DACOUTEN = 1;
245    EDIS;
246
247    DacaRegs.DACVALS.bit.DACVALS = 0;
248    DacbRegs.DACVALS.bit.DACVALS = 0;
249    DaccRegs.DACVALS.bit.DACVALS = 0;
250    }
```

- 라인 235-250: DSP IC 내에 실장 된 DAC 모듈을 실행하기 위한 함수 프로그램이다. DAC 모듈을 초기화한다.
- 라인 238-240: DSP IC에서 외부 회로로 연결되는 전압 값을 지정한다. 라인 35-36와 연관된 동작으로, VREFHI는 3.3V 전압이 공급되고 VREFLO는 0V에 연결된다.

TMS320F283xD DSP IC는 디지털 신호를 아날로그 신호로 변환하여 출력할 수 있는 DAC(digital analog converter) 모듈을 3개 실장 한다(DAC-a, DAC-b, DAC-c). DAC 각 모듈은 12bit(4096)로 구성되어 있어, 디지털 신호를 아날로그 신호로 변환할 때 신호 크기를 4096 개로 세분하여 출력할 수 있다. 즉, DAC 모듈에 인가되는 전원 전압이 3300mV일 경우 1bit 크기는 약 0.8mV가 된다.

$$Vcc / 12bit = 3300 / 4096 = 0.8mV$$

```
251    void InitEPwmModules(void)
252     {
253     EALLOW;
254     CpuSysRegs.PCLKCR0.bit.TBCLKSYNC = 0;
255     EDIS;
256
257     EALLOW;
258     ClkCfgRegs.PERCLKDIVSEL.bit.EPWMCLKDIV = 0;
259     EDIS;
260
261     // 셋업 카운트모드
262     EPwm1Regs.TBCTL.bit.CTRMODE = 2; // Up and Do
263     EPwm1Regs.TBCTL.bit.HSPCLKDIV = 0; //200Mhz
264     EPwm1Regs.TBCTL.bit.CLKDIV = 0;
265
266     EPwm1Regs.TBPRD = 5000;  // 샘플링20Khz
267     EPwm1Regs.TBCTR = 0;    // Clear Counter
268
269 //셋업 트리거(SOC) with CNT_zero enable
270 //for Time-base of EPWM1
271     EPwm1Regs.ETSEL.bit.SOCAEN = 1;
272     EPwm1Regs.ETSEL.bit.SOCASEL = 1;
273     EPwm1Regs.ETPS.bit.SOCAPRD = 1;
274     EPwm1Regs.ETCLR.bit.SOCA = 1;
275
276     EALLOW;
277     CpuSysRegs.PCLKCR0.bit.TBCLKSYNC = 1;
278     EDIS;
279    }
```

- 라인 251-279: EPWM 모듈을 초기화하는 함수 프로그램이다.
- 라인 262: CTRMODE 3가지 선택 중에서 카운트의 UP & DOWN 모드를 설정한다. 카운트 스텝 UP & DOWN 동작이 대칭 형태의 모드로 설정된다.

  TBCLK = (SYSCLKOUT / EPWMCLKDIV) / (HSPCLKDIV * CLKDIV) = 200MHz

- 라인 266: 샘플링 주파수를 결정하는 Timer Period를 설정한다.

  SET Timer Period = (200MHz / Sampling Frequency) / 2.

  샘플링 20KHz 설정 예) 5000 = (200MHz / 20KHz) / 2.

그림 2-7은 TBCLK 신호의 생성 블록을 나타낸다.

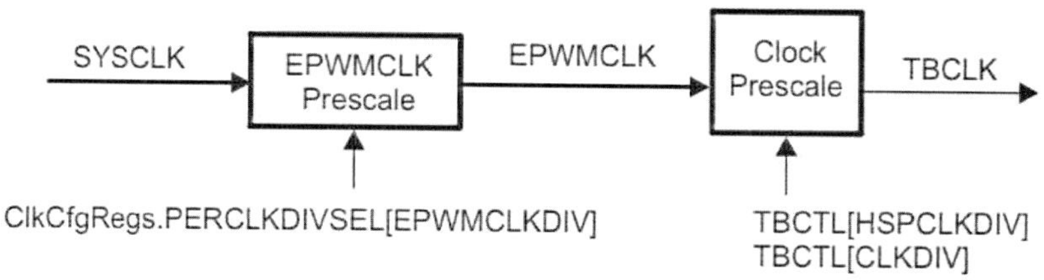

| 그림 2-7 | TBCLK 신호의 생성 블록 도(출처 www.ti.com)

참고적으로 보충 설명을 하면, TMS320F2837xD는 200MHz 클럭(clock) 신호로 동작하고, DSP IC내에 실장 된 각각 모듈의 실행은 동기(synchronize) 되어 동작된다. 간단한 예를 들어, 신호 처리 동작을 단위 별 실행 동작으로 나누어 설명하면, 아날로그 신호가 ADC 모듈에 입력 → 샘플링 → 디지털 변환 → 디지털 신호 결과 값 저장 등으로 동작이 세분화되어 순차적으로 이행된다. 이때 각 동작이 시작되고 끝나는 시점은 클럭 신호와 동기 되어진다. 200MHz 클럭 신호의 주기는 5나노초(5nsec)로 각 단위 별 실행 동작 시간의 최소 값이다.

EPWM(enhance pulse width modulation) 모듈(module)은 DSP IC을 실행시키는 동작에서 내부의 각 모듈의 동작 처리 시간과 동기 신호 발생의 동작을 만드는 모듈이다. 즉, 시간과 관련된 모든 동작이 EPWM 모듈에서 만들어지고 이행된다고 보아도 무방하다. 그림 2-8은 EPWM 모듈과 그 주변의 블록 별 연관을 나타낸 블록 도면이다(세부적인 사항은 www.ti.com에서 자료를 다운로드하여 볼 수 있다).

TBPRD(time base period)은 ADC 모듈의 샘플링 주기를 설정하며, 본 장의 소스 프로그램에서는 20KHz 샘플링 주기로 설정되어 있다. 샘플링 주기는 DSP IC 내부의 회로 상에서 최대 동작 범위로 설정된 값 이내 범위에서 설정하여 적용한다. TPWM 주기에 동기 되도록 샘플링 주기를 설정하면 TPWM 주기가 샘플링 주기가 된다. 그림 2–9는 TPWM 동작 모드를 나타낸다. Up and down 카운터 방식을 적용할 때 TPWM을 구하면 다음과 같다.

$$TPWM = 2 * 5000 * 5nsec = 50usec = 20KHz$$

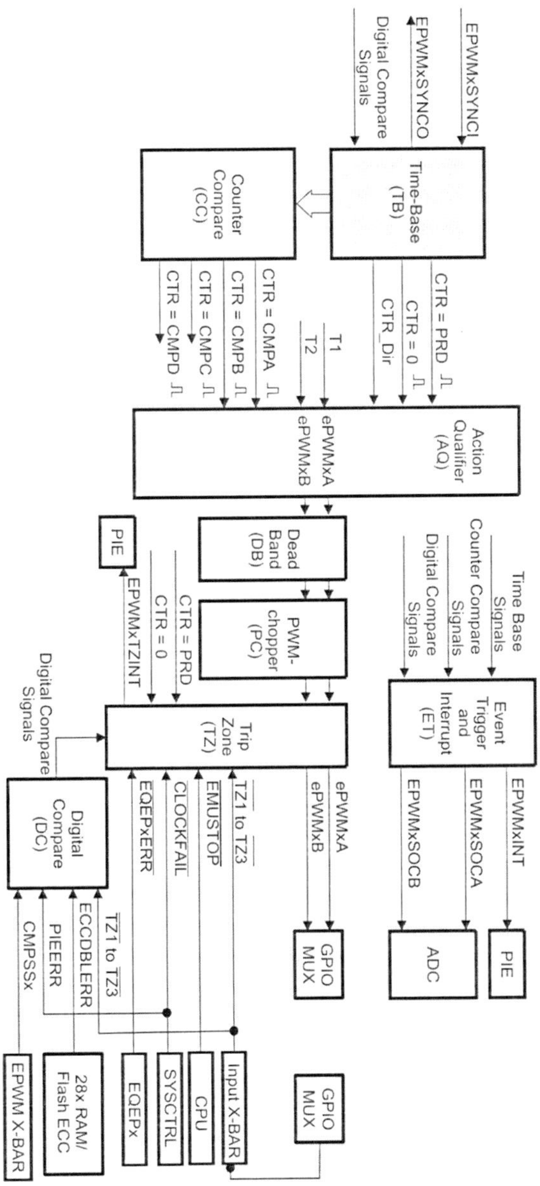

| 그림 2–8 | EPWM 모듈과 그 주변의 블록 별 연관을 나타낸 블록 도면(출처 www.ti.com)

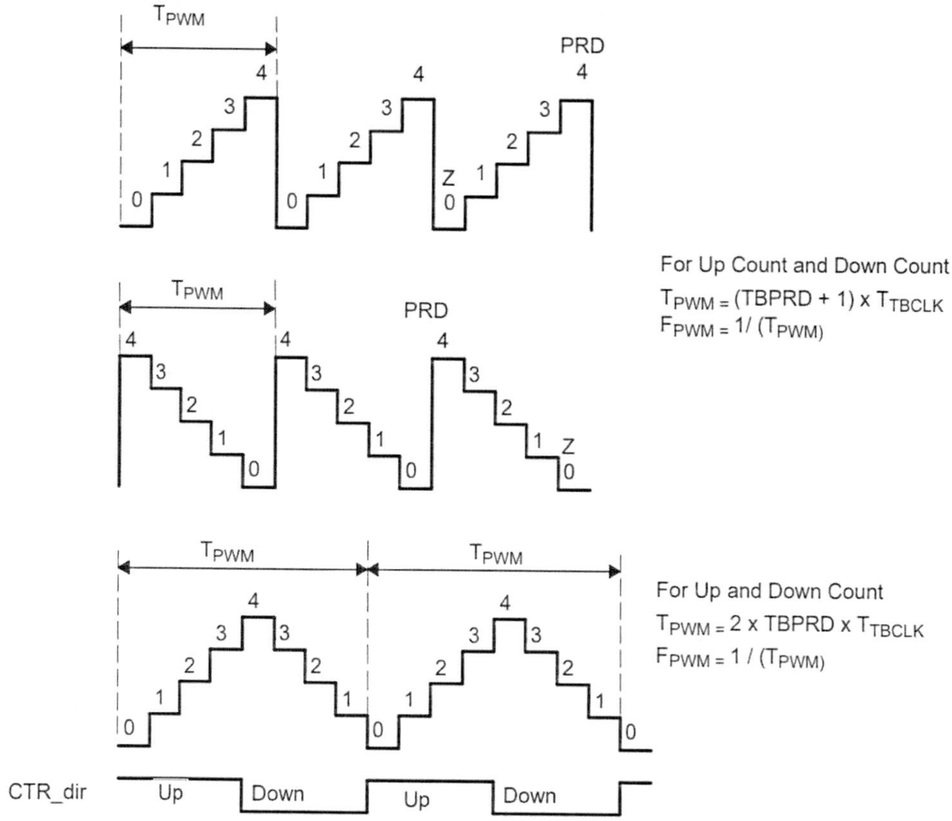

| 그림 2-9 | TPWM 동작 모드 3가지를 나타낸 블록 도(출처 www.ti.com)

```

void InitAdcModule(void)
{
    //  ADC-B module의 초기화
    EALLOW;
    AdcbRegs.ADCCTL2.bit.PRESCALE = 14;
    // Set ADCCLK divider to /8 (25MHz @ 200MHz SYSCLKOUT)
AdcSetMode(ADC_ADCB, ADC_RESOLUTION_12BIT, ADC_SIGNALMODE_SINGLE);
    AdcbRegs.ADCCTL1.bit.INTPULSEPOS = 1;
    // Set pulse positions to late
    AdcbRegs.ADCCTL1.bit.ADCPWDNZ = 1;
    // Power up the ADC
    DELAY_US(1000);
    // Delay for 1ms to allow ADC time to power up.
    EDIS;

 // ADC-D module 초기화
  EALLOW;
  AdcdRegs.ADCCTL2.bit.PRESCALE = 14;
```

```
299 AdcSetMode(ADC_ADCD, ADC_RESOLUTION_12BIT, ADC_SIGNALMODE_SINGLE);
300   AdcdRegs.ADCCTL1.bit.INTPULSEPOS = 1;
301   AdcdRegs.ADCCTL1.bit.ADCPWDNZ = 1;
302   DELAY_US(1000);
303   EDIS;
304 //B0_SOC0 채널
305     EALLOW;
306     AdcbRegs.ADCSOC0CTL.bit.CHSEL = 0;
307  // B0,VDAC,  ADC-B SOC0 : ADCINB0, Variable Voltage
308     AdcbRegs.ADCSOC0CTL.bit.ACQPS = 14;
309  // Sample and hold time : (14 + 1) SYSCLK = 75nsec
310     AdcbRegs.ADCSOC0CTL.bit.TRIGSEL = 5;
311  // Trigger source : EPWM1, ADCSOCA
312 //B2_SOC1
313     AdcbRegs.ADCSOC1CTL.bit.CHSEL = 2;
314     AdcbRegs.ADCSOC1CTL.bit.ACQPS = 14;
315     AdcbRegs.ADCSOC1CTL.bit.TRIGSEL = 5;
316 //B3_SOC2
317     AdcbRegs.ADCSOC2CTL.bit.CHSEL = 3;
318     AdcbRegs.ADCSOC2CTL.bit.ACQPS = 14;
319     AdcbRegs.ADCSOC2CTL.bit.TRIGSEL = 5;
320
321 //D_SOC3
322     AdcdRegs.ADCSOC3CTL.bit.CHSEL = 0;
323     AdcdRegs.ADCSOC3CTL.bit.ACQPS = 14;
324     AdcdRegs.ADCSOC3CTL.bit.TRIGSEL = 5;
325
326     AdcbRegs.ADCINTSEL1N2.bit.INT1SEL = 0;
327     // End of SOC0 will set INT1 flag
328     AdcbRegs.ADCINTSEL1N2.bit.INT1E = 1;
329     // Enable INT1 flag
330     AdcbRegs.ADCINTFLGCLR.bit.ADCINT1 = 1;
331     // Make sure INT1 flag is cleared
332     EDIS;
333       }
334         // END
```

- 라인 281-334: ADC(analog digital converter) 모듈을 초기화한다. ADC-B 모듈과 ADC-D 모듈을 초기화하고 모듈 별 각각의 채널을 셋업 설정한다. TMS320F283xD는 4개의 ADC 모듈이 실장 되어 최대 24채널로 아날로그 신호를 받아 각 채널 별 입력된 신호를 12bit 또는16bit 로 디지털 변환하여 디지털 신호 처리를 할 수 있다.

CHAPTER 03

디지털 신호 처리의 이해

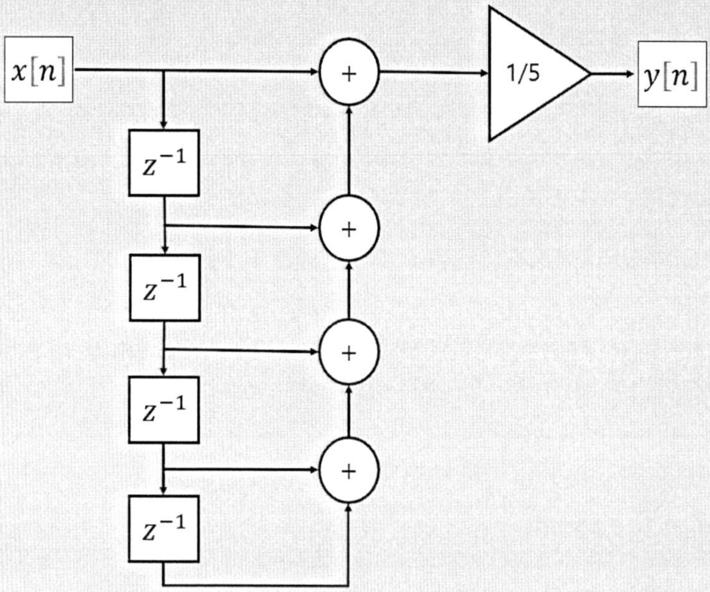

$$Y[n] = 1/5(x[n-4]+x[n-3]+x[n-2]+x[n-1]+x[n])$$

$$Y[n] = 1/5\sum_{m=0}^{4} x[n-m]$$

출처 www.avmart.co.kr

3-1 신호 처리(signal processing)의 의미

자연의 모든 환경 상태에 존재하는 신호는 시간의 축 상에서 시간의 경과에 따라서 그 신호의 특성(주기와 진폭)이 자연의 환경 변화에 의하여 변화될 수 있고 우리는 이 신호를 아날로그 신호라 한다. 반면에, 신호의 내용이 영(0)과 일(1)의 조합의 패턴으로 구성된 디지털 신호는 자연 환경 조건에서 어떠한 규칙적인 제어가 그 신호에 인가되지 않는 한 그 값이 변화하지 않는다. 신호 처리는 존재하고 있는 신호를 읽고, 그 신호의 특성을 분해하고 합하여 특정한 목적의 값을 만들고 저장하는 과정을 의미한다. 즉, 신호는 아날로그 신호와 디지털 신호로 구분되며, 신호 처리는 시간의 흐름 대비 신호의 크기, 신호의 주파수, 신호의 위상이 변화하는 과정을 읽어서 그것을 분해하고 조합하여 어떤 결과물을 만들고 저장하는 과정이라 설명될 수 있다.

3-2 가청 주파수 대역의 신호와 정현 파 신호

가청 신호 주파수 대역이란, 인간의 귀로 들을 수 있는 아날로그 신호의 주파수 대역을 이르는 것으로 20Hz ~ 20000Hz 범위에 있다. 가청 주파수 대역내의 신호는 파형의 모양에 따라 구형파형(square wave), 삼각파형(triangle wave) 정현 파(sinewave & cosinewave), 그리고 이것들의 합성된 파형으로 나눌 수 있다. 인간의 목소리와 유사한 신호 파형의 모양은 정현파로 표현된다. 일반적인 방법으로, 가청 주파수 대역내의 주파수 분포에서 어떤 신호의 특성을 판정하기 위하여 기준(reference)으로 사용되는 신호는 정현 파 400Hz 와 1KHz이다. 아마도 남성의 목소리 분포 대역인 300 ~ 400Hz 와 여성의 목소리 분포 대역인 800 ~ 1000Hz가 참조되어진 것으로 생각된다. 일반적으로 정현 파 신호를 발생시키는 방법은 크게 2가지가 있다. 첫째는 주파수 개념이 탄생된 시점부터 적용되어 왔던 기계적인 방법 과 전자 부품으로 회로를 구성하여 신호를 발생시키는 방법이고, 둘째는 근래에 많이 적용하고 있는 DSP(digital signal processor) IC내에 실장 된 DAC(digital analog converter) 모듈(module)을 프로그램으로 제어하여 필요로 하는 신호를 만들어 내는 방법이다.

기계적인 방법으로 정현 파 신호를 만드는 방법을 재현하여 보면, 그림 3- 1상에서 펜이 수직선 상의 화살표 방향으로 오르락내리락 (상하 방향으로의 움직임은 진동의 크기를 나타냄)할 때, 아래 면에 위치한 종이를 수평으로 이동시키면 진동 크기 움직임에 따른 정현 파 곡선이 그려진다. 진동은 그림 상의 우측과 같이 반시계 방향으로 일정한 속도로 움직이게 하여 그려진 원으로도 표현될 수 있다. 이때의 원의 각 위치가 라디안(radian) 단위로 표현되고, 반지름이 1일 때 위쪽의 최대점이 π / 2 (90도) 위치가 된다. 라디안은 반지름의 길이와 원주의 길이가 같을 때의 반지름 축을 기준으로 한 각도를 의미한다. 각도법에서는 원의 1회전를 360도로 규정하고 또한 이것을 2π로 표현한다. 라디안과 각도(degree) 와의 변환은 "1 rad = 180° / π"이다.

주파수(frequency)의 개념은 1초(1sec)에 아래와 위로 변화된 진동이 몇 번 발생하였는지를 나타내는 것이다. 그렇게 발생된 숫자가 주파수이고 1초에 1번 발생이 되면 1헬쯔 (1Hz)로 나타낸다. 일반적으로 정현 파의 특성은 진동의 크기를 나타내는 진폭(amplitude)과 진동의 횟수인 주파수(frequency), 그리고 파형의 시작점에서 얼마가 지연되었는지를 표현하는 위상(phase in radians)으로 나타낸다. 그림 3-1은 원주와 정현 파 신호의 위상과 각도 관계를 나타내고, 1rad(radian) 은 약57.32도이다. 즉, 1rad = 360도 / 2π = 57.32도(degree)이다.

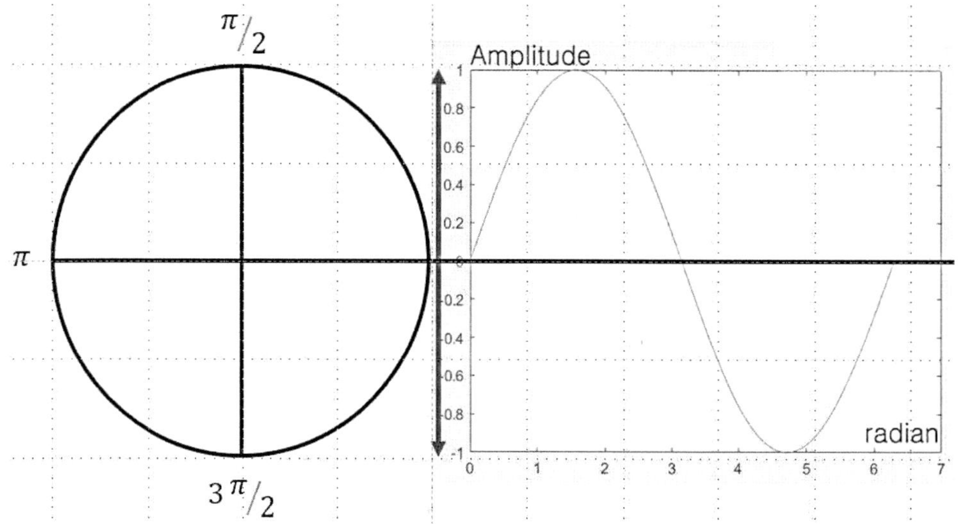

| 그림 3-1 | 원주와 정현 파 웨이브(sine wave) 각도(radian)

3-3 디지털 신호 처리의 개념

3-3-1 정현 파 신호의 표현

일반적으로 정현 파 사인 신호를 표현할 때, 단위 시간 t(time in second), 주파수 f(frequency in hertz), 초기 위상 $\varnothing$(initial phase in radians), 그리고 진폭의 크기를 나타내는 A (amplitude) 기호를 사용하여 다음과 같이 수식으로 나타낸다.

$$Y(t) = A \sin(2\pi f t + \varnothing) \tag{3-1}$$

그리고 PC(personal computer) 상에서 동작되는 Simulation 소프트웨어 툴 중의 하나인

MATLAB 툴에서는 다음과 같은 간단한 명령어 처리를 통하여 정현 파 신호를 발생시키고 제어할 수 있다. 아래 프로그램은 MATLAB 툴 상에서 정현 파 신호인 Sine wave와 Cosine wave를 "라디안" 스텝(step)으로 1Hz을 발생시키는 프로그램이다.

여기서 $A = 1$, $f = 1$, $t = 1$, $\varnothing = 0$으로 설정하여 실행한다.

```
x = 0 : pi/180 : 2*pi ;
y1 = sin(x) ;
y2 = cos(x) ;
subplot(121) ;
plot(x,y1) ;
axis([0 2*pi -1 1]) ;
xlabel ('Radian Value') ;
ylabel ('Magnitude' ) ;
title ( 'Sine Function' ) ;
subplot(122) ;
plot (x,y2) ;
axis([0 2*pi -1 1]) ;
xlabel('Radian value') ;
ylabel('Magnitude') ;
title('Cosine Function');
```

그림 3-2는 MATLAB 툴 상에서 실행된 정현 파 신호의 발생 결과를 나타낸다. 좌측 신호는 시작점의 위상이 0도인 사인 웨이브(sine wave)이고 우측 신호는 시작점의 위상이 90도에 있는 코사인 웨이브(cosine wave)를 나타낸다.

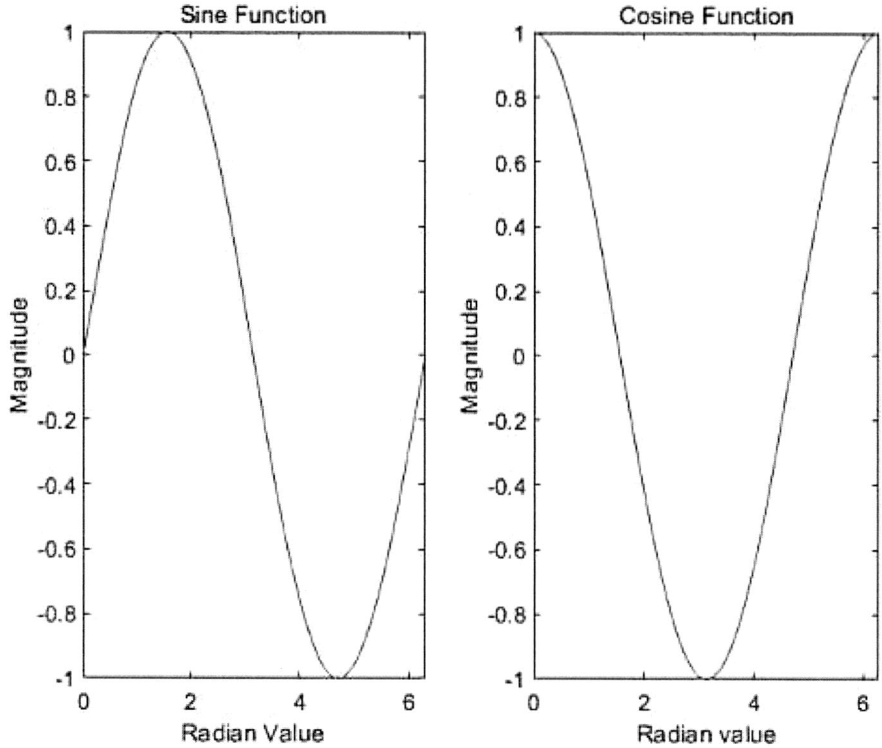

| 그림 3-2 | Sine wave와 Cosine wave

3-3-2 디지털 신호 처리를 위한 샘플링(sampling)의 개념 이해

아날로그 신호를 디지털 신호로 변환하는 디지털 신호 처리 과정에서 가장 중요한 역할을 하는 것이 샘플링(sampling)이다. 샘플링은 연속적으로 입력되는 아날로그 신호를 1초 동안에 몇 번 표본 추출하여, 표본 추출된 각각의 샘플 신호에 대하여 디지털 신호로 변환하는 과정을 나타낸다. 즉, 이것은 시간 축에서 신호의 진폭을 수직으로 몇 번 컷(cut)하여 표본 신호를 만들어내는지를 나타낸다. 1초간에 컷 하여 표본화 된 숫자가 샘플링 주파수에 해당된다. 예를 들어, 1Hz 신호에 대하여 1초에 8000번 잘라서 8000개의 디지털 신호를 만들면 샘플링 주파수는 8000Hz가 된다.

그림 3-3은 아날로그 신호 형태의 정현 파 신호를 샘플링 하는 개념을 예로 나타낸 것으로 시작점을 기준으로 t의 끝 점이 2.5초일 때 약 13번의 샘플링이 실행된 것을 나타낸다. 즉, t = 2.5sec라고 가정할 때 샘플링 주파수는 약5Hz가 되는 것이다. 다른 예를 들어, t 값을 짧게 하여 t = 2ms이라 가정하면 2ms 동안에 정현 파 신호가 2개가 있으면 주파수는 1KHz가 된다. 1KHz 정현 파의 한 주기는 1msec가 되고, 1KHz 신호를 1msec 동안에 6번 샘플링 했으면 샘

플링 주파수가 6KHz가 되는 것이다. 그림 3-4은 샘플링 후에 디지털 처리를 하기 위하여 시간 대비 크기가 이산화(discrete) 된 것을 표현한 것이다.

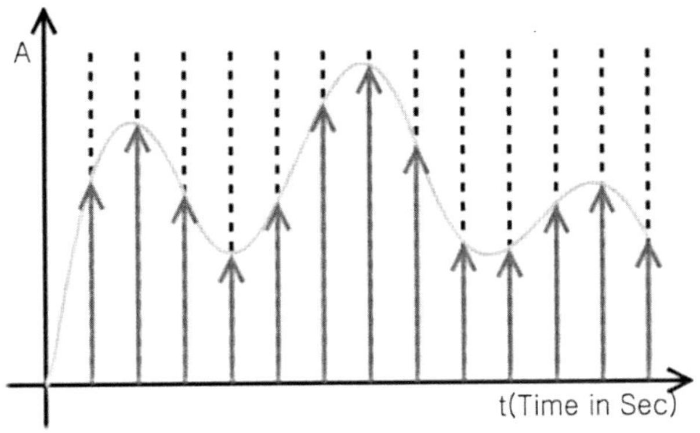

| 그림 3-3 | 아날로그 신호에 대하여 샘플링 진행 표현

그림 3-4는 아날로그 신호에 대하여 샘플링을 진행한 후에, 아날로그 신호의 진폭을 디지털 신호 크기로 처리하기 위하여 시간 변화 대비 샘플링에 의하여 추출된 크기를 표현한 것이다. Y축 상에 표기된 진폭의 크기 값은 십진수 값이고, 실제는 2진수 값으로 메모리에 저장된다.

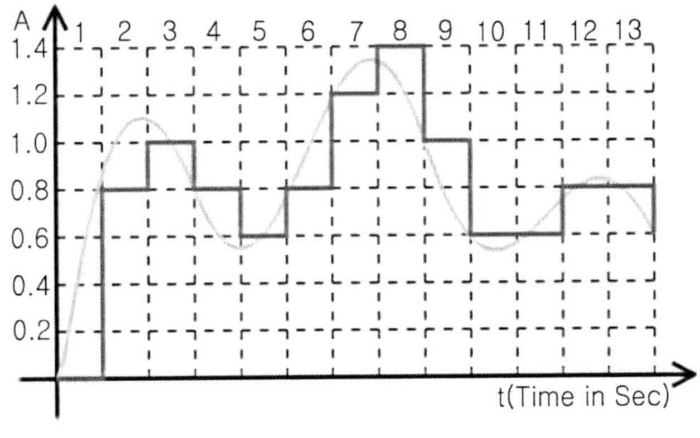

| 그림 3-4 | 아날로그 신호에 대하여 샘플링 실행과 진폭의 크기 표현

1초에 6번 실행한 샘플링을 표현할 때, 일반적으로 "Sampling Rate"이라고 쓰고 다음과 같이 나타낸다.

$$f_s = 6\text{Hz}$$

그리고 샘플링 주기(sampling Rate)의 표현은, $T = 1/f_s$로 나타내어 "$T = 1/6\text{Hz}$"가 된다.

여기서 정현 파 신호를 샘플링 하여 이산화 할 때, 그 표현을 다음과 같이 나타낼 수 있다. 아날로그 신호의 표현에서 사용된 시간 축을 "t", 그리고 샘플링 하여 이산화 할 때 샘플링 간격을 "T", 그리고 샘플링 횟수를 "n"로 표현하여 나타낸다.

$$t = nT = n/f_s \tag{3-2}$$

이러한 개념을 바탕으로 아날로그 정현 파의 사인 신호 "$y(t) = A\sin(2\pi ft)$"을 이산화 된 수식으로 변환하면, "$y[nT] = A\sin(2\pi fnT)$"가 된다. 실제 예로, 그림 3-4 상에서 7번째 샘플링 신호의 진폭 크기 A는 1.2이다.

3-4 다섯(5)점 이동 평균과 차분 방정식

그림 3-5는 실시간 입력되는 아날로그 정현 파 신호를 샘플링 하여 5개 측정 점(point)을 정하고, 이것에 대하여 5점 이동 평균과 차분 방정식을 표현한 것이다. 여기서 "n"은 시간에 대응하는 정수이고 "$k=n$"에서 현재 시점을 $x[k]$로 가정하여 디지털 연산 처리를 실행한다. 시간의 개념을 해석할 때 $x[k]$을 현재 시점으로 가정하면 그래프의 X와 Y축 상에서 0으로 표시된 지점이 가장 먼 과거 값이 된다. 그림 3-5는 현재 시점 $x[0]$을 기준으로 과거와 미래의 데이터를 표현한 $x[k]$ 이동 평균 그래프를 나타낸다.

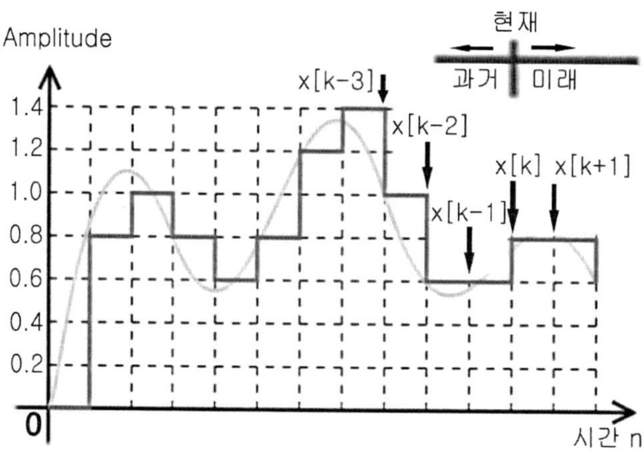

| 그림 3-5 | 이동 평균 그래프와 현재 시점 표현

그림 3-5 그래프 상에서, 현재 시점 $x[k]$를 기준으로 하여 5개 측정 점의 데이터 값 대하여 이동 평균 차분 방정식을 다음과 같이 나타낼 수 있다.

$$Y[k] = 1/5(X[k-3]+X[k-2]+X[k-2]+X[k-1]+X[k]+X[k+1]) \qquad (3\text{-}3)$$

이렇게 표현된 수식을, $k=n$로 변경하여 summation 수식으로 바꾸면 아래와 같은 수식으로 나타낼 수 있다.

$$Y[n] = 1/5\sum_{m=-1}^{3} X[n-m] \qquad (3\text{-}4)$$

그러나 수식 3-4는 실시간 연산 처리를 한다는 관점에서 볼 때 적당하지 않다.

이유를 설명하면, $n=k$에서, $X[k]$을 현재 시점이라고 했을 때 "$X[k+1]$"에 해당되는 미래 데이터가 존재해야 하기 때문이다. 데이터를 실시간으로 처리할 경우에 현재 시점에서는 미래의 데이터가 실제로 존재하지 않아서, 차분 방정 수식에 대한 미래의 데이터를 적용할 수 없고 이로 인하여 올바른 연산을 할 수 없다.

실시간 입력 데이터로 처리하려면, 현재 시점 $k=n$에서 이것의 미래 시점 "$X[k+1]$"을 현재 시점인 "$X[n]$" 시점으로 변경 설정하고, 현재 시점을 기준으로 과거 시점의 표현을 가까운 과거에서 먼 과거 시점으로 순차적 표현하여야 하여,

$x[n-1]$, $x[n-2]$, $x[n-3]$, $x[n-4]$와 같이 시차 별 순서로 나열한다. 이것을 차분 방정식 수식으로 바꾸어 다음과 같이 연산식으로 나타낼 수 있다.

$$Y[n] = 1/5(x[n-4]+x[n-3]+x[n-2]+x[n-1]+x[n])$$
$$Y[n] = 1/5\sum_{m=0}^{4} x[n-m] \qquad (3\text{-}5)$$
$$Y[n] = 1/5(1.4+1.0+0.6+0.8+0.8) = 0.92(n\text{이 } 4\text{일때})$$

정리하면, 이동 평균 예제에서 $n<0$일 때에는 출력이 없다는 것을 나타낸다. 이러한 시스템을 인과 시스템(causal system)이라 나타낸다. 인과 시스템은 $n=0$ 조건상에서 스위치가 켜질 때 만 출력을 내는 시스템이다.

즉, 인과 시스템의 출력은 오직 현재와 과거의 입력에만 의존하여 동작되는 시스템이다.

차분 방정식에 대응하는 인과 시스템의 이동 평균 합산 과정을 블록 도로 표현할 수 있고, 그

림 3-6은 차분 방정식에 대응하는 이동 평균의 블록 다이어그램을 나타낸다.

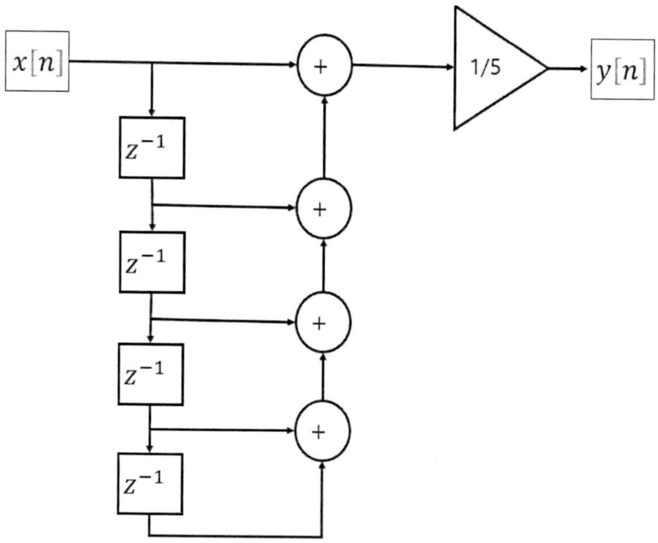

| 그림 3-6 | 이동 평균 블록도

3-5 두개의 어레이(array) 데이터 값을 내적(dot product) 할 때의 연산

고정된 데이터 값을 갖는 두개의 어레이로 구성된 a와 b가 있고, 각 어레이는 4개의 데이터 값을 가지고 있다고 가정할 때, a 와 b의 내적은 (dot product) 다음과 같이 나타낼 수 있다.

$$a = [a_1 + a_2 + a_3 +],\ b = [b_1 + b_2 + b_3 +]\ \text{일 때}$$

$$\begin{aligned} a \cdot b &= \sum_{n=0}^{3} a_n \cdot b_n \\ &= (a_0 \cdot b_0) + (a_1 \cdot b_1) + (a_2 \cdot b_2) + (a_3 \cdot b_3) \end{aligned} \tag{3-6}$$

예를 들어, $a = [1,2,3,4]$, $b = [0,2,4,6]$의 데이터 값에 대하여 내적(dot product) 연산을 실행하면, n이 0(영)인 시점에서 (1×0)이 실행되어 result에 저장되고, n이 1가 되면 (2 × 2)가 실행되어 그 결과 값이 n이 0일 때의 result 값에 더해진다(accumulate) 된다. 이러한 방법으로 n이 순차적으로 증가함에 따라 n의 차수에 해당되는 곱셈이 실행되고 그 결과 값이 누적된다. 즉, n이 0에서 3까지 4회 순차적으로 변할 때 해당 n의 차수에서 해당 데이터 값에 대하여 곱셈이 실행되고 그 결과 값이 누적되어 4회 실행이 끝난 시점의 누적된 result는 40이 된다.

$$\text{result},\ a \cdot b = (1 \times 0) + (2 \times 2) + (3 \times 4) + (4 \times 6) = 40$$

다음의 프로그래밍은 PC 상에서 실행시킬 수 있는 예제로 “dot product” 개념을 간단히 파악하기 위하여 마련된 것이다.

2개 어레이 $x = [1,2,3,4]$, $y = [0,2,4,6]$의 내적(dot product)을 간단하게 연산하는 프로그램으로, 헤더 파일(dotp4)에 x와 y의 어레이 데이터를 넣고 PC 상에서 실행되는 메인 프로그램을 작성하여 실행한 것이다.

X 어레이와 y 어레이는 각각 4개의 고정된 데이터 값을 가지고 있다. 내적을 실행하기 위해서는 4번의 곱셈과 덧셈이 실행된다. 연산은 카운터 값이 시작점인 0(zero)에서부터 한 개씩 증가할 때마다 1열씩 곱셈이 순차적으로 실행되어 그 결과 값이 sum에 누적되어 result에 저장된다. (왼쪽의 번호는 프로그램 설계할 때 삽입할 필요가 없다)

```
int dotp(short * a, short * b, int ncount ;
#include <stdio.h> // for printf
#include “dotp4.h”
#define count 4
short x[count] = {x_array} ; //declare 1st array
short y[count] = {y_array}; //declare 2nd array
main ()
{
int result = 0 ;
result = dotp (x, y, count) ; //call dotp function
printf (“result = %d decimal \n”, result) ; //print result
}
int dotp (const short *a, const short *b, int ncount)
{
int sum = 0 ;
int i ;
for (i = 0 ; i < ncount ; i++)
{
sum += (a[i] * b[i]) ; //sum of products
}
```

```
16   return (sum) ; //return sum as result
     }
     // dotp4.h (Header file with two arrays of number)
17   #define x_array 1, 2, 3, 4
18   #define y_array 0, 2, 4, 6
```

- 라인 1: 내적을 실행하는 함수명이다.
- 라인 2: 결과를 출력하기 위하여 산술 함수를 포함하는 것이다.
- 라인 3: 헤더 파일을 포함하는 내용으로, 헤더 파일은 아래와 같이 구성되고 각 어레이에 관련된 데이터가 삽입된다.
- 라인 4: 각 어레이에서 연산할 데이터 객체 수를 나타낸다.
- 라인 5: 자료형의 선언으로, 어레이 x의 데이터에 대한 자료형을 나타낸다.
- 라인 6: 자료형의 선언으로, 어레이 y의 데이터에 대한 자료형을 나타낸다.
- 라인 9: 데이터 어레이 x 와 y의 데이터 값의 함수 "dotp"를 불러서 그 결과를 "result"에 넣는다.
- 라인 10: 연산 된 결과를 십진수 형태로 출력(print)한다.
- 라인 11: dot product 연산 실행을 하는 함수(dotp)로, 포인터 타입 변수를 적용한다.
- 라인 12: 연산이 실행되기 전에 그 결과를 저장할 "sum"에 대한 초기화이다.
- 라인 14-16: C 언어 프로그래밍 명령어 "for 문"을 나타내며 카운트 회수만큼 차례로 데이터 x와 y의 값을 곱하고, 그 곱의 결과 값을 순서대로 "sum"에 들어있는 데이터 값에 카운트 횟수만큼 누적한다.
- 라인 17-18: 헤더 파일 내에 존재 된 2개의 array 값

보충 설명을 하면, 내적 함수의 합(sum)에 대한 연산의 결과는, 엔카운트(ncount) "i"가 0에서 1이 되고 (1 × 0)를 연산하여 결과를 sum에 넣는다. 엔카운트 i가 1에서 2가 되고 (2 × 2)을 연산하여 그 결과를 sum에 누적한다. 엔카운트 i가 2에서 3이 되고 (3 × 4)을 연산하여 그 결과 값을 sum에 누적한다. 엔카운트 i가 3에서 0(zero)가 되고 (4 × 6)을 연산하여 sum에 누적한다. Sum에 누적된 값은 40이다.

3-6 선형성과 시 불변 시스템(linearity time-invariance)의 개념

디지털 신호 처리의 개념은, 아날로그 신호의 이산화 변환 처리 과정을 포함하며, 선형성(linearity)과 시 불변성(linearity time-invariance)에 만족되어야 한다.

3-6-1 선형성(linearity)

선형성은 간단히 말하여 입력 신호 변화에 대하여 출력 신호 변화가 직선성의 결과를 갖는 성질을 의미하며, 동차 성(homogeneity 또는 scalability)과 중첩 성(superposition 또는 additivity)을 만족하는 함수이다. 동차 성은 아래 수식과 같이 표현되고 선형성에 만족한다고 표현한다. 그림 3-7은 선형성의 간단한 예를 나타낸 그래프이다.

$$T(\alpha x[n]) = \alpha T(x[n]) = \alpha y[n]\, T(x[n])$$

여기서 $T(x[n])$은 입력 $x[n]$에 대한 출력이고 α는 임의로 마련되는 스칼라 곱의 수이다.

중첩 성은 더하는 성질을 갖고 있으며 아래와 같이 나타낼 수 있다.

$$x_3[n] = x_1[n] + x_2[n]$$

이것은 입력 신호가 개별적으로 한 개씩 들어오든지 또는 입력 전에 입력 신호 두개가 합쳐서 들어오든지 관계없이 이로 인하여 출력의 성질이 변화하지 않다는 것을 의미한다.

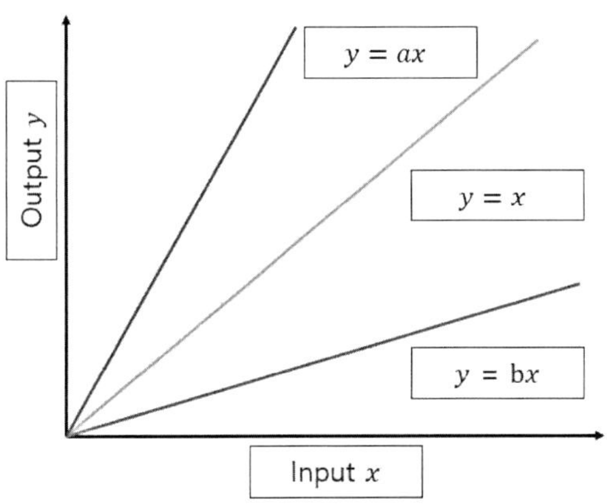

| 그림 3-7 | 선형성을 나타내는 그래프

3-6-2 시 불변 성(시간 이동의 성질)

시 불변 시스템(time-invariant system)의 특징은, 입력 신호의 시간 이동 특성 변화에 출력 신호도 똑 같이 영향을 받는 것이다. 즉, 입력 신호 성분에 시간 이동이 있으면 출력 신호도 그만큼 시간 이동을 갖는데 아래와 같은 조건을 만족할 때 시 불변 성질을 갖는다.

$$y_1[n] = x_1[n] = x[n-L] = y[n-L] \tag{3-7}$$

수식 3-7 식이 시 불변 시스템이면, $x_1[n] = x[n-L]$이 출력 $y_1[n]$을 생성할 때 이 역시 L 만큼 지연된 신호 $y[n-L]$와 같다는 것을 나타낸다.

3-7 콘볼루션

콘볼루션(convolution)이라는 단어의 용어 사전적 의미는, 어떤 한 신호를 기준으로 다른 신호가 상대적인 시간 변화를 가지며, 그것의 시간 변화 대비 크기 변화를 적분 계산하여 누적하는 과정을 나타낸다. 이것은 해당된 신호들의 크기가 곱으로 연산 되어 그 값들이 합쳐진 값을 의미하고, 결국 서로 다른 특성을 갖는 신호를 합성하는 과정으로 풀이된 표현이다.

아날로그 신호를 샘플링(sampling)하여 디지털 신호로 변환할 때, 샘플링 된 개개의 신호는 펄스 pulse) 형태를 갖게 되며 아날로그 신호의 진폭이 크면 그에 상당하여 펄스의 높이가 크다. 또한 샘플링 주파수가 높아질 수록 펄스 간의 간격이 좁아진다. 샘플링 과정에서 연속적으로 출력되는 개개의 펄스들 중에서 특정으로 지정된 펄스 한 개를 임 펄스(impulse)라 일반적으로 칭한다. 시스템이 LTI(linearity time-invariance)이면, 임 펄스 응답은 입력 신호로 단위 임 펄스가 사용되고, 델타 함수가 시간 축으로 이동될 때 임 펄스 응답도 그 만큼 이동하는 것으로 정의할 수 있다.

여기서 언급된 임 펄스 응답은 임 펄스 신호 $\delta[n]$가 입력된 경우의 출력을 의미하며, 다음과 같이 표현되는 필터의 특징을 가지고 있다. 이것은 임 펄스 신호가 입력된 현재의 시점에서만 출력이 존재하고, 현재의 시점이 아닌 시점에서는 출력이 0(zero)이 됨을 표현한다. 그리고 샘플링 신호 개개를 하나씩 표현할 때 임 펄스 응답으로 나타낼 수 있다.

$$\delta[n] = \begin{cases} 1, n=0 \\ 0, n \neq 0 \end{cases} \tag{3-8}$$

임 펄스 응답식에서, 이동 평균 처리에 대하여 임 펄스 응답 식의 입력에 대한 출력을 계산하면 다음과 같이 나타낸다.

$$y[n] == \begin{cases} \frac{1}{5}, & n = 0,1,\ldots 4. \\ 0, & others \end{cases} \tag{3-9}$$

아래의 수식은 델타 함수가 시간 축으로 m만큼 이동될 때, 임 펄스 응답도 그 만큼 이동하는 식의 표현을 나타낸다.

$$\delta[n-m] \rightarrow yield \rightarrow h[n-m] \tag{3-10}$$

입력되는 신호의 수열은 가중 및 이동 샘플의 합으로 나타낼 수 있다.

$$x[n] = \sum_{m=-\infty}^{+\infty} x[m]\,\delta[n-m] \tag{3-11}$$

여기서, $x[n]$은 $n=m$일 때 존재하는 것으로 시스템이 LTI(linearity time-invariance)이면 다음의 식이 유도된다.

$$\sum_{m=-\infty}^{+\infty} x[m]\delta[n-m] \rightarrow yield \rightarrow \sum_{m=-\infty}^{+\infty} x[m]\,h[n-m] \tag{3-12}$$

실제적 연산에서 불필요한 $m = -\infty$값을 $m=0$로 변경하고, 여기에 연산자 곱셈 "*"를 포함하여 정리하면 다음과 같이 식이 유도된다.

$$y[n] = x[n]*h[n] = \sum_{m=0}^{+\infty} x[m]\,h[n-m] \tag{3-13}$$

예를 들어, $[n-m]=k$로 정의하고, 연산 길이를 $+\infty$에서 2로 변경하면 다음과 같이 연산식이 완성된다.

$$y[n] = \sum_{k=0}^{2} x[n-k]\,h[k] \tag{3-14}$$

소프트웨어를 설계할 때, 콘볼루션 연산 관련하여 중요하게 고려되는 또 하나의 사항은 필터 길이 이다. 필터 길이는 연산에서 콘볼루션 길이(length)이고, 이 길이는 신호를 저장하고 이동하는 과정에서의 메모리 버퍼 크기에 해당된다. 디지털 신호 처리할 신호의 길이 N과 계수 값의 연산 길이 M 값에서 이들을 콘볼루션 연산할 때, 아래와 같이 콘볼루션 길이로 나타낸다.

$$\text{콘볼루션 길이(convolution length)} = \mathrm{M} + \mathrm{N} - 1 \tag{3-14}$$

간단한 예를 들어 콘볼루션 연산 과정을 설명하면,

$x[n]$과 $h[n]$ 값이 아래 내용과 같을 때, 출력 신호 $y[n]$은 다음의 내용과 같이 연산 되어, 출력 신호의 길이는 4로서 연산할 출력은 처음 시작점부터 네 개의 시차를 갖는 데이터 값이 존재한다. (3-15)

$$
\begin{aligned}
& x[n] = \{4,5,6\} \\
& h[n] = \{1,2\} \\
& y[n] = x[n]*h[n] = \sum_{m=0}^{3} x[m]\,h[n-m] \\
& y[0] = x[0]*h[0-0] + x[1]*h[0-1] + x[2]*h[0-2] + x[3]*h[0-3] \\
& \qquad (4*1) + (5*0) + (6*0) + (0*0) = 4 \\
& y[1] = x[0]*h[1-0] + x[1]*h[1-1] + x[2]*h[1-2] + x[3]*h[1-3] \\
& \qquad (4*2) + (5*1) + (6*0) = 13 \\
& y[2] = x[0]*h[2-0] + x[1]*h[2-1] + x[2]*h[2-2] + x[3]*h[2-3] \\
& \qquad (4*0) + (5*2) + (6*1) = 16 \\
& y[3] = x[0]*h[3-0] + x[1]*h[3-1] + x[2]*h[3-2] + x[3]*h[3-3] \\
& \qquad (4*0) + (5*0) + (6*2) + (0*0) = 12
\end{aligned}
$$

또 하나의 특징으로, LTI 시스템에서의 콘볼루션 은 교환 법칙과 분배 법칙 그리고 결합 법칙이 성립하고, 결과값 $y[n]$은 동일한 결과를 갖는다.

교환 법칙:

$$
\begin{aligned}
& y[n] = x[n]*h[n] = h[n]*x[n] \\
& y[n] = g[n]*(x[n]*h[n]) = (g[n]*x[n])*h[n]
\end{aligned} \tag{3-16}
$$

분배 법칙:

$$y[n] = x[n]*(h_1[n] + h_2[n]) = (h_1[n]*x[n]) + (x[n]*h_2[n]) \tag{3-17}$$

수식의 변환으로, : $[n-m] = [k]$로 대체하여 수식을 재 정리할 수 있다.

$$y[n] = \sum_{m=0}^{100} x[m]\,h[n-m] = \sum_{k=0}^{100} x[n-k]\,h[k] \tag{3-18}$$

이 된다.

그림 3-8은 계수 값 $h_1(t)$와 $h_2(t)$가 병렬로 (parallel) 구성된 것을 나타낸다.

$$y(t) = h(t)*x(t),\ h(t) = h_1(t) + h_2(t) \tag{3-19}$$

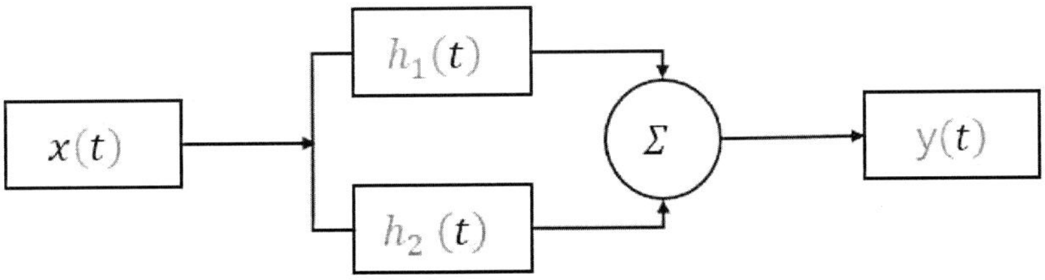

| 그림 3-8 | 계수 값 $h_1(t)$와 $h_2(t)$의 병렬(parallel) 구성

그림 3-9는 계수 값 $h_1(t)$와 $h_2(t)$가 직렬로(cascade) 구성된 것을 나타낸다.

$$y(t) = h(t)*x(t),\ h(t) = h_1(t)*h_2(t) \tag{3-20}$$

| 그림 3-9 | 계수 값 $h_1(t)$와 $h_2(t)$의 직렬(cascade) 구성

CHAPTER 04

FIR 필터와 콘볼루션 연산

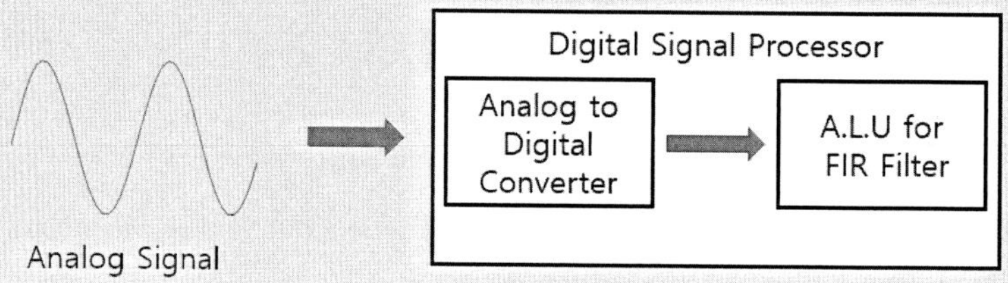

$$y(n) = \sum_{i=0}^{N-1} h(i)\, x(n-i)$$

출처 www.avmart.co.kr

4-1 FIR(finite impulse response) 필터의 연산 개념

디지털 신호 처리에서 FIR 필터는 유한 길이의 임 펄스 응답(impulse pulse response)이 실행되는 필터이고, 무한 길이의 임 펄스 응답을 실행하는 IIR(infinite impulse response) 필터와 구별된다. FIR 필터는 IIR 필터에 비하여 선형적 동작으로 안정성이 좋고 하드웨어 회로상에서 에러(error) 없이 실행이 잘 동작되는 장점이 있으나, 필터 구성 요소인 계수(coefficient)의 차수(order) 길이가 길어져 연산양이 증가하는 단점이 있다. 디지털 신호 처리 연산에서 FIR 필터의 연산은 시간 이동 기반으로 곱셈과 그 결과 값을 누적 덧셈으로 실행한다. 이것은 콘볼루션 연산으로 표현되며 순차적으로 연산 된 결과가 누적의 합으로 나타난다. 연산의 과정을 프로그램 상의 연산식으로 재현할 때의 핵심적인 사항은, 연속적으로 새로이 입력되는 샘플링 된 입력 신호와 계수 값들 과의 곱셈 과정으로, n 연산이 끝나면 새로운 입력 신호 데이터(data) 값을 현재 시점인 n에 위치할 수 있게 과거에 입력된 신호의 데이터(data) 값들을 순차적으로 메모리 버퍼 내에서 이동(shift)하는 과정이다.

기본적인 FIR필터의 콘볼루션 수식에서, 새로 입력되는 신호에 대응하여 어떻게 메모리 버퍼 어레이(buffer array)가 동작되어 연산 처리가 이루어지는가를 이해하여야 프로그램 설계를 쉽게 할 수 있다. 앞장에서 설명된 합의 범위를 나타내는 기호 m은 실제적 프로그램 작성시 잘 사용되지 않는 영문 기호이어서 i로 대체하여 설명한다.

$$y(n) = \sum_{i=0}^{N-1} h(i)\, x(n-i)$$

우선적으로 실행 처리되는 임 펄스 응답 계수(impulse response coefficients)는 메모리 버퍼 어레이(buffer array) 내에서 순서대로 저장되며, 첫번째 계수 $h(0)$는 계수용으로 할당되는 메모리 버퍼의 최상위 어드레스(address)에 위치하여 처음 시점에서 동작 한다. 그리고 마지막 계수 $h(N-1)$는 계수용으로 할당되는 메모리 버퍼의 최하위 어드레스인 끝 지점에 위치하여 마지막 순서로 동작된다. 여기서 실시간 순차적으로 연속 입력되는 신호를 나타내는 딜레이 샘플들(delay samples)은 메모리 버퍼 내에 순차적으로 저장되고, 현재 시점의 연산이 끝나면 새로운 입력 데이터(data) 값을 현재 시점인 n의 위치에 저장하기 위하여 과거 데이터(data) 값들이 한 시점씩 시프트(shift) 되어 이동된다. 즉, 가장 최근의 새로운 샘플 신호 $x(n)$은 샘플 버퍼의 시작점인 메모리 최상단에 위치하고 반면에 가장 먼저 입력되었던 샘플 신호 $x(n-(N-1))$는 샘플 버퍼의 끝에 위치한다. 그림 4-1은 메모리 버퍼 내에서의 계수 값과 입력되는 샘플 신호의 값들이 나열된 최초(initial) 동작 상태를 나타내며, 최초의 값은 모두 영(zero)으로 셋업(setup)된다. 여기서 N은 계수의 데이터 총 개수를 의미하고 $(N-1)$은 연산할 필터의 끝을 의미한다.

Count i	Coefficients	Input Samples
0	h(0)	$x(n)$
1	h(1)	$x(n-1)$
2	h(2)	$x(n-2)$
:	:	:
N - 2	h(N - 2)	$x(n-(N-2))$
N - 1	h(N - 1)	$x(n-(N-1))$

| 그림 4-1 | 계수와 입력 샘플에 대한 최초 메모리 상태

4-2 현재 시점인 Time n에 대한 메모리 버퍼 값의 이동

가장 최근의 입력 신호가 습득되는 시점을 n으로 할 때, 습득된 신호 $x(n)$은 샘플 버퍼의 시작점에 저장된다. 그리고 n시점에서의 연산이 콘볼루션(convolution) 연산식으로 아래 수식과 같이 실행된다.

$$\begin{aligned} y(n) &= h(0)\,x(n) + h(1)\,x(n-1) + \cdots\ h(N-2)\,x(n-(N-2)) \\ &\quad + h(N-1)\,x(n-(N-1)) \end{aligned} \tag{4-1}$$

위의 연산식에서 "Time n의 연산 된 결과는 입력된 신호가 한 개만 존재하고 과거의 값이 0(zero)의 값 이어서 실제 연산은 "$y(n) = h(0)\,x(n)$"의 값으로 결과가 나타난다.

4-3 Time $n+1$에 대한 메모리 버퍼 값의 이동

n의 시점에서 입력된 신호에 대하여 콘볼루션 연산이 실행된 후, 다음의 새로운 입력 신호가 시간이 경과된 $n+1$ 시점에 입력되면 이 입력된 데이터(data) 값은 n의 위치에 저장되어야 한다. 새로운 데이터(data) 값이 n의 위치에 저장되기 위하여 이전에 입력된 데이터(data) 값들은 한 단계씩 과거 값의 위치로 이동되어 진다. 즉, $n+1$ 시점에서, 가장 최근의 새로운 샘플 $x(n+1)$이 ADC에 의하여 습득되고, 메모리의 시작점인 최상위에 위치한다. 그리고 출력 $y(n+1)$에 대한 연산이 시작되고 메모리에 저장된다.

$$\begin{aligned} y(n+1) &= h(0)\,x(n+1) + h(1)\,x(n) + \cdots\ h(N-2)\,x(n-(N-3)) \\ &\quad + h(N-1)\,x(n-(N-2)) \end{aligned} \tag{4-2}$$

Time $n+2$에 대한 메모리 버퍼 값의 이동도 "Time $n+1$" 설명된 방법과 동일하게 이동된다. 그림 4-2는 순차적 입력되는 신호 대비 버퍼 내의 입력 값의 이동 상태를 나타낸다.

$$y(n+2) = h(0)\,x(n+2) + h(1)\,x(n+1) + \cdots + h(N-1)\,x(n-(N-3)) \tag{4-3}$$

Coefficient	Delayed Input Samples to ADC		
	Time n	Time n + 1	Time n + 2
h(0)	$x(n)$	$x(n+1)$	$x(n+2)$
h(1)	$x(n-1)$	$x(n)$	$x(n+1)$
h(2)	$x(n-2)$	$x(n-1)$	$x(n)$
:	:	:	:
h(N − 2)	$x(n-(N-2))$	$x(n-(N-3))$	$x(n-(N-4))$
h(N − 1)	$x(n-(N-1))$	$x(n-(N-2))$	$x(n-(N-3))$

| 그림 4-2 | 순차적 입력되는 샘플에 대한 메모리 버퍼 값 변경 구조

실 시간으로 샘플링 된 입력 신호가 ADC 모듈 입력 단자에 입력될 때, 현재 시점에서 확인된 입력 신호 $x[n]$의 값은 샘플 주기(sample period) 또는 n의 시간 변화 상태에 따라 가장 최근의 입력 값으로 표현되고 현재 시점의 값이 된다. 즉, 바로 이 순간의 시간 n에 입력된 샘플 값이 $x[n]$이라고 하면, 이 값은 메모리 버퍼(buffer)의 시작되는 점인 최상단에 위치하고 콘볼루션(convolution) 연산식에 의하여 연산이 실행된다. 메모리 버퍼 내에서 데이터 값의 이동 상태를 정리하면, n 시점에서 시간이 흘러 다음 샘플 $n+1$ 시점에서의 입력 신호는 ADC 모듈에 새로이 입력되는 신호로 당연히 메모리 시작점에 위치한 $x[n]$에 저장되어야 하나, 이 경우 n의 시점에서 입력되었던 데이터 값과 충돌하게 된다. 이러한 문제를 해결하기 위하여 n의 시점 이후에 다음 샘플이 입력되기 직전에, 메모리 시작점의 버퍼의 값은 $x[n-1]$로 이동시켜 $x[n]$이 비어 있게 하고 그 비어 있는 장소에 새로운 최신 값이 저장되게 한다. 이러한 과정은 현재 시점으로부터 가장 먼 과거의 값이 저장된 장소부터 한 단계씩 더 과거 방향으로 이동시켜 바로 직전 값이 저장된 장소가 비어 있도록 하는 것이다. 그림 4-3은 입력 신호인 정현 파 신호가 ADC(analog to digital converter) 모듈에 입력되어 샘플링 처리되어 데이터 값으로 버퍼에 저장된 상태를 나타낸다. "Time n" 시점을 현재 시점으로 볼 때, n 바로 직전에 샘플링 되어 입력된 신호 값은 $n-1$ 위치에 저장된 신호로 처리된다. 즉 ADC 모듈에 가장 최근 입력된 신호의 시점이 항상 n이 되도록 하여 다음 샘플링 신호가 입력되면 직전의 n의 신호는 $n-1$의 신호로 바뀐다.

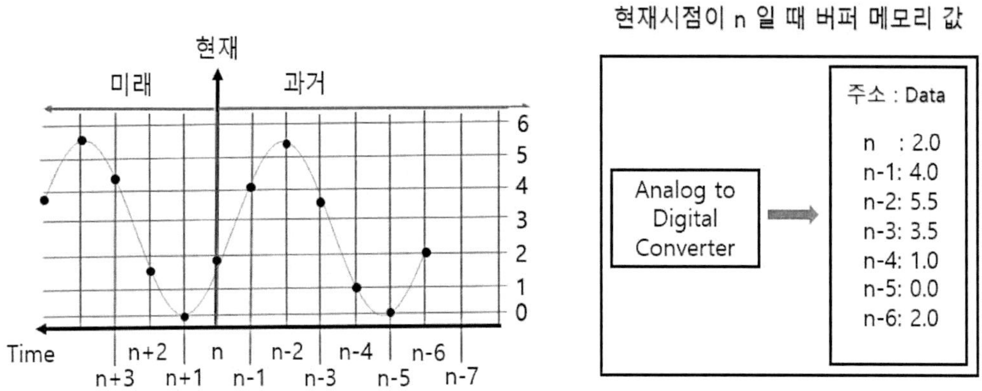

| 그림 4-3 | 입력 신호의 Data 값과 메모리 버퍼 내의 저장 위치

그림 4-4는 ADC 모듈에 순차적으로 입력되는 신호 값인 데이터 값과 계수 값이, 새로운 입력 신호가 ADC 모듈에 입력될 때, 메모리 버퍼 내에서의 데이터 값과 계수 값의 이동 상태를 나타낸다. 계수 값 $h = [1,\ 2,\ 3,\ 4,\ 5]$이다.

n		$n+1$		$n+2$		$n+3$		$n+4$	
h	$Data$	h	$Data$	h	$Data$	h	$Data$	h	$Data$
1	2.0	1	0.0	1	1.5	1	4.5	1	5.5
2	4.0	2	2.0	2	0.0	2	1.5	2	4.5
3	5.5	3	4.0	3	2.0	3	0.0	3	1.5
4	3.5	4	5.5	4	4.0	4	2.0	4	0.0
5	1.0	5	3.5	5	5.5	5	4.0	5	2.0

| 그림 4-4 | 메모리 버퍼 내에서의 계수 값과 입력 신호 Data 값의 이동

프로그램 예제로, FIR 필터의 콘볼루션 연산을 DSP 보드 내에서 실행할 수 있게 설계할 수 있다. 입력되는 Delayed 샘플들 각각의 간격은 샘플링 주파수(sampling frequency)의 주기 T 시간(time) 값으로, 샘플링 주파수가 20KHz이라면 Delayed 샘플의 각 간격은 샘플 기간(sample period)으로 50usec가 된다. n시점에서 ADC 모듈에 입력된 $x(n)$신호가 연산 처리되고, n시점의 시간에서 50usec가 경과되면 지연된 시점의 메모리 값은 가장 최근의 입력 신호인 $x(n)$값으로 바뀐다. DSP 내에서는 새로 최근에 입력되는 신호 $x(n)$에 대하여 입력 받을 메모리 공간을 마련하기 위하여 현재 보다 이전(delayed) 샘플 값들은 매 50usec 간격마다 메모리 공간내에서 한 단계씩 이동되어 그 값이 저장된다. 입력 신호의 샘플링 주기와 일치하도록 인터럽트 실행 주기를 구성하고, 계수(coefficient) 값은 4개, $h(N) = [1,\ 2,\ 3,\ 4]$로 정하고,

입력 신호 값을 4개, 즉 [5, 6, 7, 8] 이 인터럽트 주기에 동기 되어 순서대로 입력하도록 설정하여 콘볼루션(convolution) 연산식으로 실행을 할 수 있다. 첫번째 입력 신호 5가 습득되어진 상태에서 카운터 i가 0일 때는 (1 × 5)에서 5가 출력 $y(n)$에 저장되고, 카운터 i가 1일 때 (2 × 0)가 연산되어 출력 $y(n)$에는(5 + 0) 즉, 5에 0 이 누적되어 5가 저장된다. 카운터 i가 2일 때 (3 × 0)이 연산되어 출력 에는 (5 + 0) 즉, 5에 0이 누적되어 5가 저장된다. 카운터 i가 3이면 (4 × 0)가 연산되어 출력 $y(n)$에는 (5 + 0) 즉, 5에 0이 누적되어 5가 저장된다. 그리고 입력 신호에 대한 메모리 버퍼의 값들을 한 단계씩 차례로 이동되어 새로운 입력 값이 첫번째 계수와 곱의 연산이 될 수 있도록 메모리 버퍼의 값들이 이동되어 재 구성된다.

이제 샘플링 주기 50usec가 경과되어 다음 인터럽트가 실행되고 샘플링 두번째 입력 신호인 6이 ADC 모듈에 입력되면 카운터 i가 0일 때는 (1 × 6)에서 6이 출력에 저장되고, 카운터 i가 1일 때 (2 × 5)가 연산되어 출력 $y(n)$에는(6 + 10) 즉, 6에 10이 누적되어 16이 저장된다. 카운터 i가 2일 때 (3 × 0)이 연산되어 출력 $y(n)$에는(16 + 0) 즉, 16에 0이 누적되어 16가 저장된다. 카운터 i가 3이면 (4 × 0)가 연산되어 출력 $y(n)$에는(16 + 0) 즉, 16에 0이 누적되어 16이 저장된다. 그리고 메모리 버퍼의 값들을 한 단계씩 차례로 이동시켜 새로운 입력 값이 $x[n]$에 위치하여 첫번째 계수와 곱의 연산이 될 수 있도록 메모리 버퍼의 값들을 차례로 정리한다. 이제 다음 샘플링 주기가 되고 인터럽트가 발생되면 세번째 입력 신호인 7이 습득되고 앞에서 실행된 같은 방법으로 연산이 반복적으로 실행된다.

그림 4-5는 샘플링 주기에 동기 된 인터럽트 주기에 맞추어 새로운 샘플링 입력 신호가 입력되어 콘볼루선 연산이 실행되고, 인터럽트 주기(50us)에 맞추어 메모리 내용이 이동되는 과정을 나타낸 블록 도이다. ADC 모듈에 입력된 아날로그 신호는 샘플링 되어 디지털 신호로 변환되어 샘플링 주기에 동기 된 ISR(interrupt service routine) 내의 연산 과정에 차례대로 입력된다. ISR이 실행되는 50usec 기간 동안에 카운트는 0에서 3까지 순차적으로 콘볼루션 연산이 실행된다. 콘볼루션 연산은 각각의 카운트 값 내에서 실행되어 그 결과 값이 출력 버퍼에 누적 저장된다.

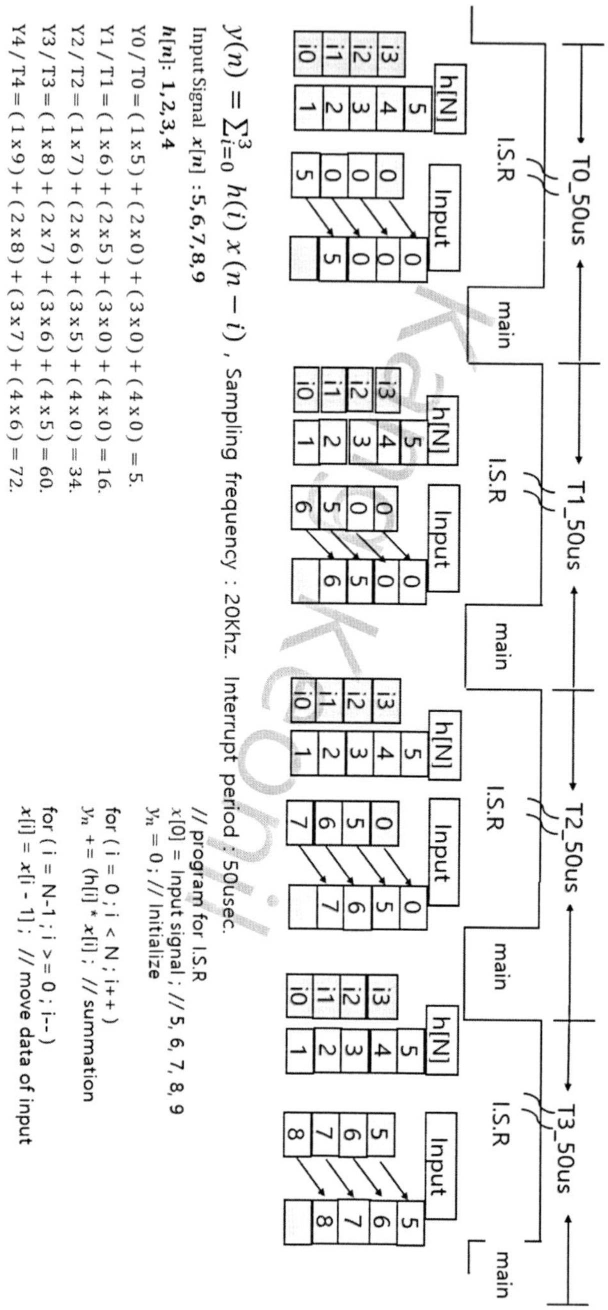

| 그림 4-5 | 인터럽트 주기에 따른 입력 신호 메모리 버퍼 값 이동과 콘볼루션

4-4 콘볼루션 연산 프로그램 실행 동작 이해

아래의 프로그램은 인터럽트 주기에 동기되어 FIR 필터에 입력되는 신호와 계수 값에 대하여 콘볼루션 연산을 실행하는 과정을 이해하기 위하여 PC 상에서 실행되도록 설계된 일반적인 C 언어 프로그램이다. 계수의 길이는 “N = 89”로 설정하고, ADC 모듈에서 순차적으로 출력되어 FIR 필터에 입력되는 샘플은 dly[N]로 설정한다. 그리고 콘볼루션 연산 된 결과는 yn에 저장한다. 콘볼루션의 실행은 인터럽트 주기에 동기 되어 인터럽트가 실행되는 시간 내에서 연산 된다. 메인 프로그램은 무한 루프로 반복적으로 실행되고, 무한 루프가 실행되는 동안 인터럽트가 발생되면 그 지점에서 메인 루프 동작은 멈추고 인터럽트가 실행된다. 인터럽트 실행이 끝나면, 메인 루프는 멈춘 그 지점 다음에 실행될 명령어 지점에 다시 복귀하여 앞에서 설명된 과정을 반복적으로 실행을 한다. (참고 DSP applications using C and the TMS320c6x DSK)

```
#include “bs2500.cof” //계수 파일_ 2500Hz
int yn = 0 ; // 출력의 초기화
short dly[N] ; // FIR 필터 입력 신호
interrupt void c_int11() // 인터럽트 서비스 루틴
{
short i ; // 카운터 변수
dly[0] = input_sample() ; // 새로 입력되는 샘플의 변수
yn = 0 ; // 출력을 클리어한다
for (i = 0 ; i< N ; i++)
yn += (h[i] * dly[i]) ; //동일한 개념, y(n) += h(i) * x(n-i)
for (i = N-1 ; i > 0 ; i--) //버퍼에 저장된 입력 값의 이동
dly[i] = dly[i-1] ; // 입력된 샘플의 저장 위치가 한 단계씩 이동
output_sample(yn >> 15) ; // 출력
Return ;
} // 인터럽트 프로그램 끝
void main()  // 메인 프로그램의 시작
{
while(1) ; // 무한 루프
} // end of main
// BS2500.cof
// MATLAB 툴 상에서 명령어”filterDesigner”을 실행하여 만들어진 계수 파일
#define N 89 // 계수 길이를 정의한다
```

```
short h[N] =
{-14,23,-9,-6,0,8,16,-58,50,44,-147,119,67,-245,200,72,-312,257,53,-29
9,239,20,-165,88,0,105,-236,33,490,-740,158,932,-1380,392,1348,-2070,7
24,1650,-2690,1104,1776,-3122,1458,1704,29491,1704,1458,-3122,1776,110
4,-2690,1650,724,-2070,1348,392,-1380,932,158,-740,490,33,-236,105,0,8
8,-165,20,239,-299,53,257,-312,72,200,-245,67,
119,-147,44,50,-58,16,8,0,-6,-9,23,-14 } ;
//계수의 총 숫자는 89개이다.
```

CHAPTER 05

저주파 대역 통과 필터 설계

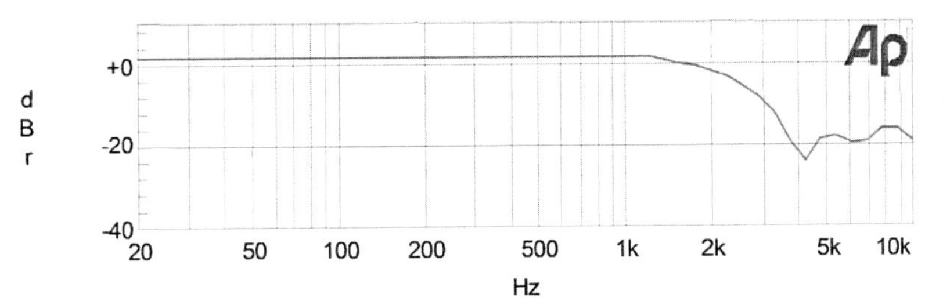

출처 www.avmart.co.kr

5-1 저주파 대역 통과 필터의 개념과 필요성

저주파 대역 통과 필터(low pass filter)는 가청 주파수 밴드(band) 내에서 낮은 주파수 대역은 통과시키고 높은 주파수 대역의 이득을 감쇠 시키는 필터를 의미한다. 저주파 대역 통과 필터는 가청 주파수 대역 신호 밴드 또는 오디오 신호 밴드에서 화이트 노이즈(white noise)를 제거하기 위하여 사용되거나, 디지털 신호를 아날로그 신호로 변환 처리할 때 양자화(quantization) 과정에서 발생되는 잡음을 제거하는데 적용되는 필터이다. 필터는 신호를 걸러낸다는 의미이고 두가지 방법으로 설계할 수 있다. 그 하나의 방법은 저항(resistor)과 캐패시터(capacitor)로 구성된 전자 회로를 설계하여 원하는 신호를 필터링하는 아날로그 회로 구성 방법이고, 다른 하나는 DSP 신호처리 기반으로 설계된 DSP 보드 상에서 디지털 필터 프로그램을 설계하여, 입력 신호의 주파수 대역에서 신호 감쇄를 원하는 주파수 대역을 필터링하여 의도된 주파수 대역의 신호만을 출력하는 방법이다.

필터 설계라 하면, 입력되는 신호에서 특정 대역의 신호만을 출력으로 보내거나, 또는 입력된 신호에서 불필요한 주파수 대역의 신호가 출력 신호로 출력되지 못하도록 하는 기능을 갖도록 회로를 설계하거나 디지털 처리 설계를 한다는 것을 의미한다. 필터에는 저주파 대역 통과 필터(low pass filter), 고주파 대역 통과 필터(high pass filter), 특정된 주파수 대역을 통과시키는 밴드패스 필터(band pass filter), 그리고 특정 주파수 대역을 제거하는 노치 필터(notch filter) 등이 있다. 아날로그 신호를 직접 제어하고 필터링하기 위하여 설계되는 각종 필터 회로들은 저항(resistor), 캐패시터(capacitor), 인덕터(inductor), 연산 증폭기(operation amplifier)등의 전자 회로 소자들을 조합하여 전자 회로를 구성한다.

일반적으로 사용되는 아날로그 회로로 구성된 저주파 대역 통과 필터는, 디지털 신호를 아날로그 신호로 재생할 때 DAC (digital to analog converter)모듈 출력 단자에 추가되어 **양자화(quantization)잡음을 제거하는 용도**로 사용된다. 저주파 대역 통과 필터가 DAC 모듈 후단에 적용될 경우, 추가된 저주파 대역 통과 필터 회로와 연결되는 주변의 회로가 잘 정합(match)되어야 한다. 즉, 추가된 저주파 대역 통과 필터 회로로 인하여, 연결되는 주변의 회로 동작 특성이 변화되지 않도록 설계해야 한다.

디지털 신호 처리 방식의 저주파 대역 통과 필터는 DSP IC 회로 기반으로 디지털 필터 프로그램을 설계하여 적용한다. 디지털 필터 프로그램 설계는 안정성과 직선성이 좋은 FIR 필터 연산식을 응용하여 적용한다. DSP 회로 기반으로 디지털 필터 방식을 적용하여 저주파 통과 대역 필터를 설계하면, 복잡한 아날로그 회로 구성 없이 설계된 프로그램으로 원하는 특성을 생성하여 다양한 특성을 갖는 결과를 창출할 수 있다. 다만 디지털 필터 설계가 적용되어도 DAC 모듈에서 출력되는 아날로그 신호 출력을 또 다른 신호처리에 사용할 경우에는 반드시 저주파 대역 통과 필터 회로를 함께 적용하여 출력된 아날로그 신호에서 양자화 잡음 신호가 중첩되어 나타나지 않게 하는 것이 좋다.

아날로그 저주파 통과 대역 필터 회로의 동작 개념은, 교류 신호의 주파수 변화에 영향을 받지 않아 동일한 임피던스 값을 가지는 저항과, 주파수에 따라 임피던스(impedance) 값이 변화하는 캐패시터 또는 인덕터를 직렬 회로 또는 병렬 회로로 조합 구성하여, 임피던스 변화량만큼 출력 값이 옴의 법칙에 따라 변화하게 하는 것이다. 그림 5-1은 저항과 캐패시터로 구성된 가장 간단한 저주파 대역 통과 회로를 나타내고, 그림 5-2는 TI 사에서 무상으로 공급하는 "Tina-9" 프로그램을 이용하여 저주파 대역 주파수 통과 회로를 시뮬레이션(simulation) 실행한 결과이다.

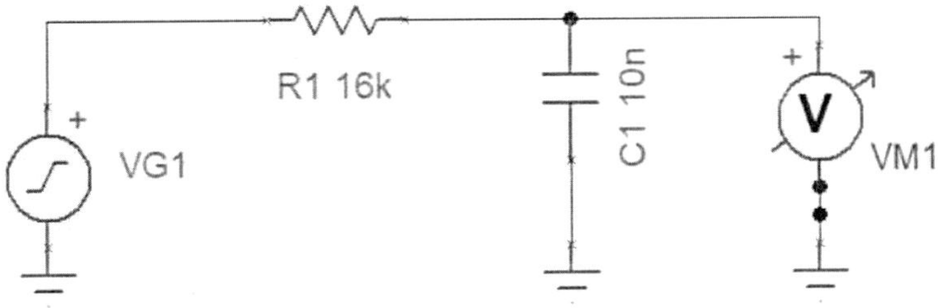

| 그림 5-1 | 저항과 캐패시터로 구성된 저주파 대역 통과 필터

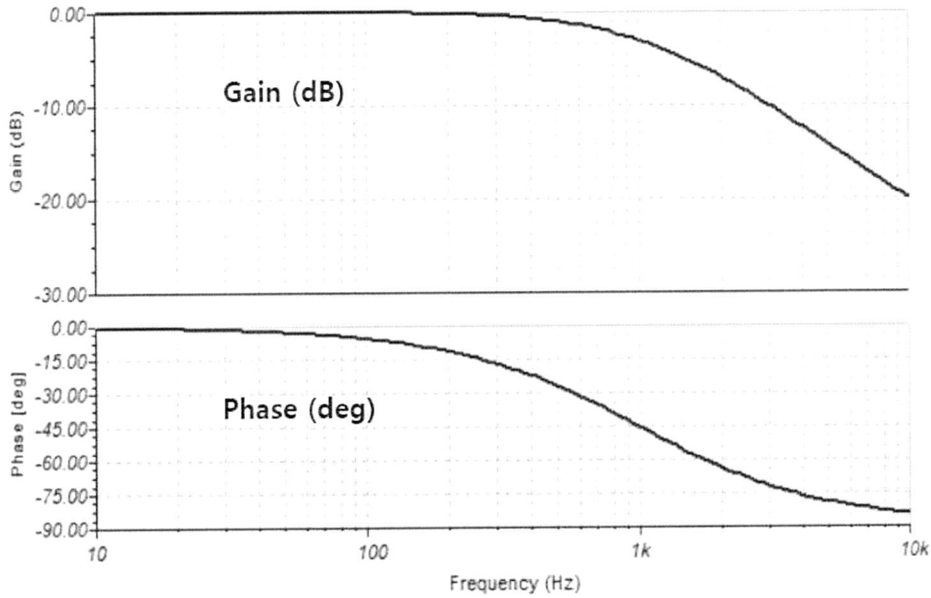

| 그림 5-2 | 저주파 대역 통과 필터 특성 그래프

그림 5-1 상에서 출력 VM1 값을 옴의(ohm) 법칙에 준하여 산출해 볼 수 있다.

$$\mathrm{VM1} = \mathrm{VG1} \times \mathrm{C1} / (\mathrm{R1} + \mathrm{C1}) \tag{5-1}$$

다만, 캐패시터 C1은 교류 신호의 주파수 변화에 따라 임피던스가 변화하는 특성을 갖는다. 즉, C1의 임피던스는 $XC_1 = 1/2\pi f C_1$이 되고, 캐패시터에 흐르는 전류는 캐패시터 양단에 걸리는 전압에 비하여 90도 앞선 위상으로 동작된다. 이로 인하여 저항과 캐패시터의 직렬 회로는 실수와 허수의 합으로 연산 된다. R_1과 C_1의 절대값 임피던스 값은 아래와 같다.

$$Z = \sqrt{(R_1)^2 + (XC_1)^2} \tag{5-2}$$

이것을 입력 신호 주파수 1KHz 조건으로 소수점을 제외한 약식 계산을 해 보면, $XC_1 =$ 15.9kohm이고, $Z=$22.6Kohm이 된다.

VG1 입력 신호의 크기를 1Volt 로 정하여 출력 전압을 계산하면, 출력 VGM은 VGM = 1 × 15.9kohm / 22.6kohm = 0.704Volt가 된다.

정리하면, 저항 값과 캐패시터의 임피던스 값이 같아지는 주파수 점에서 이득이 약 3dB 낮아져, 출력 값이 입력 신호 값 대비 −3dB에 있다.

참고적인 사항으로, 가청 주파수 대역 신호와 고주파(radio frequency) 대역 신호 등과 같은 교류 신호로 동작되는 회로 상에서, 저항(resistor), 캐패시터(capacitor), 코일(inductor)로 조합된 회로의 임피던스와 편각 θ을 산출하기 위해서는 실수(real)와 허수(imaginary)의 값을 합하여 절대값 임피던스로 구해야 한다. 순수 저항은 실수에 해당되고 캐패시터로 구성된 용량성 회로와 코일로 구성된 유도성 회로는 허수 부분에 해당된다. 저항과 캐패시터로 구성된 그림 5-1회로에서, 합성된 임피던스 Z의 값과 위상 각 θ의 값은 회로에 입력되는 주파수에 따라 그 값이 변하게 된다. 저항 R1 값과 캐패시터 C1 임피던스 값이 같아질 때, 주파수 $F=\dfrac{1}{2\pi R_1 C_1}$이 되고 편각 θ는 45도가 된다.

$$\theta = 45\text{도},\ \cos\theta = 0.707,\ \tan\theta = 1 \ \cdots\cdots \text{ at frequency 1KHz}$$

5-2 저항, 캐패시터, 코일로 구성된 회로의 교류 신호에서 동작

그림 5-3은 교류 신호에서 임피던스 변화에 따른 편 각의 변화 상태를 설명하기 위하여 저항과 캐패시터, 그리고 저항과 코일이 직렬로 연결된 회로 구성을 나타낸다.

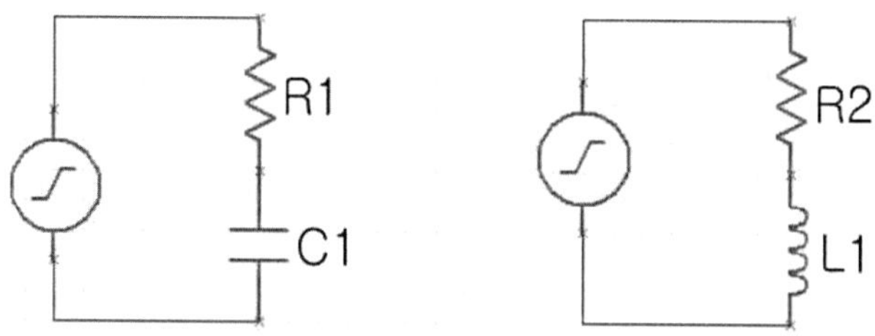

| 그림 5-3 | 교류 입력 신호 대비 R.C. 와 R.L. 직렬 회로 구성

저항, 캐패시터, 코일로 구성된 회로 상에 교류 신호를 인가할 때, 위상이 변화하는 상태를 설명하기 위하여, 그림 5-4는 저항과 캐패시터, 그리고 저항과 코일로 구성된 직렬 회로에서의 절대값 임피던스와 편각 θ의 관계를 나타낸 그래프이다.

X_C1 임피던스 값이 X_R1 값 보다 작아질수록(캐패시터 용량 값이 X_R1 값보다 커질 수록) 절대값 임피던스 Z의 축은 X_C1 방향으로 가까워지고 회로의 임피던스는 용량성 특성을 갖는 방향으로 기울어진다. 그리고 X_L1 임피던스 값이 X_R2 값 보다 클수록 절대값 임피던스 Z의 축은 X_L1 방향으로 가까워지고 회로의 임피던스는 유도성 특성을 갖는 방향으로 기울어진다.

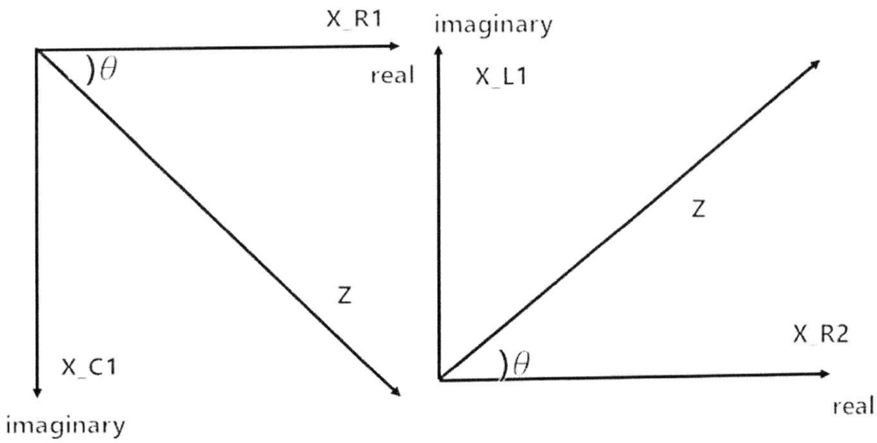

| 그림 5-4 | 저항-캐패시터, 저항-코일로 구성된 직렬 회로의 임피던스와 편각

그리고 X_R1과 X_C1 직렬 연결된 회로에 흐르는 전류를 기준으로 살펴보면, 입력되는 주파수가 낮아질수록 또는 C1의 용량 값이 작아질수록 X_C1에 흐르는 전류 값은 점점 작아지게 되고 전류의 성분은 순 저항 성분인 X_R1되어 회로에 흐르는 전류의 위상 각도가 0(zero)의 방향으로 이동하게 된다. 이로 인하여 X_C1 양단에서 전압을 측정하게 되면 입력되는 주파수가 낮아질수록 X_C1 양단의 전압은 입력된 신호 크기에 준하게 되고 위상은 거의 0도가 된다. 참고로, 캐패시터에 흐르는 전류는 그 캐패시터 양단에 걸리는 전압보다 위상이 90도 앞서는 특성을 갖는다.

여기서 절대값 임피던스 Z와 편각 θ는 다음과 같이 나타낸다.

$$Z = R + jX = \sqrt{R^2 + X^2} \tag{5-3}$$

참고로 관련된 수식을 정리하면

$$(2\pi f = \omega) \quad (5\text{-}4)$$

캐패시터 단품의 임피던스 값은 $XC = 1/2\pi f C$

코일 단품의 임피던스 값은 $XL = 2\pi f L$

편각 $\theta = tan^{-1}\frac{b}{a} = tan^{-1}XC/R$ [rad]

편각 $\theta = tan^{-1}\frac{b}{a} = tan^{-1}XL/R$ [rad]

편각 $\theta = tan^{-1}\frac{b}{a}$에서, $a = Z\cos\theta$, $b = Z\sin\theta$

식 5-4에서 a는 X축으로 real, b는 Y축으로 imaginary을 의미한다. 코일과 캐패시터 가 직렬로 연결된 회로의 합성 임피던스 값 jX은 아래의 수식으로 나타낸다. (5-5)

$$jX = jXL - jXC \text{ 또는 } jX = jXC - jXL$$

5-3 저항과 캐패시터로 구성된 적분 회로에 직류 전압이 입력될 때의 동작

타임 도메인(time domain) 기반으로 저주파 대역 통과 필터 회로의 입력에 직류 전압을 10초동안 인가하여 동작 상태의 결과를 분석한다. 그림 5-5는 저주파 대역 주파수 통과 필터 회로에 1 Volt DC 신호를 10초 동안 인가한 저주파 대역 통과 필터 회로이고, 그림 5-6은 실험용 저주파 대역 통과 필터 회로 상에서 시간 경과에 따른 출력 전압의 변화를 나타낸다.

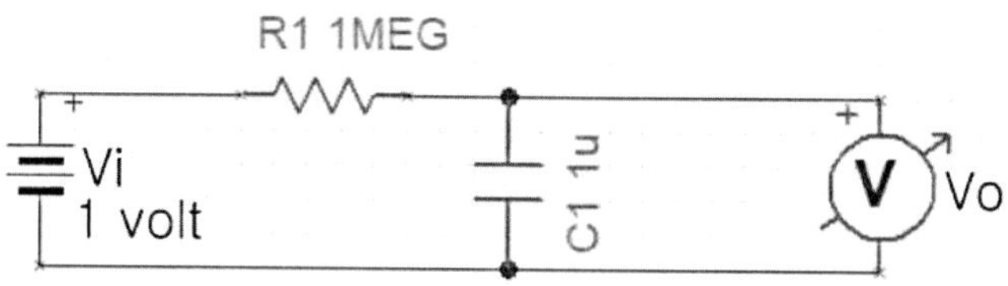

| 그림 5-5 | 저주파 대역 통과 필터 회로에 직류 신호를 인가한 회로 구성

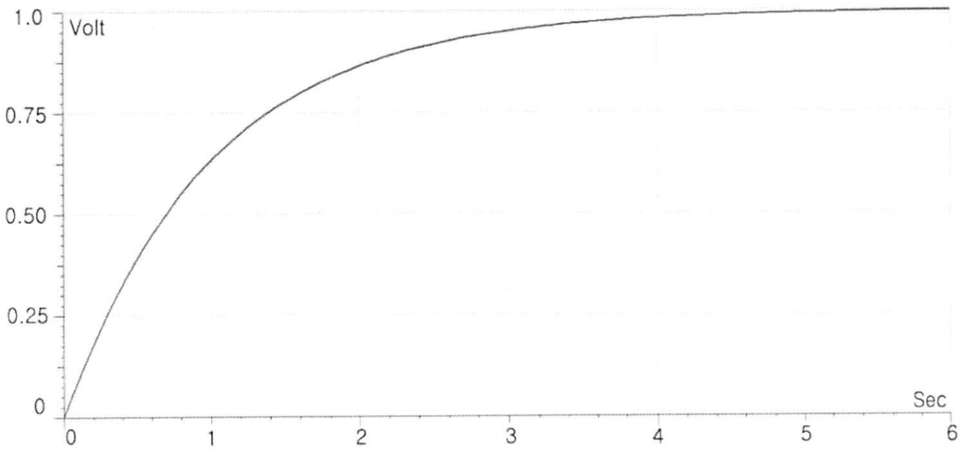

| 그림 5-6 | 저주파 대역 통과 필터 회로에 직류 전압이 인가될 때, 시간 경과 대비 출력 전압 변화 특성

저항과 캐패시터로 구성된 회로상에서, 직류 신호가 10sec 동안 입력될 때, 출력 C1에 전압이 충전되는 동작의 분석을 위하여 다음의 수식을 산출해 적용한다.

타임(time) 도메인(domain)에서 미분 방정식.

$$R1\,C1\frac{dv_0}{dt} = Vi - Vo \tag{5-6}$$

타임 콘스탄트 (time constant) T_a는, $T_a = R1 * C1$ 곱으로 설명되고, T_a값이 1이 될 때 출력은 약 $0.63 * Vi$가 되어서 입력 전압의 63%가 캐패시터에 충전되고, $5\,T_a$가 되면 Vi 값이 캐패시터에 100% 충전되어 Vi 값과 Vo 값이 거의 같게 된다.

이것을 수식으로 표현하면 아래와 같이 설명된다.

$$\begin{aligned} Vo(t) &= Vi(1 - e^{-t/R1\,C1}) \\ G(s) &= Vo(s)/\,Vi(s) = 1/1 + R1^{*}\,C1(s) \end{aligned} \tag{5-7}$$

5-4 양자화 과정에서 발생된 노이즈 제거

양자화 잡음(quantization noise)은 디지털 신호를 아날로그 신호로 재생할 때 많이 발생한다. 그림 5-7은 양자화 잡음을 제거하기 위하여 OP Amplifier 이용하여 “2nd order–Chebyshey

방식 LPF" 회로를 응용한 10KHz LPF(low pass filter) 회로와 이득(gain)특성을 나타낸다. 실험된 10KHz LPF 회로는 샘플링 주파수가 20KHz 이상일 때 적용할 수 있고, 양자화 과정에서 발생된 화이트 잡음(white noise)이 10dB 이상 제거된다. 그림 5-8은 LPF 회로 상에서 주파수 대비 이득(gain)의 변화 특성을 나타내고, 그림 5-9는 LPF 회로 상에서 주파수 대비 위상(phase)의 변화 특성을 나타낸다. LPF 회로 상에서 주파수 특성 대비 이득이 감쇄하는 특성의 변화가 커지는 주파수 지점부터(cut off frequency) 위상의 변화가 급격하게 나타난다. 디지털 신호 처리에서 아날로그 신호의 급격한 위상 변화 부분의 주파수는 디지털 신호 처리 프로그램 설계에서 위상 제어 관련 문제가 발생될 수 있어 주의가 필요한 부분이다.

그림5-10은 아날로그 신호를 디지털 신호로 변환하고, 저장된 디지털 신호를 다시 아날로그 신호로 재생하는 양자화 블록도와, 아날로그 신호의 입력과 출력 값을 디지털 오실로스코프로 측정한 값을 나타낸다. 6KHz 아날로그 신호가 ADC에 입력되어, 40KHz로 샘플링이 실행된 후, 디지털 신호로 변환하는 과정을 거쳐 버퍼 메모리에 저장된다. 저장된 디지털 신호를 DAC 모듈에 입력하고, DAC 모듈에서 출력된 아날로그 신호를 저주파 통과 필터 회로에 입력하여 양자화 과정에서 발생된 노이즈를 제거한다. 그림 5-10에서 보여주듯이, 저주파 대역 통과 필터 회로에서 노이즈를 많이 제거할수록 아날로그 출력 신호의 크기도 노이즈와 함께 감소하는 결과가 나타난다. 설계자는 통과되는 주파수 대역 폭과 노이즈 제거 정도를 설계에 반영하여 필터 회로를 설계하는 것이 바람직하다.

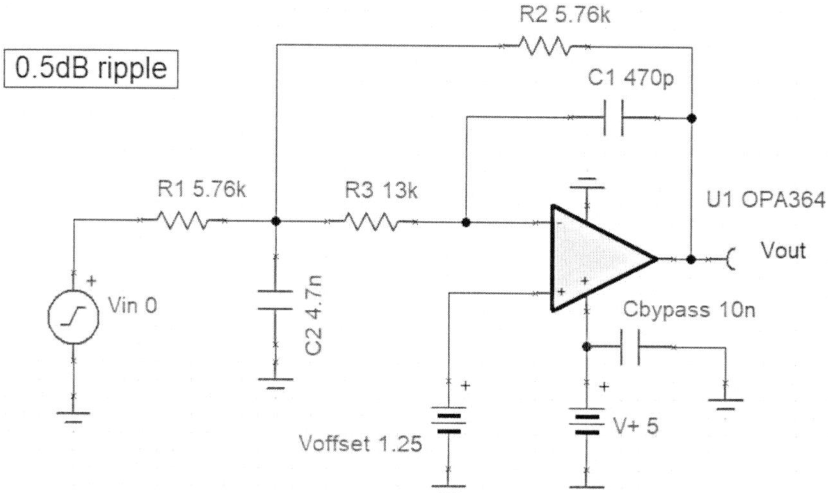

| 그림 5-7 | 10KHz Low Pass Filter 회로_2nd order-Chebyshey 방식

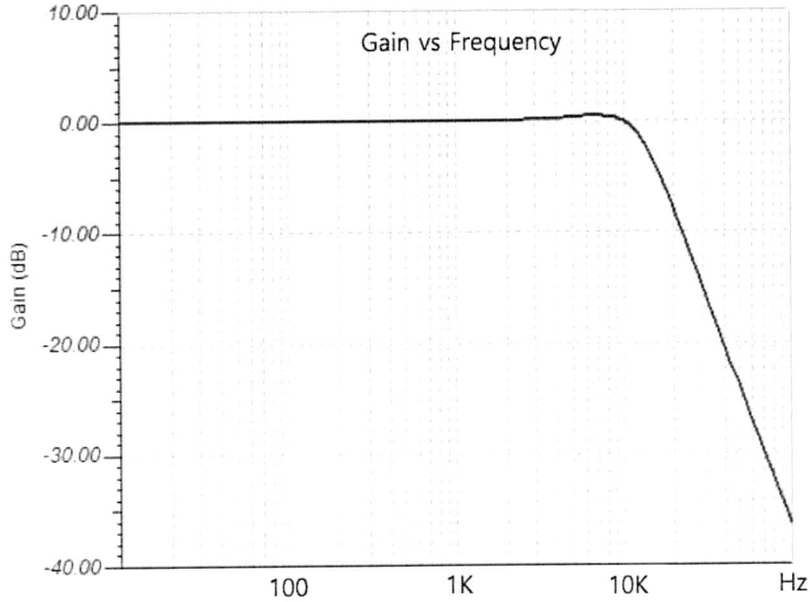

| 그림 5-8 | 10KHz LPF 회로 상에서 주파수 대비 Gain 변화 특성

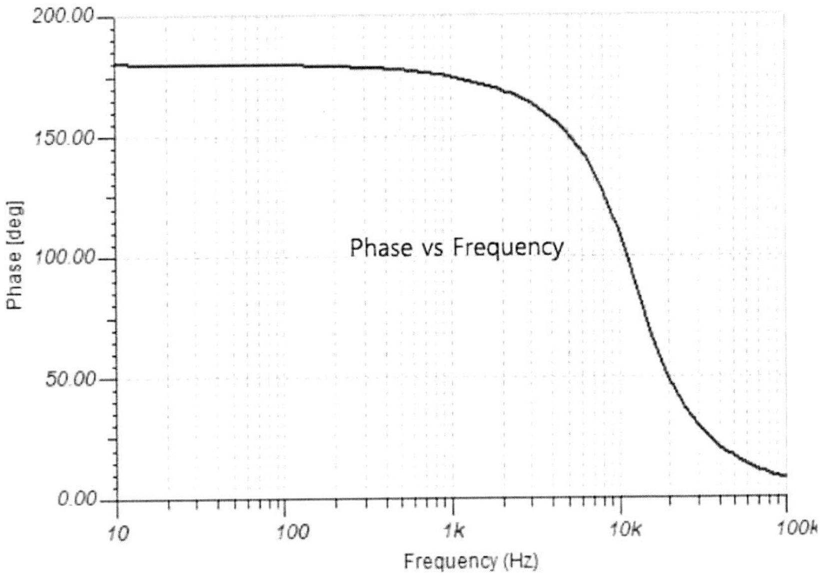

| 그림 5-9 | 10KHz LPF 회로 상에서 주파수 대비 Phase 변화 특성

저항 R과 캐패시터 C로 구성된 회로에서, 신호원으로부터 회로에 입력되는 신호의 주파수가 변화하면, 회로를 구성하고 있는 C의 임피던스가 변화하여 R 과 C 값이 같아지는 주파수에서 부하(load)가 R인 회로의 출력 이득은 입력 값 대비 약70% 수준이 된다. 즉, $R = 1/2\pi fc$가

되어 −3dB(70%) 지점의 주파수는 $F = 1/2\pi RC$가 된다. Open Loop Gain이 수백 배에 달하는 OP Amplifier와 R, C로 구성된 회로의 경우, 입력 임피던스 값은 거의 수 메가(mega) 옴(ohm)이고 출력 임피던스는 수 백 옴 수준에 있다. 신호원으로부터 입력된 신호가 증폭되어 출력 신호가 되고, 출력된 신호가 입력 회로로 다시 궤환(feedback)되도록 회로가 구성되면, 궤환 된 신호와 신호원으로부터 입력되는 신호 사이에 위상 대비 신호 크기의 차가 발생하여 신호원으로부터 입력된 신호에 역 위상이 겹쳐진 크기만큼 출력이 감소하는 현상이 발생된다. 아날로그 필터 회로는 필터 회로를 구성하고 있는 R, C 부품의 임피던스 값의 변화와 입력과 출력 신호의 위상 겹침 정도에 따라서 이득이 변화하는 원리로 동작된다.

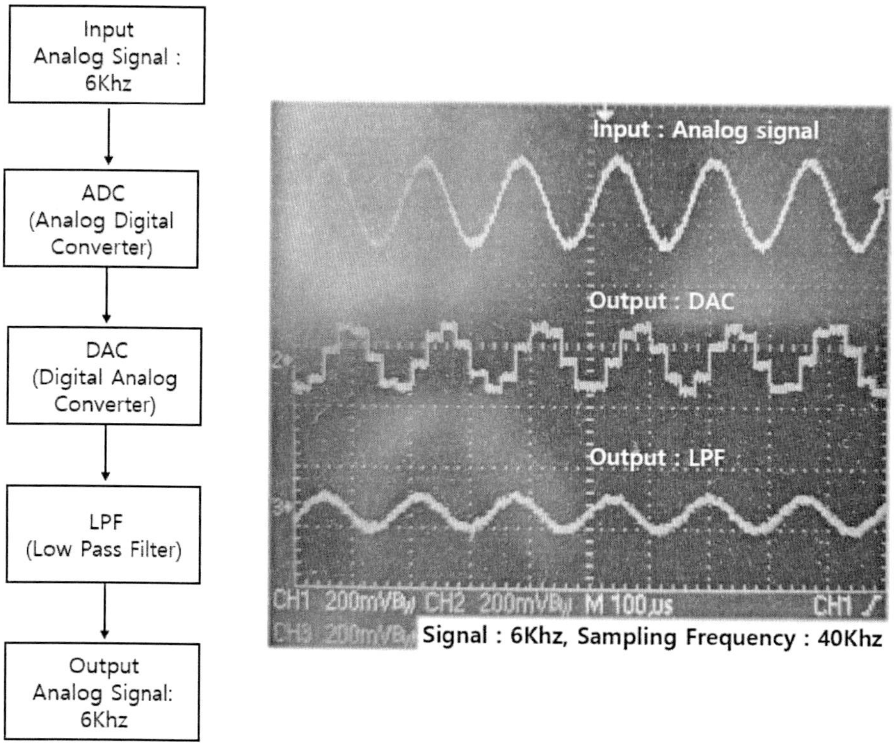

| 그림 5-10 | 양자화 블록도 와 저주파 대역 통과 필터의 아날로그 신호 출력

- Input: Analog signal – ADC 모듈에 입력되는 아날로그 신호
- Output: DAC – 디지털 신호가 DAC 모듈에서 아날로그 신호로 변환된 출력 신호
- Output: LPF – DAC 출력 신호가 저주파 대역 통과 필터를 통과한 출력 신호

5-5 MATLAB 소프트웨어 툴 상에서 저주파 대역 통과 필터 설계

MATLAB 사에서 제공하는 "MATLAB" 소프트웨어 툴을 실행하여, 명령어 편집 창에 "filterDesign"을 입력하면 필터 설계에 필요한 창이 열린다. 설계자는 설계에 필요한 주파수 사양과 계수, 리플(ripple) 값을 필터 디자인 창에 입력하여 실행시키면 설계자가 원하는 주파수 대역 통과 필터를 설계할 수 있다.

그림 5-11은 MATLAB 툴을 이용한 20dB 감쇄 특성을 가지는 LPF 설계창을 나타내며, 1KHz 이하의 주파수만 통과되는 필터 설계 입력 값과, 차수가 6으로 설계된 저주파 대역 통과 필터를 실행한 결과를 나타낸다.

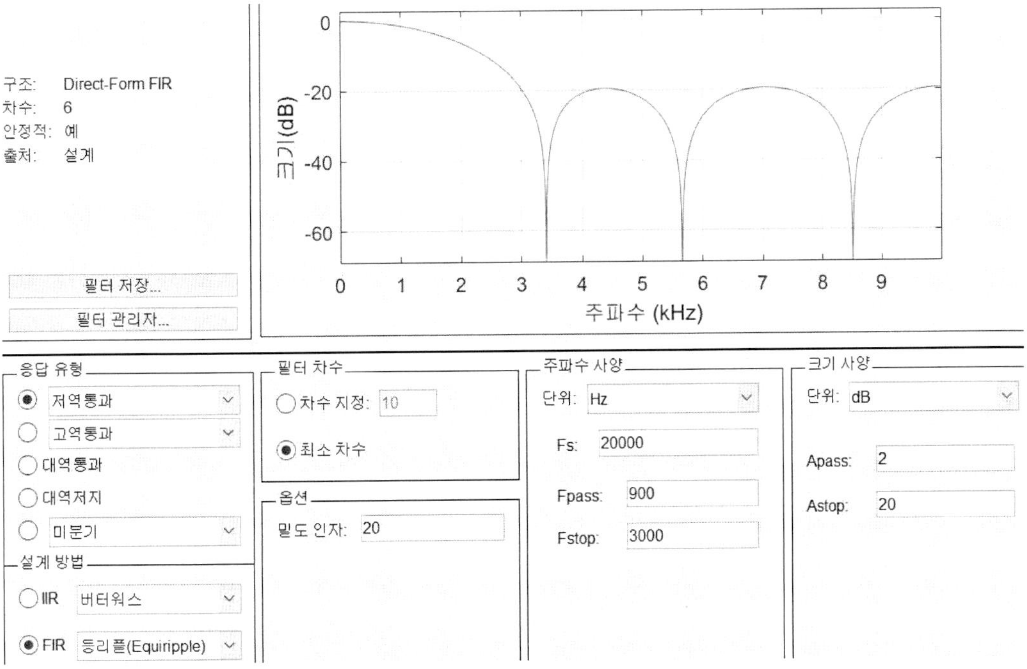

| 그림 5-11 | MATLAB 툴 상에서의 저주파 대역 통과 필터 설계와 실행

그림 5-11 그래프 상에서, Fs(frequency sampling)는 샘플링 주파수 입력 "20000Hz"를 의미하고, F pass(frequency pass)는 입력 신호가 손실 없이 출력되는 주파수 "900Hz"를 의미한다. 그리고 F stop(frequency stop)은 입력 신호가 출력으로 통과되지 못하는 시작 점 주파수 "3000Hz"를 나타낸다. A pass(amplitude pass)는 통과되는 주파수 대역에서의 리플

(ripple)의 크기 “2dB”를 의미하고, A stop(amplitude stop)은 통과되지 못하는 주파수 대역에서 통과가 안되도록 제어되는 최대 감쇄(attenuation)량 “20dB”을 나타낸다.

그림 5-12는 MATLAB 툴 상에서의 저주파 대역 통과 필터 사양 설정을 하기위한 통과 대역과 감쇄 관계를 나타낸 도면이다.

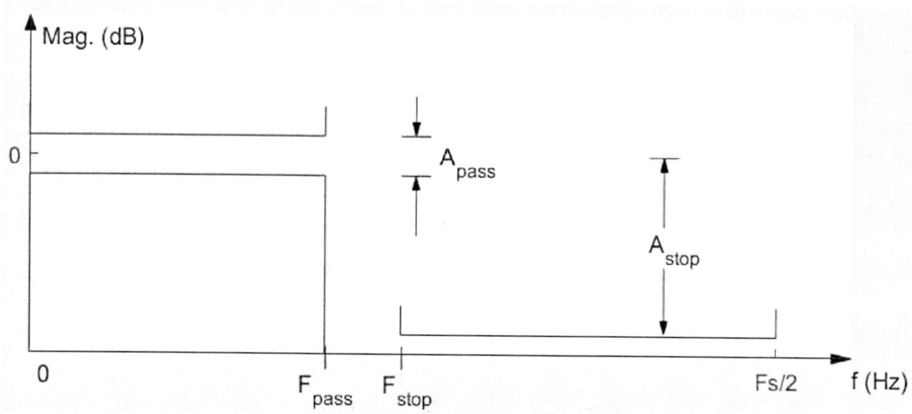

| 그림 5-12 | MATLAB 툴 상에서의 저주파 대역 통과 필터 사양 설정

필터 설계에서 차수(order)의 크기는 주파수가 통과되는 주파수 대역에서의 손실 값과 차단되는 대역에서의 감쇄 량을 결정하는 핵심적 요소이고, 차수가 길어질수록 필터의 제어 성능은 좋아지나, 실제적으로 DSP(digital signal processor) 보드 상에서 동작되는 필터 관련 프로그램을 실행할 때 실행 속도가 느려지는 문제가 있어서 적절한 값을 선택하여 적용한다. 일반적인 사항으로 MATLAB 툴 상에서 생성된 필터 차수의 값은, DSP 보드 상에서 필터 관련 프로그램 설계 시 여과 없이 바로 그 값을 계수(coefficient)값으로 사용할 수 있다.

5-6 KB2837xD 보드 상에서 저주파 대역 통과 필터 프로그램 설계와 실행

MATLAB 툴 상에서 저주파 대역 통과 필터를 설계하여 실행하고, MATLAB 툴상에서 실행된 차수의 계수 값을 복사하여 DSP 실행 프로그램에 적용한다. DSP 보드 상에서 실행되는 저주파 대역 통과 필터의 프로그램의 차수 값은 MATLAB 툴 상의 차수 값과 거의 동일한 결과를 나타낸다. 본 장에서는 MATLAB 툴 상에서 설계된 차수 값을 DSP 타겟 보드 상에서 실행되는 프로그램에 적용하여, DSP 보드 상에서 저주파 대역 통과 필터의 구동 결과를 확인하고, 그 결과 값이 MATLAB 툴 상에서 실행된 결과 값과 유사한지를 비교한다.

```
 7 #include "F28x_Project.h"
 8 #define L5_LED_HIGH        GpioDataRegs.GPCSET.bit.GPIO67 = 1
 9 #define L5_LED_LOW         GpioDataRegs.GPCCLEAR.bit.GPIO67 = 1
10 #define REFERENCE_VDAC  0
11 #define REFERENCE_VREF  1
12 #define ORDER 7
13
```

- 라인 7: TI 사에서 제공하는 헤더 파일(F28x_Project.h)을 포함(include)한다.
- 라인 8–9: KB2837xD 보드 상의 LED_L5의 동작 상태를 정의하며 Low일 때 LED가 켜진다.
- 라인 10–11: DAC(digital to analog converter) 모듈 셋업에 관련된 정의로서, 디지털 신호를 아날로그 신호로 변환 과정에서, Amplitude 폭을 설정할 때 기준 전압의 셋업을 나타낸다. DAC 모듈은 12비트(bit)로 동작되며, 다음과 같이 출력 범위 v_{DAC}가 결정된다.

$$v_{DAC} = DACVALA * DACREF / 4096 \tag{5-6}$$

DACVALA는 0 ~ 4096 값(12bit)을 가지며 DACREF 전압에 따라 아날로그 출력 신호의 크기(amplitude)가 결정된다. DAC 모듈의 기준(reference)전압은 VREFHI로 설정할 수도 있고 VDAC 로 설정할 수도 있다. 본 교재에서는 VREF을 1(high)로 설정한다.

참고로 보충 설명을 하면, KB2837xD_DSP 보드에 적용된 "TMS320F2837xd" DSP IC 관련된 Technical Manual은 www.ti.com에서 무료 다운로드 가능하다. 프로그램 작성시 주의할 사항은, User technical Manual에 예시된 내용과 작성 순서를 지키면서 완성하여야 이후 순서인 "Build up → Load → Resume" 과정에서 보드 동작이 정확하게 실행된다.

- 라인 12: 계수(coefficient)의 길이를 정의한다.

```
14 float Gn[ORDER] ;
15 const float Hn[ORDER] =
16   {
17    0.106071124863337098997995155968965264037,
18    0.13111556705613139350852236475475365296,
19    0.171626685253813526799149258295074105263,
20    0.187099181508471934520798640733119100332,
21    0.171626685253813526799149258295074105263,
```

```
22    0.131115567056131393508522364754753652696,
23    0.106071124863337098997995155968965264037
24    } ;
25
```

• 라인 14: ADC 모듈에 입력된 아날로그 신호를 디지털 신호로 변환 후, 저장할 변수의 타입(type)을 정의한다.

• 라인 15-24: MATLAB 상에서 설계된 저주파 대역 통과 필터의 차수 값을 복사하여 KB2837xD 보드 상에서 실행될 계수의 값으로 적용할 값을 나타낸다.

```
26 interrupt void cpu_timer1_isr(void);
27
28 void InitDacModules(void);
29 void InitEPwmModules(void);
30 void InitAdcModule(void);
31 __interrupt void MainIsr(void);
32
33 Uint16  BackTicker;
34 Uint16  IsrTicker;
35
```

• 라인 26-34: 프로그램에 적용할 함수와 변수를 정의한다.

```
36 void main(void)
37
38 {
39    InitSysCtrl();
40
41 #ifdef _FLASH
42    InitFlash();
43 #endif
44
45     InitGpio();
46
47     EALLOW;
48     GpioCtrlRegs.GPCDIR.bit.GPIO67 = 1; //L5,
49     GPIO_SetupPinOptions(67, GPIO_OUTPUT, GPIO_PUSHPULL);
50     GPIO_SetupPinMux(67, GPIO_MUX_CPU1, 0);
51     EDIS;
52
53     DINT;
```

```
54     InitPieCtrl();
55     IER = 0x0000;
56     IFR = 0x0000;
57 //
58     InitPieVectTable();
59
60     EINT;  // Enable Global interrupt INTM
61     ERTM;  // Enable Global realtime interrupt DBGM
62
```

- 라인 36–78: 이 부분은 메인(main) 프로그램 실행에 필요한 초기화 셋업(setup) 설정 과정으로, DSP IC의 User Technical manual의 내용을 참조하여 설계되며, 시스템의 초기화 설정 과정과 인터럽트의 초기화 설정 과정을 나타낸다.
- 라인 53: 전역 인터럽트 스위치 (INTM)를 OFF 한다.
- 라인 55: CPU 인터럽트 활성(Enable) 레지스터(IER)를 초기화 한다.
- 라인 56: CPU 인터럽트 표지(flag) 레지스터(IFR)를 초기화 한다.

```
63     EALLOW;
64     PieVectTable.ADCB1_INT = &MainIsr;
65     EDIS;
66
67     PieCtrlRegs.PIEIER1.bit.INTx2 = 1;
68     IER |= M_INT1;
69
70         InitEPwmModules();  // Initialize EPWM Modules
71         InitDacModules();   // Initialize DAC Modules
72         InitAdcModule();    // Initialize On-Chip ADC
73
74             BackTicker = 0;
75             IsrTicker = 0;
76
77             EINT;   // Enable Global interrupt INTM
78             ERTM;   // Enable Global real-time interru
79
80
81
```

- 라인 64–68: 인터럽트 설정을 나타내며 사용자가 기호에 맞게 바꾸어서 적용할 수 있다.
- 라인 70–72: DSP IC 내에 실장 된 PWM 모듈, DAC 모듈, 그리고 ADC 모듈을 초기화 한다.

- 라인 74-75: 카운터를 클리어 한다.
- 라인 77: 전역 인터럽트 스위치를 ON 한다.
- 라인 78: 디버그 이벤트를 활성화한다(Clear DBGM bit)

```
82     for(;;)
83     {
84         BackTicker++;     // 무한루프 실행 횟수 확인용 변수
85
86                         } //end of for
87                            } //end of main
88
```

- 라인 82-86: for 문의 무한 루프 동작을 나타낸다.

```
89    __interrupt void MainIsr(void)
90
91   {
92     IsrTicker++;
93     L5_LED_LOW ;  //L5 켜짐
94     int k ;
95     float acc ;
96     acc = 0 ;
97     Gn[0] = AdcbResultRegs.ADCRESULT1 ;// CON6에 신호 B2 IN
98
99                    for ( k= 0; k < ORDER ; k++ )
100                   acc += ( Hn[k] * Gn[k] ) ;
101
102                   for ( k = (ORDER-1 ) ; k > 0 ; k-- )
103                   Gn[k] = Gn[k-1] ;
104
105                   DacaRegs.DACVALS.bit.DACVALS =  acc ;
106
107    AdcbRegs.ADCINTFLGCLR.bit.ADCINT1 = 1;  // Clear INT1
108    PieCtrlRegs.PIEACK.bit.ACK1 = 1;
109    // Acknowledge this interrupt to receive more interru
110    L5_LED_HIGH ; //L5 꺼짐
111                  } //Main Isr 끝
112
```

- 라인 89-111: 메인 인터럽트 동작이 실행되며, 저주파 대역 통과 필터의 실제적 연산이 실행되는 부분이다. CON6에 입력되는 아날로그 정현 파 신호에서 1KHz 이하 주파수 대역의 신호만을 출력하는 동작이 실행된다.

- 라인 92: 인터럽트 실행 회수 확인용 카운트가 인터럽트가 실행될 때마다 1씩 증가한다.
- 라인 93: 인터럽트 내에서 연산이 실행되는 시간을 측정하기 위하여 마련된다. 즉, LED L5가 켜져 있는 동안이 인터럽트 상에서 실제 연산이 실행된 시간이 된다.
- 라인 94–96: 변수타입 지정과 출력 변수를 초기화한다.
- 라인 97: 아날로그 정현 파 입력 신호가 CON6 단자를 통하여 ADC 모듈의 B2에 입력되어 샘플링 된 후, 디지털 신호 값으로 변환되어 Gn[0]에 저장된다.
- 라인 99–100: for 문으로 실행되며, 계수 길이만큼 계수와 디지털 신호 값이 콘볼루션 연산 되어 그 결과 값이 출력 acc 이전 결과 값에 누적된다.
- 라인 102–103: for 문으로 실행되며, 계수 길이만큼 차례로 입력된 신호를 한 개씩 상위 저장 장소로 이동시킨다. 즉, 새로운 입력 신호가 맨 상위 저장(Gn[0]) 장소에 위치할 수 있도록 이미 버퍼에 저장된 값들을 그 이전의 장소로 이동하는 동작이다.
- 라인 105: 콘볼루션 연산의 누적된 디지털 값을 DAC 모듈의 DAC–a 출력 단자를 통하여 아날로그 신호로 출력한다.
- 라인 107–108: 인터럽트 표지(flag)1를 클리어한다.
- 라인 110: 인터럽트가 실행될 때, LED L5의 동작 시간을 측정하여 콘볼루션 연산 동작의 실행 시간을 측정할 수 있다. 그림 5–13은 LED L5의 동작 상태를 디지털 오실로스코프로 측정한 것이다. 인터럽트가 실행될 때 LED L5 가 Low가 되고 콘볼루션 연산이 끝난 후 LED L5는 High 로 변경되면서 인터럽트는 종료된다. 인터럽트는 50usec 주기로 동작되며 샘플링 주파수는 20KHz이다. 인터럽트 내에서 실행된 콘볼루션 연산 실행 시간은 약 3.5usec 측정된다.

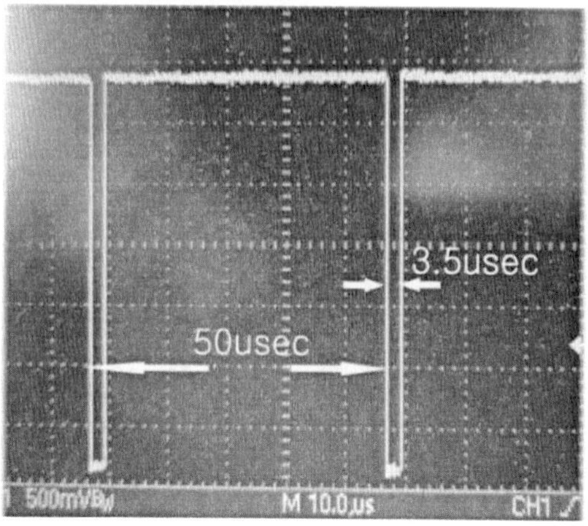

| 그림 5-13 | LED L5 단자에서 인터럽트 주기와 콘볼루션 연산 실행 시간 측정

그림 5-14은 DAC 모듈의 DAC-a 단자에서 측정된 출력 신호와 저주파 대역 필터를 통과한 후의 신호의 파형을 디지털 오실로스코프로 측정한 것이다. channel 1(yellow)의 측정 값은 DAC-a 포트에서 출력된 아날로그 신호의 파형을 측정한 값으로 샘플링 주기가 50usec 로 측정되었다. Channel 2(blue)의 측정 값은 DAC-a 출력 값을 위상 반전 적분 회로(저주파 대역 통과 필터 와 위상 반전 회로) 통과한 후 측정한 값으로, 50usec주기로 발생된 샘플링과 양자화(quantization)과정에서 발생된 스텝 계단의 찌그러짐(distortion)이 제거되었고, 약 120usec 지연(delay)현상이 발생된다. 즉, A 점 신호가 위상 반전되어 약 120usec 지연된 B 점의 신호로 출력된 것을 나타낸다.

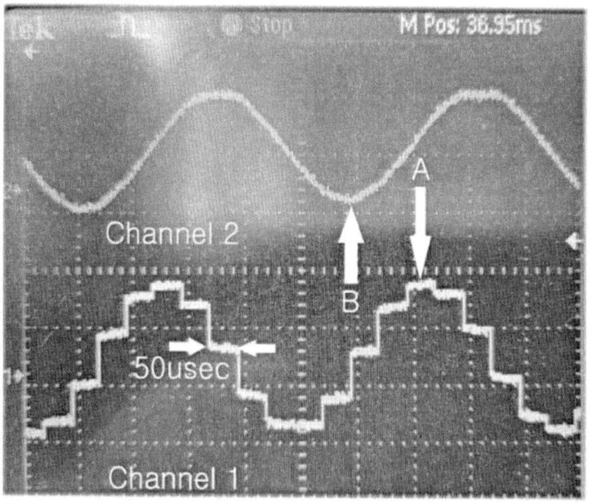

| 그림 5-14 | 1KHz LPF 실행 후 DAC-a 출력과 적분 회로의 아날로그 신호 출력

그림 5-15는 DAC_a 단자에서 측정된 1KHz LPF 특성을 나타낸 결과이다.

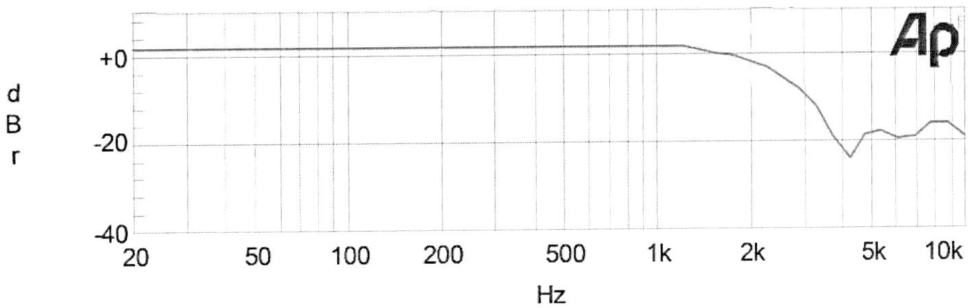

| 그림 5-15 | 1KHz LPF 출력 특성

```
113 void InitDacModules(void)
114  {
115     EALLOW;
116     DacaRegs.DACCTL.bit.DACREFSEL   = REFERENCE_VREF ;
117     // DAC-A Reference select: ADC VREFHI/VREFLO are
118     DacbRegs.DACCTL.bit.DACREFSEL   = REFERENCE_VREF;
119     // DAC-A Reference select: ADC VREFHI/VREFLO are
120     DaccRegs.DACCTL.bit.DACREFSEL   = REFERENCE_VREF;
121
122     DacaRegs.DACOUTEN.bit.DACOUTEN = 1;      // Enable
123     DacbRegs.DACOUTEN.bit.DACOUTEN = 1;      // Enable
124     DaccRegs.DACOUTEN.bit.DACOUTEN = 1;
125     EDIS;
126
127     DacaRegs.DACVALS.bit.DACVALS = 0;
128     DacbRegs.DACVALS.bit.DACVALS = 0;
129     DaccRegs.DACVALS.bit.DACVALS = 0;
130  }
```

- 라인 113-130: DAC 모듈을 셋업(setup) 하고 초기화한다.
- 라인 116-120: DAC 모듈의 DAC-a, DAC-b, 그리고 DAC-c의 기준(reference)전압을 VREFHI 로 설정한다. 레퍼런스 전압이 VREFHI 로 설정이 되면 내부 증폭기를 통화여 출력 신호의 이득(gain)이 최대 2배까지 증폭될 수 있다.
- 라인 122_124: DAC 모듈의 출력을 실행시킨다.
- 라인 127-130: DAC 모듈의 DACVALA 레지스터 값을 클리어하고 종료한다.

그림 5-16는 DAC 모듈의 출력 버퍼 구성도이다. DACVALA 레지스터에 저장된 디지털 신호는 12bit로 구성된 DAC 변환기에 입력되어 아날로그 신호로 변환된다. 아날로그 신호는 출력 버퍼로 입력되어 증폭된 후 DACOUT 단자를 통하여 아날로그 신호로 출력된다.

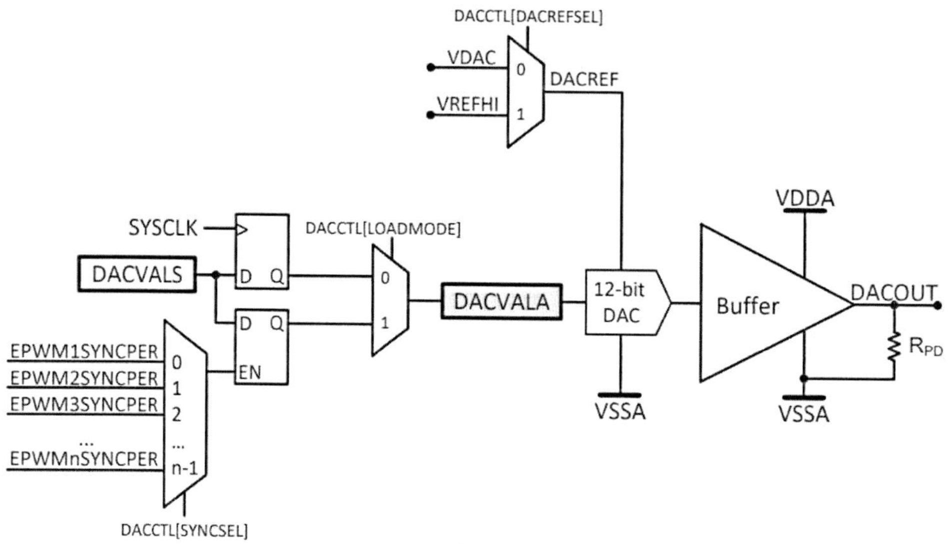

| 그림 5-16 | DAC 모듈의 구성과 출력 버퍼(출처 Tms320f2837xD Technical manual)

```
void InitEPwmModules(void)
{
    EALLOW;
    CpuSysRegs.PCLKCR0.bit.TBCLKSYNC = 0;
    EDIS;
    // 0: EPWMCLK = SYSCLKOUT = 200MHz
    // 1: EPWMCLK = SYSCLKOUT/2 = 100MHz (Default)
    EALLOW;
    ClkCfgRegs.PERCLKDIVSEL.bit.EPWMCLKDIV = 0;
    EDIS;

    // Setup Counter Mode and Clock
    EPwm1Regs.TBCTL.bit.CTRMODE = 2; // 
    EPwm1Regs.TBCTL.bit.HSPCLKDIV = 0;
    // TBCLK = (SYSCLKOUT / EPWMCLKDIV)
    EPwm1Regs.TBCTL.bit.CLKDIV = 0;

    // Setup Period (Carrier Frequency)
    EPwm1Regs.TBPRD = 5000;      // Set Timer
    EPwm1Regs.TBCTR = 0;
    // Set up Event Trigger(SOC) with CNT_
    EPwm1Regs.ETSEL.bit.SOCAEN = 1;
    EPwm1Regs.ETSEL.bit.SOCASEL = 1;
```

```
155     EPwm1Regs.ETPS.bit.SOCAPRD = 1;
156     EPwm1Regs.ETCLR.bit.SOCA = 1;
157
158     EALLOW;
159     CpuSysRegs.PCLKCR0.bit.TBCLKSYNC = 1;
160     EDIS;
161   }
```

- 라인 132-161: EPWM 모듈의 초기화와 설정에 관한 내용으로, 앞 장에서 설명된 내용과 중복되어 이하 생략한다.
- 라인 153-156: SOC(start of conversion)는 ADC 모듈에서 변환을 시작하도록 트리거 신호(trigger signal)를 발생한다. EOC(end of conversion)는 변환이 끝나는 시점에 트리거 신호를 발생한다. 그림 5-17은 SOC 트리거 발생 구성도이다.

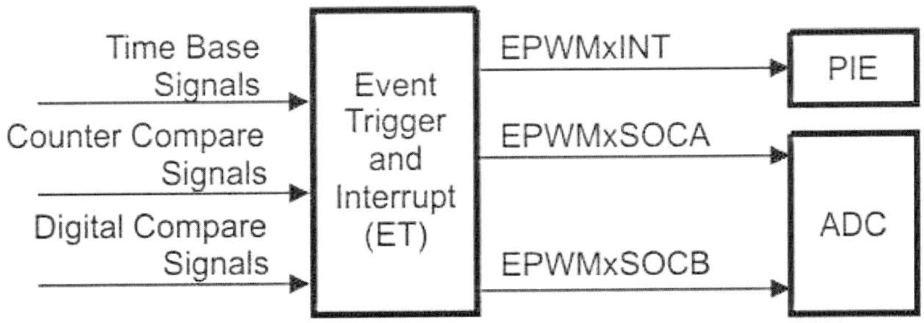

| 그림 5-17 | SOC 트리거 발생 구성도(출처 Tms320f2837xD Technical manual)

```
163 void InitAdcModule(void)
164 {
165     EALLOW;
166     AdcbRegs.ADCCTL2.bit.PRESCALE = 14;
167  AdcSetMode(ADC_ADCB, ADC_RESOLUTION_12BIT,
     ADC_SIGNALMODE_SINGLE) ;
168     AdcbRegs.ADCCTL1.bit.INTPULSEPOS = 1;
169     AdcbRegs.ADCCTL1.bit.ADCPWDNZ = 1;
170     DELAY_US(1000);
171     EDIS;
172
173         EALLOW;
174         AdcdRegs.ADCCTL2.bit.PRESCALE = 14;
175  AdcSetMode(ADC_ADCD, ADC_RESOLUTION_12BIT,
     ADC_SINGLEMODE_SINGLE) ;
```

```
176         AdcdRegs.ADCCTL1.bit.INTPULSEPOS = 1;
177         AdcdRegs.ADCCTL1.bit.ADCPWDNZ = 1;
178         DELAY_US(1000);

179         EDIS;
180
181     EALLOW;
182     AdcbRegs.ADCSOC0CTL.bit.CHSEL = 0;
183     // B0,VDAC,ADCRESULT0, SOC0 : ADCINB0,
```

- 라인 163-206: DSP IC 내부에는 ADC 모듈 A, B, C, D의 4개 모듈이 존재하고, 각각의 ADC 모듈은 4 ~ 6개의 입력 채널(channel)로 구성되어 있다. 각각의 채널은 외부의 아날로그 신호를 채널 간의 간섭없이 각각 받을 수 있어, 최대 24개의 외부 신호를 동시에 받아 ADC 처리할 수 있다. ADC 모듈은 입력된 신호를 12bit 또는 16bit로 분해 처리할 수 있고 분해 처리 설정은 입력 모드 설정과 연동되어 동작된다. ADC 모듈의 입력 모드가 "Single-end mode"로 설정되면 분해 능력은 12bit가 되고, "Differential-mode"로 설정되면 12bit 또는 16bit 분해 능력을 갖는다.

TMS320F2837xD DSP IC내의 ADC 모듈의 변환 결과는 SOC 번호에 따라 저장되는 레지스터(register)의 번호가 결정되는 구조이다. SOC0의 변환 결과 값은 ADCRESULT0에 저장되고, SOC1의 변환 결과 값은 ADCRESULT1에 저장되며 이후 차례로 저장되어 SOC15의 변환 값은 ADCRESULT15에 저장된다. 아날로그 신호가 ADC 모듈에서 디지털 신호로 변환 값은 단일 입력(single-ended input)일 때 12bit로 처리되며 결과 값(adcresultx)은 다음과 같다. (5-7)

$$ADCRESULTx = 4096\,(ADCINy - V\ REFLO) / (V\ REFHI - V\ REFLO)$$

회로 구성 상에서 결과 값 ADCRESULTx = 4096 (ADC 입력전압 - 0V) / (3V - 0V)

위의 식은 $V\ REFLO < ADCINy < VREFHI$ 조건에서 성립된다.

KB2837xD 보드는 12bit 단일 입력 모드 처리 구조로 설계되어 있어서 차 동 입력 모드(differential signaling mode) 12bit / 16bit 구조로 변경하려면 회로를 일부 수정해야 한다. 차 동 입력 모드의 ADC 입력은 ADCINxP와 ADCINxN 페어 핀을 통하여 샘플링 되어져서 실제 입력 전압은 두 핀 사이의 차이 값 (ADCINxP - ADCINxN) 이 된다. 차 동 입력 모드에서의 출력 값은 12bit와 16bit 모드 선택에 의하여 결과 값이 연산 된다. (5-8)

ADCRESULTx = 4096 (ADCINyP − ADCINyN + RANGE) / 2 RANGE 12bit 모드, ADCRESULTx = 65536 (ADCINyP − ADCINyN + V REFHI) / 2V REFHI 16bit 모드, 여기서 RANGE는, RANGE = V REFHI − VREFLO이다.

위의 식은 − RANGE < ADCINyP − ADCINyN < RANGE, − V REFHI < ADCINyP − ADCINyN < VREFHI 조건에서 성립된다.

```
    AdcbRegs.ADCSOC0CTL.bit.ACQPS = 14;
    AdcbRegs.ADCSOC0CTL.bit.TRIGSEL = 5;
    AdcbRegs.ADCSOC1CTL.bit.CHSEL = 2;
    AdcbRegs.ADCSOC1CTL.bit.ACQPS = 14;
    AdcbRegs.ADCSOC1CTL.bit.TRIGSEL = 5;
    AdcbRegs.ADCSOC2CTL.bit.CHSEL = 3;
    AdcbRegs.ADCSOC2CTL.bit.ACQPS = 14;
    AdcbRegs.ADCSOC2CTL.bit.TRIGSEL = 5;
   AdcdRegs.ADCSOC3CTL.bit.CHSEL = 0;
   AdcdRegs.ADCSOC3CTL.bit.ACQPS = 14;
   AdcdRegs.ADCSOC3CTL.bit.TRIGSEL = 5;
    AdcbRegs.ADCINTSEL1N2.bit.INT1SEL = 0;
    AdcbRegs.ADCINTSEL1N2.bit.INT1E = 1;
    AdcbRegs.ADCINTFLGCLR.bit.ADCINT1 = 1;
    EDIS;
}
```

그림 5-18은 ADC 모듈의 Single − End 입력 모드 구성도이다. Single − End 입력 모드는 입력 신호의 접지 단자를 전원 접지와 함께 묶어서 사용할 수 있는 장점이 있다. 그림 5-19은 ADC 모듈의 Differential 입력 모드 구성도이다. Differential 입력 모드는 입력 신호의 동작

범위를 2배로 확장하여 사용할 수 있는 장점이 있으나, 입력 신호 단자는 중점(VCC의1/2) 전위를 유지해야 하고 접지 단자는 용량 값이 큰 캐패시터를 통하여 전원 접지에 연결되어야 한다.

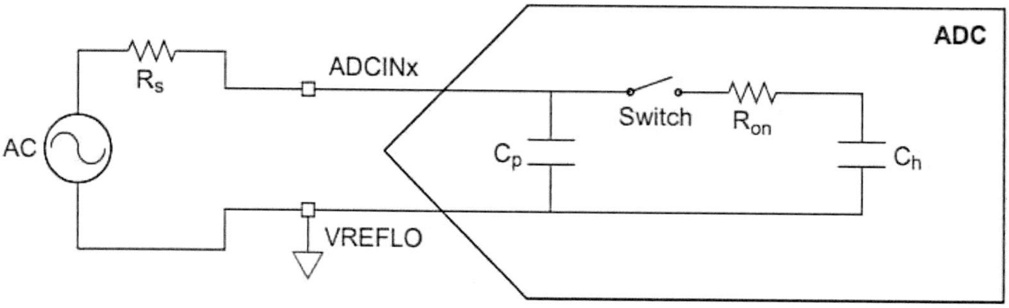

| 그림 5-18 | ADC 모듈의 Single - End 입력 모드(출처 Tms320f2837xD Technical Manual)

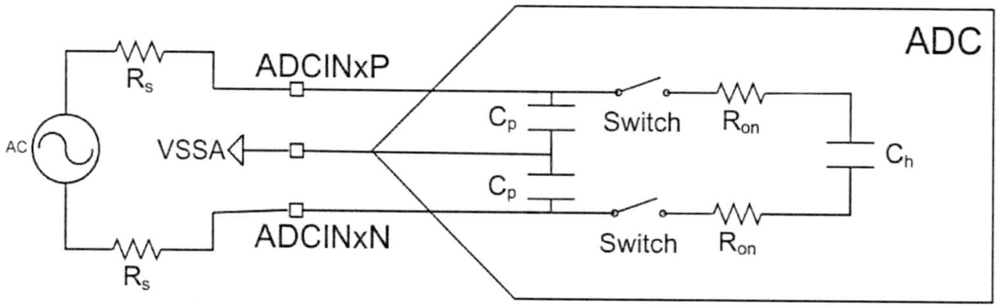

| 그림 5-19 | ADC 모듈의 Differential 입력 모드(출처 Tms320f2837xD_Technical Manual)

- 라인 165-171: ADC 모듈 B을 초기화 설정한다.
- 라인 166: ADC 모듈의 클럭(clock) 주파수를 설정한다. 시스템 클럭 200MHz을 8로 나누어 25MHz 클럭 신호를 만들어 사용한다.
- 라인 167: ADC 분해 해상도를 12bit 로 설정한다.
- 라인 170: 메인 전원이 인가되면서 ADC 모듈이 POWER-RESET 안정화되기 위하여 동작의 지연 1msec을 실행한다.
- 라인 174-178: ADC 모듈 D을 초기화 설정한다.
- 라인 182-185: SOC0에 트리거 되는 ADCINB0 입력 채널을 설정한다.
- 라인 187-190: SOC1에 트리거 되는 ADCINB2 입력 채널을 설정한다.

• 라인 192-195: SOC2에 트리거 되는 ADCINB3 입력 채널을 설정한다.

• 라인 197-200: SOC3에 트리거 되는 ADCIND0 입력 채널을 설정한다.

• 라인 202-204: SOC3 실행 후에 인터럽트 INT1을 설정한다.

그림 5-20은 ADC 모듈내에서 아날로그 신호가 디지털 신호로 변환하는 동작이 실행되는 순서를 나타낸다. 리셋(reset)후, SOC0~SOC15의 트리거 순서(round robin priority)는 별도로 정하여 사용될 수 있고, 별도의 지정이 없으면 SOC0이 Default 상태가 되어 SOC0부터 순서대로 실행된다.

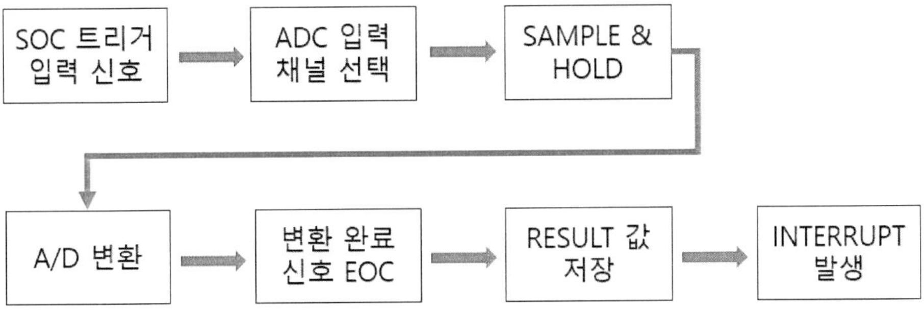

| 그림 5-20 | ADC 모듈 내에서 변환 동작이 실행되는 순서

그림 5-21은 DSP IC 내에 실장 된 ADC 모듈의 내부 회로 연결 구조를 나타낸 블록 도이다. ADCIN 단자를 통하여 입력된 아날로그 신호는 S/H(sample &hold) Circuit를 경유하여 Converter 단에 입력된다. 그리고 Converter 단에 입력된 샘플링 신호는 디지털 신호로 변환된다. 그리고 디지털 신호는 ADCRESULT_0~15 Regs 버퍼에 순서대로 저장된다.

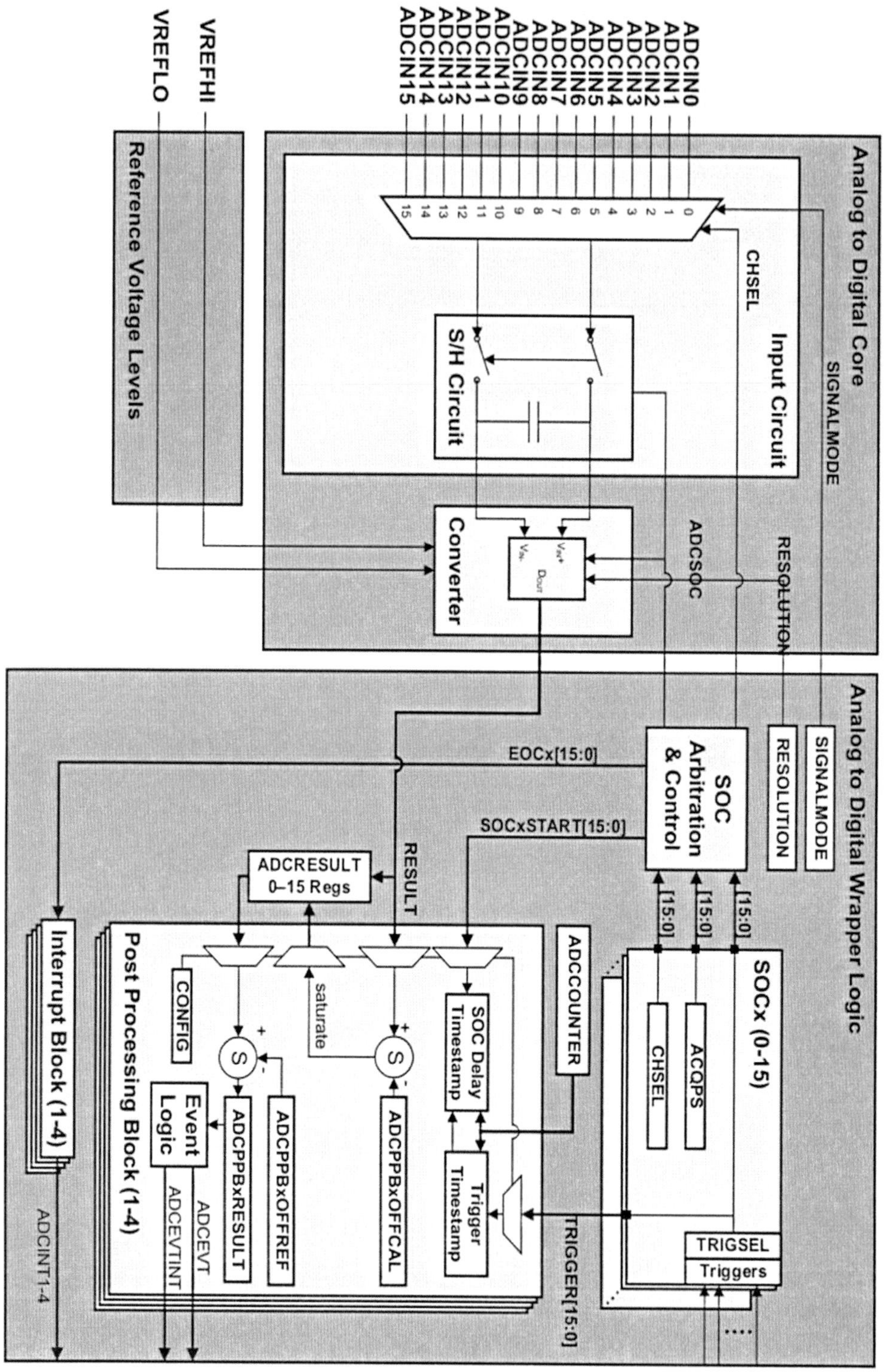

| 그림 5-21 | ADC 모듈의 내부 회로 연결 구성 블록 도(출처 www.ti.com)

CHAPTER 06

Notch 필터 설계

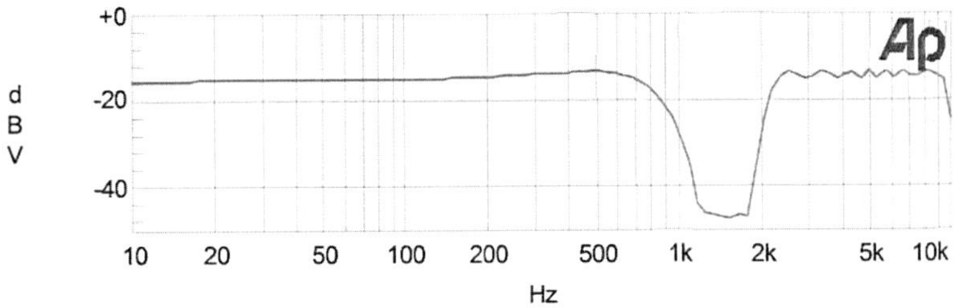

출처 www.avmart.co.kr

6-1 R, L, C, 회로로 구성된 아날로그 회로 방식의 노치 필터 설계

노치 필터(notch filter)는 밴드 패스 필터(band pass filter)의 특성을 갖는 필터로, 넓은 주파수 대역에 분포된 정현 파 입력 신호들 중에서 특정 주파수 대역의 신호만을 제거하여 출력하는 필터이다. 노치 필터는 아날로그 회로 방식인 저항(resistor), 코일(coil), 캐패시터(capacitor) 부품으로 회로를 구성하여 특정 주파수 대역의 신호를 제거할 수도 있고, 또 다른 방법으로는 디지털 신호 처리(digital signal processing) 방식을 적용한 FIR 필터 기반으로 노치 필터 프로그램을 설계하여 특정 주파수를 필터링하여 제거할 수 있다.

노치 필터의 동작 상태를 쉽게 이해하기 위하여, 저항과 캐패시터, 그리고 코일로 구성된 간단한 공진 회로를 설계하여, TI 사에서 무상으로 다운로드 할 수 있는 "TINA-9 Simulation" 툴을 이용하여 "AC Transfer" 동작을 실행하고 그 결과를 확인한다.

그림 6-1은 저항, 코일, 캐패시터로 구성된 1500Hz 노치 필터 회로이고, 그림 6-2는 노치

필터 회로 동작이 실행된 결과 값이다. C1과 L1이 병렬 공진이 되면 이론상으로 합성 임피던스는 거의 무한대 값이 되어 R1 값과 R2 값에 의하여 이득(gain)이 결정된다. 즉, 이득 Gain = R1 / R1 + R2에 의하여 감쇄 정도가 결정되어 20dB 수준에 있다. C1과 L1의 병렬 공진은 캐패시터의 임피던스 값과 코일의 임피던스 값이 같아질 때의 주파수이다. 즉, $2\pi FL1 = 1/2\pi FC1$ 일 때 공진이 발생되며 R2, L1, C1 병렬로 구성된 회로의 합성 임피던스 값은 R2 값인 8Kohm 이다. 공진 주파수는, "Frequency = $\frac{1}{2\pi\sqrt{L_1 C_1}}$"의 연산식으로 결정된다.

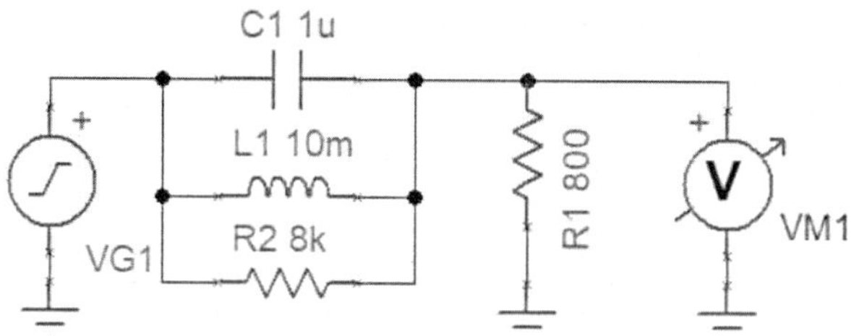

| 그림 6-1 | 저항, 캐패시터, 코일 회로로 구성된 노치(notch)필터 회로

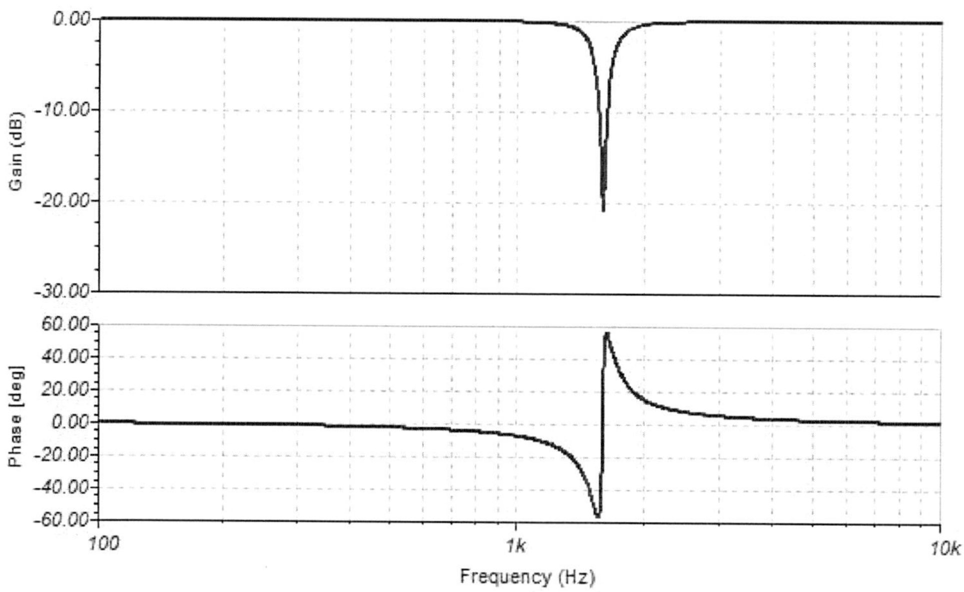

| 그림 6-2 | 1500Hz 주파수 대역에서 동작되는 노치 필터 특성

6-2 Operational Amplifier을 이용한 아날로그 회로 방식 1500Hz 노치 필터

그림 6-3 은 밴드 패스 필터(band pass filter) 특성을 구현하기 위하여 만들어진 필터 전용 IC(UAF42E)을 적용하여 노치 필터를 설계한 회로이고, 그림 6-4는 UAF42E IC의 내부 회로 구성을 나타낸 회로 도면이다. 회로도 상에서 R1 & R2 값이 작아질수록 노치 필터의 중심 주파수는 1500Hz에서 높은 주파수 쪽으로 이동한다. R5는 이득 조절용으로 저항 값이 커질수록 이득이 증가한다. R6은 통과 저지 밴드 폭(band width)에 영향을 주며 값이 커질수록 대체로 밴드 폭이 넓어진다. 그림 6-5는 회로도 상에서 회로의 시정수를 결정하는 연산식을 나타낸다.

그림 6-6는 TI 사에서 무상으로 다운로드할 수 있는 “Tina-9”을 이용하여 설계된 노치 필터의 입출력 전달 특성을 실행시킨 결과로, 1400Hz~1600HZ 부근에서 이득(gain)이 감쇄되는 특성을 나타낸 결과이다.

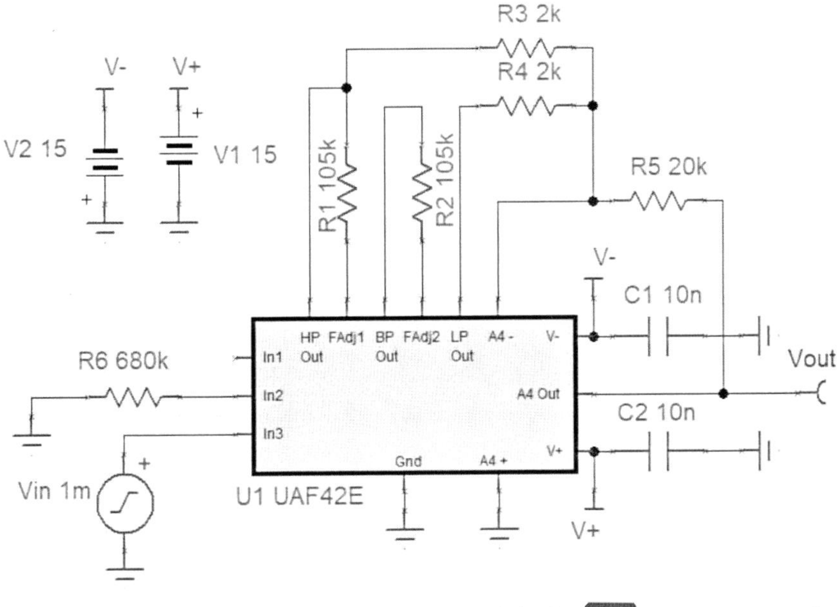

| 그림 6-3 | UAF-42E IC를 이용하여 설계한 노치 필터 회로(참고 UAF-42E Data Sheet)

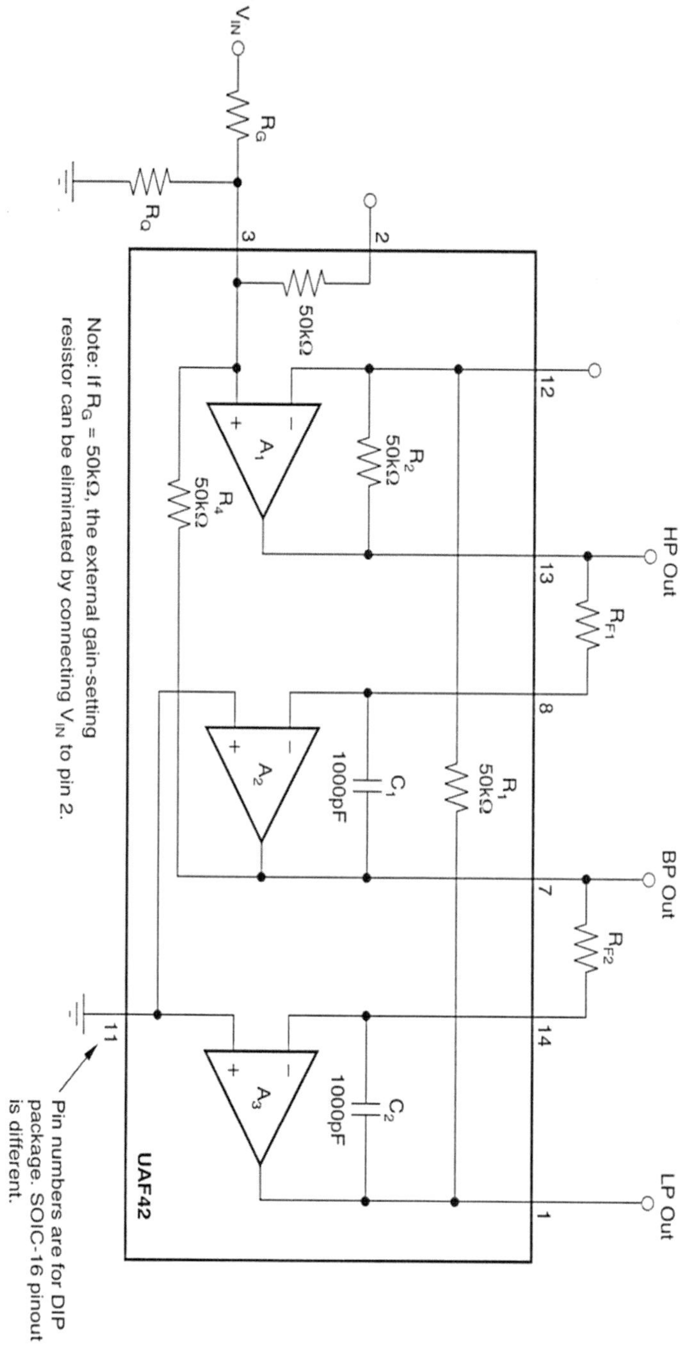

| 그림 6-4 | UAF-42E IC의 내부 등가 회로 구성도(출처 UAF-42E Data Sheet)

1. $$\omega_n^2 = \frac{R_2}{R_1 R_{F1} R_{F2} C_1 C_2}$$

2. $$Q = \frac{1 + \frac{R_4 (R_G + R_Q)}{R_G R_Q}}{1 + \frac{R_2}{R_1}} \left(\frac{R_2 R_{F1} C_1}{R_1 R_{F2} C_2} \right)^{1/2}$$

3. $$QA_{LP} = QA_{HP} \left(\frac{R_1}{R_2} \right) = A_{BP} \left(\frac{R_1 R_{F1} C_1}{R_2 R_{F2} C_2} \right)^{1/2}$$

4. $$A_{LP} = \frac{1 + \frac{R_1}{R_2}}{R_G \left(\frac{1}{R_G} + \frac{1}{R_Q} + \frac{1}{R_4} \right)}$$

5. $$A_{HP} = \frac{R_2}{R_1} A_{LP} = \frac{1 + \frac{R_2}{R_1}}{R_G \left(\frac{1}{R_G} + \frac{1}{R_Q} + \frac{1}{R_4} \right)}$$

6. $$A_{BP} = \frac{R_4}{R_G}$$

| 그림 6-5 | 1500Hz 노치 필터 회로 상에서 회로의 시정수를 결정하는 연산 식(출처 UAF-42E Data Sheet)

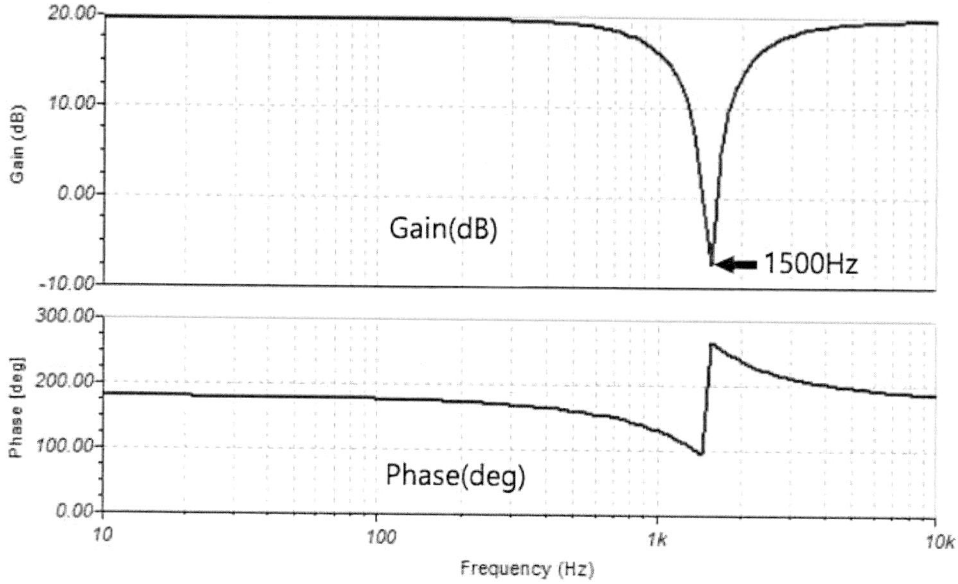

| 그림 6-6 | 노치 필터 회로의 입출력 전달 특성 Simulation 측정 결과

6-3 MATLAB 툴 상에서 1500Hz 노치(notch) 필터 설계

디지털 신호 처리는, 아날로그 신호 형태로 입력되는 신호를 ADC(analog digital converter) 모듈에서 샘플링 하여 디지털 신호로 변환하고, 변환된 디지털 신호를 시간차로 나열하여 메모리 버퍼에 저장한다. 그리고 필터의 계수(coefficient) 값과 메모리 버퍼에 저장된 디지털 입력 신호 값을 콘볼루션(convolution) 연산 처리하는 과정을 의미한다.

디지털 신호 처리 방법으로 필터 설계를 하려면 원하는 필터 특성에 맞게 계수(coefficient) 값이 설정되어야 한다. 계수 값을 설정하는 방법은 여러가지가 있으나, 본 교재에서는 MATLAB 프로그램 툴을 이용하여 원하는 필터 특성을 구현한 후, MATLAB 툴에서 만들어진 계수 값을 복사하여 DSP보드 상에서 구현되는 프로그램에 넣어 적용한다. 그림 6-7은 MATLAB 툴 상에서 노치 필터를 설계하는 과정을 나타낸다.

MATLAB 툴을 실행하여 명령창을 열고, 명령창의 에디터에 "filterDesigner"을 입력하면 그림 6-7과 같이 필터 설계에 필요한 창이 열리고, 설계자는 설계에 필요한 주파수 사양과 감쇄 사양에 대하여 적당한 값을 입력한 후, 화면 아래에 위치한 "필터설계"을 마우스의 커서로 클릭하면 필터 설계가 실행된다.

MATLAB 툴을 이용한 필터 설계가 완료된 후, 화면 창의 상단에 위치한 분석(A)를 열어, 해당 계수 값을 확인한 후, 해당 계수 값 전체를 복사하여 설계 진행하고자 하는 DSP 보드에서 구동되는 노치 필터 프로그램에 넣어서 관련된 프로그램 설계를 마무리하면 계수 값 설정은 해결이 된다. 여기서 주의할 사항은 MATLAB 툴 상에서 차수와 실제 생성된 계수에서의 차수 길이 차이 값이 1 이 있다. DSP 보드 상에서 실행되는 프로그램에 MATLAB 툴에서 생성된 계수를 적용할 때, MATLAB 툴 상에서 실행된 차수를 확인하여(54) 그 값에 1을 더하여 DSP 보드내에서 실행되는 프로그램의 N 값(55)으로 넣어야 한다.

노치 필터 프로그램 설계를 위한 계수 값 설정을 위하여, MATLAB 툴 상에서 설계할 노치 필터의 주파수 사양과 감쇄 크기 사양은 그림 6-7과 같이 설정하고 실행한다.

1) 샘플링 주파수 F_s: 20000Hz (DSP보드에서 동작되는 샘플링 주파수와 동일)

2) 설계 방법: FIR (finite Impulse response)

3) 필터 차수: 최소 차수를 설정한다. 또는 실험을 반복하여 적당한 차수를 정한다.

4) 저주파 대역 통과 Fpass1: 700Hz

5) 저주파 대역 통과 저지 Fstop1: 1200Hz

6) 저주파 대역 통과 저지 Fstop2: 1800Hz

7) 고주파 대역 통과 Fpass2: 2300Hz

8) 통과 주파수 대역에서의 리플: 2dB (값이 적을수록 차수가 길어진다)

9) 저지 주파수 대역에서의 감쇄: 40dB (값이 클수록 차수가 길어진다)

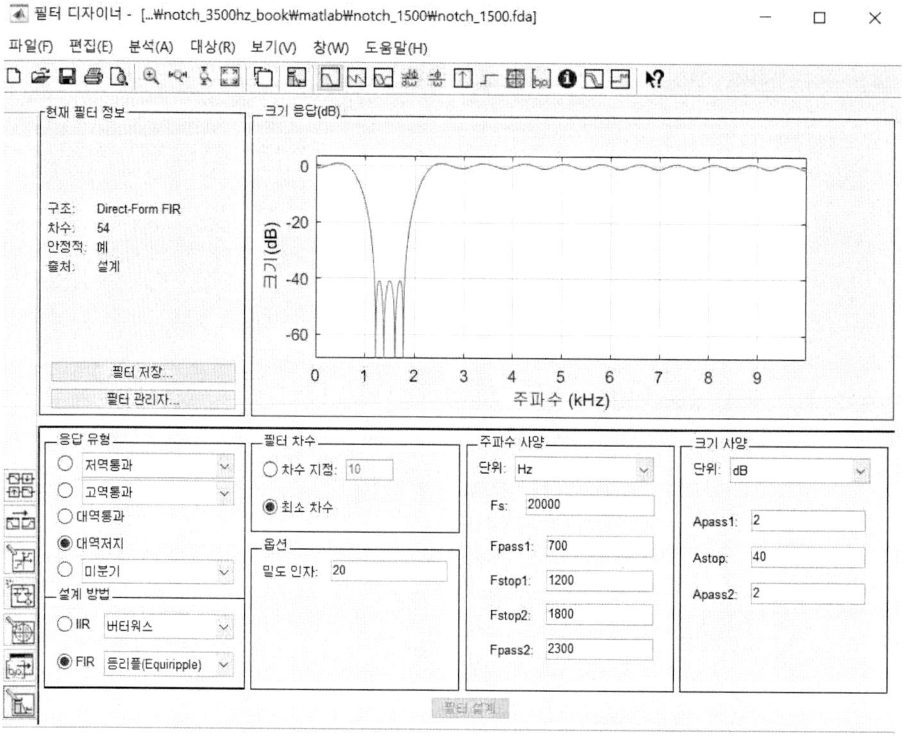

| 그림 6-7 | MATLAB 툴 상에서 1500Hz 노치 필터 설계

6-4 KB2837xD 보드 상에서 실행되는 1500Hz 노치 필터 설계와 결과

6-4-1 KB2837xD 보드 상에서 실행되는 1500Hz 노치 필터 프로그램 설계

노치 필터 프로그램 설계는 노치 필터 동작에 해당되는 부분만 설계하여, 앞 장에서 설명된 저주파 대역 통과 프로그램에 추가 또는 변경하여 실행시킨다. 이하 중복된 부분은 설명을 생략한다. 그리고 ADC 모듈, DAC 모듈, EPWM 모듈의 함수 프로그램 부분도 공용으로 사용되어 이하 설명을 생략한다.

```
50 #define ORDER 55
51 // MATLAB 에서 filterDesign 하여 계수만들어서 적용
52 float Gn[ORDER] ;
53 const float Hn[ORDER] =
54   {
55    //1500_55, 동작ok
56    0.021803657169641537522108976077106490266,
57    -0.027481673436493794099311216427850013133,
58    0.015168026732905006900842259653927612817,
59    0.018096984616540485318880726595125452l5,
60    -0.000102398916190638009158890564531674272,
61    -0.018126933714888573273560368193102476653,
62    -0.025253694908056852075350917630203184672.
63    -0.021561351805571508238879019359046651516,
64    -0.012661053822123947282252132140456524212,
65    -0.004289318427388714993764295968503574841,
66    -0.000294310586697508385148336351733178162,
67    -0.002167134333957886332261422168699027679,
68    -0.00933205287952500531223343216424837 01,
69    -0.019372430117164579632671461695281323045,
70    -0.027951193944890758563692756411001028027,
71    -0.029967816411893839767532909945657593198,
72    -0.021156119030689406884659931051828607451,
73    -0.000263841818472218287566777306096810207,
74    0.029460243929593333406247168682057235856,
75    0.060616407018694883068743450849069631658,
76    0.083373712522520432299799608699686359614,
77    0.088625902187540323007297615731658879668,
78    0.071444732558041734726828053680947050452,
```

• 라인 50: 계수의 총 길이 55를 정의한다.

• 라인 52: 노치 필터에 입력되는 ADC 모듈 입력 신호의 변수를 정의한 것이다.

• 라인 53: 계수의 변수를 정의한 것이다.

```
79    0.033299773578022835718304150987023604102,
80    -0.017748270215346667599831675943278241903,
81    -0.068998036778696203441541001666337251663,
82    -0.106751278609179101053427984879817813635,
83    0.879387183201229882811844618117902427912,
84    -0.106751278609179101053427984879817813635,
85    -0.068998036778696203441541001666337251663,
86    -0.017748270215346667599831675943278241903,
87    0.033299773578022835718304150987023604102,
88    0.071444732558041734726828053680947050452,
89    0.088625902187540323007297615731658879668,
90    0.083373712522520432299799608699686359614,
```

```
91    0.060616407018694883068743450849069631658,
```

• 라인 54–111: MATLAB 툴 상의 프로그램 실행으로 생성된 계수 길이 55개를 복사하여 본 프로그램에 넣은 값이다.

노치 필터에 입력되는 ADC 입력 신호와 계수의 콘볼루션 연산 동작은 메인 프로그램 내에 작성하는 것보다 인터럽트 내에서 동작이 실행되도록 프로그램을 작성하는 것이 좀더 정확한 결과를 나타낸다.

```
__interrupt void MainIsr(void)

{
 IsrTicker++;
 L5_LED_LOW ;  //L5 켜짐, 주기확인용
 int k ;
 float acc ;
 acc = 0 ;
 Gn[0] =  AdcbResultRegs.ADCRESULT1 ; //Con6 으로 오디오신호

              for ( k= 0: k < ORDER : k++ )   // <= 안됨
              acc += ( Hn[k] * Gn[k] ) ;

              for ( k = (ORDER-1 ) ; k > 0 ; k-- )
              Gn[k] = Gn[k-1] ;

```

```
316                 DacaRegs.DACVALS.bit.DACVALS =  acc ; //BPF
317
318
319
320     AdcbRegs.ADCINTFLGCLR.bit.ADCINT1 = 1;  // Clear INT1 flag
321     PieCtrlRegs.PIEACK.bit.ACK1 = 1;        //
322     L5_LED_HIGH ; //L5 꺼짐
323
324             } //Main Isr 끝
325
```

- 라인 304: 인터럽트 실행 상태를 확인하기 위하여 인터럽트 동작 시 LED5를 켠다(ON).
- 라인 305: 카운터의 변수 K를 설정한다.
- 라인 306–307: 출력 신호의 변수를 나타내며, 인터럽트가 실행될 때마다 acc 값을 0으로 한다.
- 라인 308: 신호 발생기에서 출력된 정현 파 신호를 KB2837xD 보드의 ADC 입력 단자인 CON6으로 입력한다.
- 라인 310–311: for 문의 실행으로, ADC 모듈에 입력되어 샘플링 된 새로운 신호에 대하여, 인터럽트 실행이 (50usec) 시작되면 새로운 샘플링 신호와 이전에 입력되어 저장된 신호 모두를 차례로 ORDER 값만큼 계수와 콘볼루션 연산을 인터럽트 시간 내에 실행하여 그 결과 값을 출력 버퍼 acc에 누적(accumulation)한다.
- 라인 313–314: 새로 샘플링 된 입력 신호를 저장할 버퍼를 확보하기 위하여 새로 입력된 신호 이전에 입력된 신호 모두를 한 단계씩 이전 신호가 저장된 자리로 차례로 이동시킨다.
- 라인 316: 출력 버퍼 acc에 저장된 디지털 신호 상태를 모니터링하기 위하여, 그 값을 DAC 모듈에 입력하여 아날로그 신호로 출력한다. 즉, DAC 모듈 내의 dacaReg에서 아날로그 신호로 변환하여 DAC–a 모듈의 출력 단자로 아날로그 신호로 변환된 신호를 출력한다. 변환된 아날로그 신호는 디지털 오실로스코프로 아날로그 신호의 파형 상태와 크기를 확인할 수 있다.
- 라인 320–321: 인터럽트 레지시터(register)를 크리어(clear) 한다.
- 라인 325: 인터럽트 동작이 끝나면 주기 확인용 LED5를 끈다(off).

6-4-2 KB2837xD 보드 상에서 노치 필터 동작 실행 결과

KB2837xD 보드 상에서, 설계된 1500Hz 노치 필터 출력 코드(.out)를 로드(load)한 후, 오디오 주파수 응답 측정 장비인 AP(audio precision)을 이용하여 KB2837xD 보드 상에서 노치 필터가 실행되는 동작 상태를 확인한다.

[측정 장비 셋업]

1) 아날로그 오디오 신호 입력 단자: KB2837xD 보드의 CON 6 에 오디오 신호를 입력한다.
2) 입력되는 아날로그 오디오 신호 스위프: 10Hz ~10000Hz 로 스위프(sweep) 되는 신호의 크기는 200mV/rms 로 설정하여 입력한다.
3) 아날로그 오디오 신호 출력 단자: KB2837xD 보드의 DAC-a 단자(아날로그 오디오 신호 출력_a)를 통하여 출력한다.

[1500Hz 노치 필터 프로그램 실행 결과 측정 값]

그림 6-8은 아날로그 오디오 신호_주파수 10Hz~10KHz, 크기_ 약 200mV을 노치 필터가 실행중인 KB2837xD 보드에 위치한 CON 6에 입력하고, 1500Hz 노치 필터 프로그램을 실행한 후, KB2837xD 보드 상에 위치한 DAC-a 단자로 출력한 결과를 나타낸다. 측정된 노치 필터 결과에서, 노치 부분에 해당되는 1500Hz가 약 32dB로 감쇄되어 MATLAB 툴 상에서 실행된 결과 값과 유사하게 동작이 실행되었음을 나타낸다.

참고 신호 크기를 나타내는 dBV는 1volt를 기준으로 표기하는 데시벨 값이다 (1V = 0 dBV). 입력 신호가 140mV 일 때 데시벨 dBV 값은 -17dB 수준에 있다. 실제 입력된 신호는 200mV이나 입력 회로와 DSP IC 내의 ADC 모듈에 의하여 약 60mV 삽입 손실(loss)이 발생되어 약 140mV가 입력되었다.

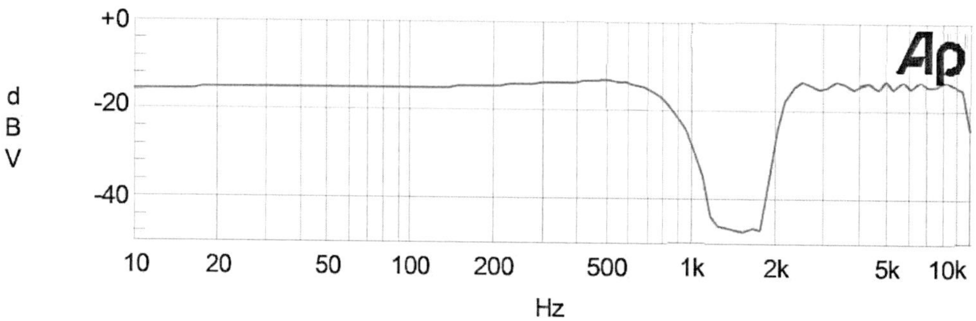

| 그림 6-8 | KB2837xD 보드 상에서 동작되는 1500Hz 노치 필터 특성

CHAPTER 07

1KHz 정현 파 신호 발생기 설계

Sound Generator R11

출처 www.avmart.co.kr

소리 신호 발생기 관련하여 기본적인 주파수로 사용되는 정현 파1KHz 신호 발생기 제작을 하기 위하여, 아날로그 회로를 이용한 설계 방식과 디지털 신호 처리를 적용한 방식에 대하여 동작 개념을 설명하고, 1KHz 신호 발생기를 아날로그 회로와 디지털 신호처리로 각각 설계한다.

7-1 Operation Amplifier IC를 이용한 1KHz 신호 발생기 회로 설계

아날로그 회로를 구성하는 부품 소자와 Operation Amplifier IC를 조합하여 1KHz 정현 파 신호 발생 회로를 설계한다. 신호의 발생은 연속적으로 이어지는 발진을 의미하며, 증폭 이득(gain) 이 충분한 전자 회로 상에서 정궤환(positive feedback)이 걸리면 이러한 발진 동작이 나타난다. 증폭기의 증폭 이득이 궤환 양(gain>feedback) 보다 큰 조건에서 전원이 인가되면, 첫 순간에 전원 변화에 의하여 발생된 신호가 증폭되어 출력 회로로 출력된다. 회로 구성에서 출력 신호를 입력으로 궤환(feed-back) 시킬 경우에 입력 신호와 출력 신호가 동위상이 되면, 동위상으로 만들어진 신호의 주파수가 연속으로 동작되는 상태가 지속되고 유지된다. 이것을 우리는 발진 신호(oscillator signal) 주파수라 부르고 신호 발생이라 나타낸다.

그림 7-1은 Operation Amplifier(OPA134)을 이용하여 위상 이동 방법으로 설계한 1KHz 정현 파 신호를 발생시키는 아날로그 회로 구성도(Phase Shift 1KHz Sinewave Oscillator)이다.

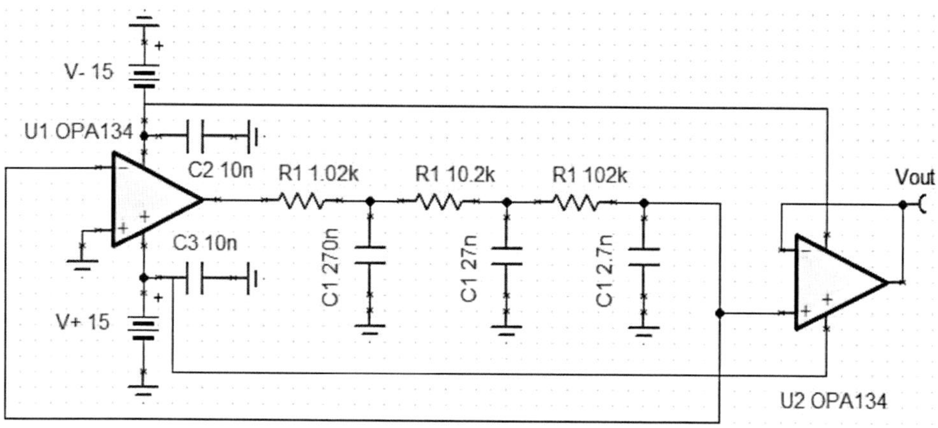

| 그림 7-1 | Phase Shift 1KHz sine wave Oscillator 회로 구성도

U1 IC와 저항(R), 캐패시터(C)로 구성된 3단 저주파 대역 통과(Low pass) 회로는 Open Loop 형태의 증폭기 구조로 구성된다. 독립적인 3단으로 구성된 R.C 회로의 Low Pass 회로 부분과 궤환(feedback)으로 인한 이득 손실보다 충분한 증폭 이득(gain)을 갖는 증폭기 회로로 구성된 회로이다.

위상 이동(Phase Shift)은, Low Pass 필터 회로로 구성되어, 단별로 60도씩 이동(shift) 되어 3단의 합으로180도 이동되고, 궤환(feedback)된 입력 신호를 증폭기의 Inverter 입력 단자에 인가하여 추가적인 180도 위상 변화가 되어, 총 360도 변화된 입력 신호와 증폭기 출력이 동위상 상태가 되면서 발진 현상이 지속되게 된다. 참조할 사항으로, U1은 J FET 형 OP Amplifier로 구성되어야 하고, OSC(oscillator)출력 신호는 추가된 Buffer 회로 U2에 연결하여 출력 신호에 연결될 부하(load) 임피던스(impedance) 값의 크기에 따라서 발진기의 출력 신호 변화가 발생되지 않게 한다.

설계된 회로상에서, 발생된 신호 1KHz는 다음과 같은 수식에 의하여 근사치 값으로 1KHz 신호 발생이 연산 될 수 있다. (7-1)

Frequency = 1.73 / 2 * pi * R1 * C1

Frequency = tan 60 degrees / 2 * pi * R1 * C1

위의 수식 7-1에서, 1.73 계수 값은 위상 이동(phase shift)로 산출된 계수(coefficient) 값으로 tan 60도의 값이다. 설계된 Phase Shift 1KHz Oscillator 회로의 동작 상태는 TI 사에서 무상 다운로드할 수 있는 "Tina-9 Simulation" 프로그램 툴을 이용하여 실행 특성을 분석(analyzer)할 수 있다.

그림 7-2는 전원 인가 후 5ms 동작 범위에서 측정한 Transient 출력 파형을 "Tina-9 Simulation" 툴을 이용하여 측정한 값이고, 그림 7-3은 Fourier THD(total harmonic distortion)을 Tina-9 Simulation 툴로 측정한 값이다.

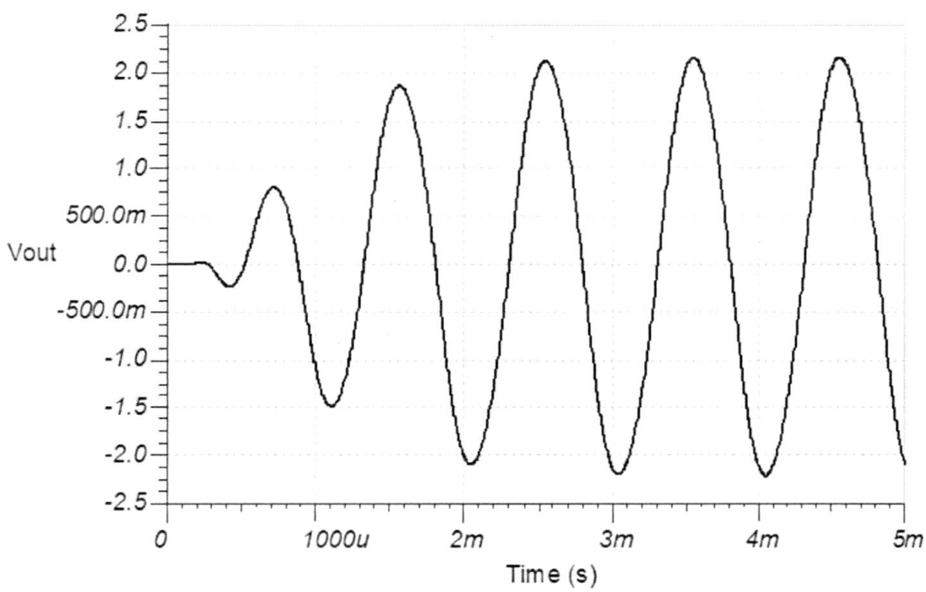

| 그림 7-2 | Phase Shift 1 KHz 신호 발생기 출력 파형

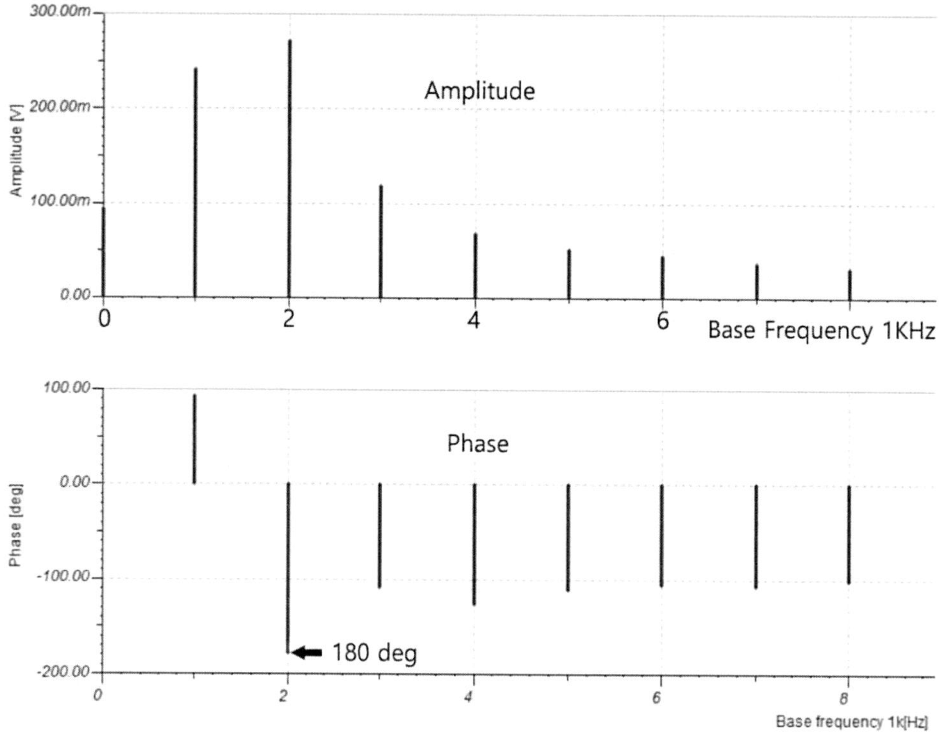

| 그림 7-3 | Phase Shift 1KHz 신호 발생기 Simulation 출력_Fourier THD 특성

7-2 MATLAB 툴 상에서 실행되는 정현 파 신호 발생기 설계

MATLAB 소프트웨어 툴을 이용하여 1KHz 신호를 발생하는 과정은 간단하다. 다만 MATLAB 툴은 PC 상에서만 실행되어 PC가 있어야 실행 및 동작 확인이 가능하다. 간단한 예로, PC에 실장 된 스피커로 Sine wave 1KHz 신호를 1초간 출력할 수 있다. PC에 설치된 MATLAB 툴을 실행하고, 툴 화면의 명령창에 다음과 같이 프로그램을 작성하여 실행하면 PC에 실장 된 스피커로 1KHz 신호 음 소리가 들린다.

```
y = sin (2 * pi * 1000 / 44100 * [0: 44099]);
sound (y, 44100)
```

여기서 44100은 1초 동안의 샘플링 하는 주파수를 의미하고 "[0: 44099]"는 1초동안 신호 송출을 의미한다. 송출 시간을 10초로 늘리려면 위에 작성된 프로그램에서 10배 늘린 "[0: 440990]"을 적용하면 된다. 실제 MATLAB 툴 상에서 실행되는 또 다른 예로, MATLAB 툴 상에서 1KHz Sine wave 와 Cosine wave를 동시에 실행하기 위한 프로그램을 아래와 같이 작성하여 실행할 수 있고, 그림 7-4는 실행된 결과를 나타낸다. 신호 출력에서 Sine wave(점선)와 Cosine wave(실선)의 위상이 90도 차이가 발생됨을 알 수 있고, X 축의 단위는 Radian 각도 값으로 1KHz 신호에서는 6.297/1000 (2π = 6.297radian = 360degree) 범위에서 1개의 파형이 출력됨을 나타낸다.

```
% 1KHz sine wave & cos wave generation
x = 0:0.0001:1000 ; % 해상도
y1 = sin(1000*x) ; % sin_1000hz
y2 = cos(1000*x) ; % cos_1000hz

subplot(111) ;
plot (x,y1,'k--',x,y2,'b') ;% blk 점선,blue 실선

axis([0  0.002 * pi  -2 2]) ; % 1KHz 는 2pi/1000 에서 1개
xlabel('Radian value') ;
ylabel('Magnitude')
title('Fourier Function');
```

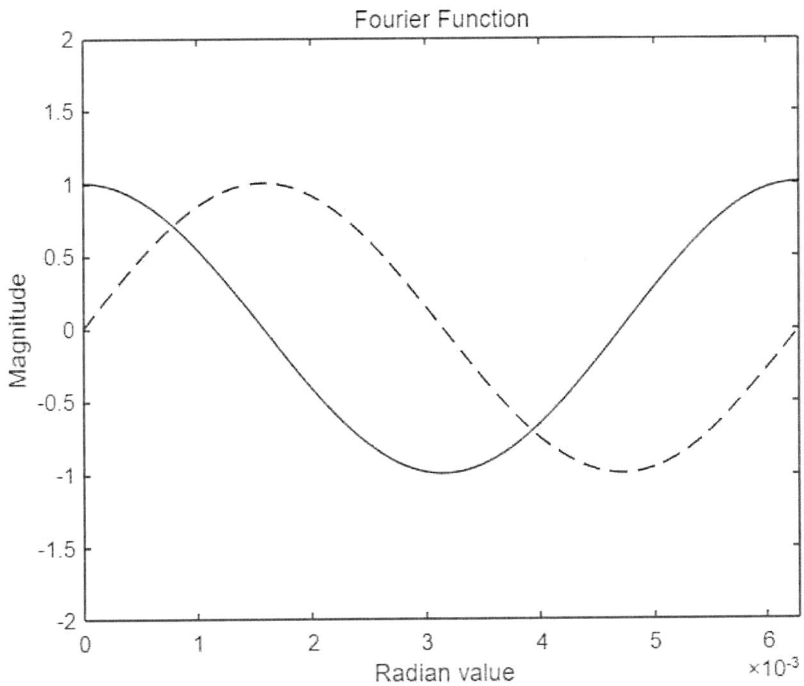

| 그림 7-4 | MATLAB 툴 상에서 실행된 1KHz sine wave & cosine wave

7-3 KB2837xD 보드 상에서 정현 파 1KHz 신호 발생기 프로그램 설계

KB2837xD DSP 보드에는 TI 사 제품인 "TMS320F2837xD" DSP IC가 실장되어 있고, 아래의 프로그램은 DSP 보드 상에서 1KHz Sine wave 신호를 만들어 DAC-a 출력 단자를 통하여 신호를 출력하는 소스 프로그램이다. 앞 장에서 설명된 공통으로 적용되는 함수 프로그램 ADC, DAC, EPWM 관련 프로그램은 중복되어 게재 생략한다.

```
 9
10 #include "F28x_Project.h"
11 #define L4_LED_HIGH        GpioDataRegs.GPBSET.bit.GPIO43=1
12 #define L4_LED_LOW         GpioDataRegs.GPBCLEAR.bit.GPIO43=1
13 #define L5_LED_HIGH        GpioDataRegs.GPCSET.bit.GPIO67 = 1
14 #define L5_LED_LOW         GpioDataRegs.GPCCLEAR.bit.GPIO67 = 1
15 #define REFERENCE_VDAC  0
16 #define REFERENCE_VREF  1
17
18 float FunctionSin(float x ) ;
19 float A = 2048; //
20 const float fDesired ;  //
21
22 float phase = 0 ;
23 float pi = 3.141592535 ;
24 float phaseIncrement ;
25
26 const float c1 = 1.5E-5 ; // 1.5E-5
27
28  Uint32 fs = 20000 ; // step 50us
29
30 interrupt void cpu_timer1_isr(void);
31
32 void InitDacModules(void);
33 void InitEPwmModules(void);
34 void InitAdcModule(void);
35 __interrupt void MainIsr(void);
36
37 Uint16  BackTicker;
38 Uint16  IsrTicker;
39
```

- 라인 15-19: DAC 모듈의 REF 전압을 3.3V 로 설정하고, DAC 출력은 12bit로 구성하며 출력의 크기는 1/2 (4096 / 2)로 한다. DACVALA는 0 ~ 4095 범위의 값을 가질 수 있어

2048 값을 지정한다. 프로그램 상의 A 값은 Amplitude를 의미하여 4096이 적용되면 신호의 출력이 2배로 커진다.

- 라인 18–39: 연산식에 적용할 함수와 변수의 정의를 나타낸다.
- 라인 28: 1KHz 신호 발생 디지털 처리 연산에서 샘플링 주파수를 나타낸다.

```
40 void main(void)
41 {
42
43    InitSysCtrl();
44
45 #ifdef _FLASH
46    InitFlash();
47 #endif
48
49   InitGpio(); // Skipped for this example
50           EALLOW;
51
52           GpioCtrlRegs.GPCDIR.bit.GPIO67 = 1; //L5,
53           GpioCtrlRegs.GPBDIR.bit.GPIO43 = 1; //L4,
54
55           GPIO_SetupPinOptions(43, GPIO_OUTPUT, GPIO_PUSHPULL);
56           GPIO_SetupPinMux(43, GPIO_MUX_CPU1, 0);
57           GPIO_SetupPinOptions(67, GPIO_OUTPUT, GPIO_PUSHPULL);
58           GPIO_SetupPinMux(67, GPIO_MUX_CPU1, 0);
59
60           EDIS;
61    DINT;
62
63    InitPieCtrl();
64
65    IER = 0x0000;
66    IFR = 0x0000;
67
68    InitPieVectTable();
69
70    EINT;  // Enable Global interrupt INTM
71    ERTM;  // Enable Global realtime interrupt DBGM
72
73    EALLOW;
74    PieVectTable.ADCB1_INT = &MainIsr;
75    EDIS;
```

```
76
77      PieCtrlRegs.PIEIER1.bit.INTx2 = 1;
78      IER |= M_INT1;
79
80          InitEPwmModules();  // Initialize EPWM Modules
81          InitDacModules();   // Initialize DAC Modules
82          InitAdcModule();    // Initialize On-Chip ADC Module
83
84              BackTicker = 0;
85              IsrTicker = 0;
86
87          EINT;   // Enable Global interrupt INTM
88          ERTM;   // Enable Global real-time interrupt DBGM
89
90                      float tmp ;
91                      int An   ;
92                      float xn   ;
93                      xn = 0 ;
94                      An = 4 ;
95
```

• 라인 40–86: 앞절에서 설명된 내용으로, DSP 초기화 셋업 과정에 해당된다.

```
 96     for(;;) //Endless Loop
 97     {
 98         BackTicker++ ;
 99         L4_LED_LOW   ;
100
101             const float fDesired = 1000 / 330 ;
102             xn = 140 ;
103             phaseIncrement  = 2* pi* fDesired / fs ;
104             phase =   phase + ( phaseIncrement + (c1 * xn * 8 ) );
105                  if(phase >= 2*pi)
106                  phase -= 2*pi ;
107                  phase = (phase > 2.0f) ?  (phase -4.0f) : phase ;
108         An = 4 ;
109         tmp =   (A* FunctionSin(phase)) / An ;
110         DacaRegs.DACVALS.bit.DACVALS =  tmp + 0x800 ;
111         DacbRegs.DACVALS.bit.DACVALS =  xn ;
112         L4_LED_HIGH ;
113                                   }  //end of for
114                                     } //end main
115
```

• 라인 90–94: 연산 출력을 저장할 변수이다.

- 라인 91: 연산 출력의 크기를 조절할 정수의 값으로 An = 4일 때 약 PP 1000mV가 출력된다.
- 라인 92: VCO(voltage control oscillator) 동작을 실행하기 위한 값으로, Xn 값이 1일 때 62Hz, 1000일 때 7000Hz 수준으로 주파수가 생성되어 출력한다.
- 라인 99: 연산에 소요되는 시간을 측정하기 위하여 설정된 출력 포트로, LED L4 가 켜져 있는 동안(low 상태)이 연산 실행의 소요 시간으로 약 2.5usec로 측정된다.
- 라인 101-109: Sine wave 1KHz를 발생시키기 위한 연산식으로, 연산의 결과는 tmp 변수에 저장된다.
- 라인 110: DAC-a 포트로 DC 전압 1.6V를 중첩하여 아날로그 1KHz 신호를 출력한다.
- 라인 111: VCO의 Xn 값을 DAC-b을 통하여 모니터한다.
- 라인 112: 연산 실행이 끝나면 LED4가 꺼진다(off).

```
115
116     __interrupt void MainIsr(void)
117     {
118
119      IsrTicker++;
120      L5_LED_LOW ;
121
122      AdcbRegs.ADCINTFLGCLR.bit.ADCINT1 = 1;  // Clear INT1 flag
123      PieCtrlRegs.PIEACK.bit.ACK1 = 1;
124
```

- 라인 116-128: 인터럽트 함수를 나타내고 있으나, 1KHz 신호 발생에 연관된 연산 동작은 하지 않는다.
- 라인 116-128: 인터럽트 함수를 나타낸다. 신호 발생기에서는 인터럽트 내에서 신호 발생 동작에 대한 어떠한 프로그램을 실행하지 않게 설계한다.

```
125      DELAY_US(10);
126      L5_LED_HIGH ;
127
128              }  //Main Isr 끝
129
130 // Sin function using 5th order polynomial
```

```
131  float FunctionSin(float x)
132  {
133      const float a1 = 1.57032002 ;
134      const float a3 = - 0.64211317 ;
135      const float a5 = 0.07186085 ;
136      float sinx,x2 ;
137
138      x = ( x > 1.0f) ? (2.0f - x) : x ;
139      x = ( x < -1.0f) ? (-2.0f - x) : x ;
140
141     x2 = x * x ;
142     sinx = ((a5*x2 + a3)*x2 + a1) * x ;
143      return (sinx) ;
144          }
```

- 라인 131-144: 부동 소수점 연산의 Sine wave를 발생시키는 함수 값을 나타내며, 5차 다항식(5th order polynomial) 방식을 적용한다.

차수가 낮은 근사 다항식을 미니 맥스(minimum maximum) 근사 값에 의하여 함수의 값을 구하는 식은 다음과 같다.

$$sin\left(\frac{\pi}{2}x\right) \cong a_1x + a_3x^3 + a_5x^5 \, (-1 \leq x \leq 1) \qquad (7\text{-}2)$$

$a_1 = 1.57033200$, $a_3 = -0.64211317$, $a_5 = 0.07186085$

그림 7-5는 다항식 근사 값에 의한 Sine wave 발생기 구성을 나타낸 블록 도이다.

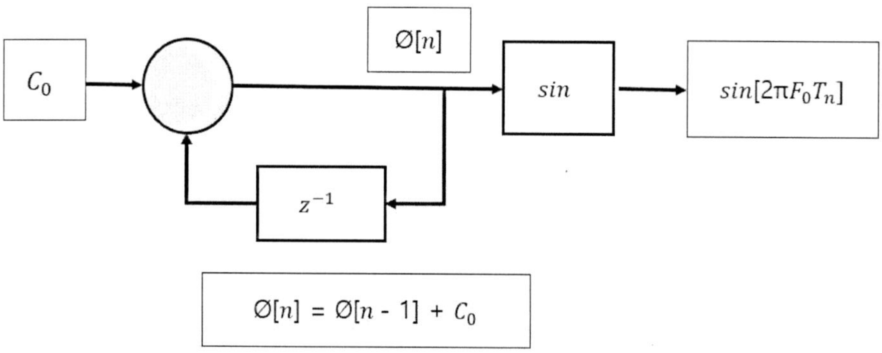

| 그림 7-5 | 다항식 근사 값에 의한 sine wave 발생기 구성도

Sinewave 발생기 구성도에서, C_0는 sinewave를 결정하는 정수로서,

$C_0 = 4F_0T$로 설명될 수 있으며,

F_0는 사인파의 주파수를 의미하고,

T는 샘플링 간격을 나타낸다.

또한 발생기 구성도에서 박스 내부의 sin의 기능은

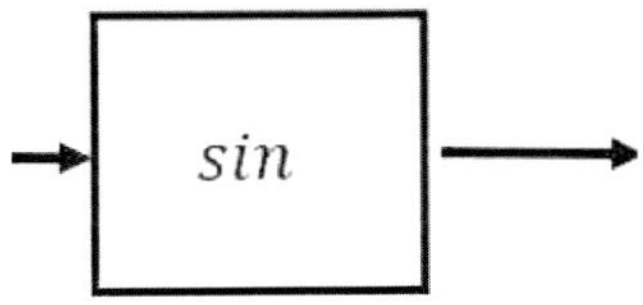

입력 x에 대하여 $sin\left(\frac{\pi}{2}x\right)$을 연산하는 요소로 설명될 수 있다.

CHAPTER 08

적응 필터(Adaptive Filter)의 개념

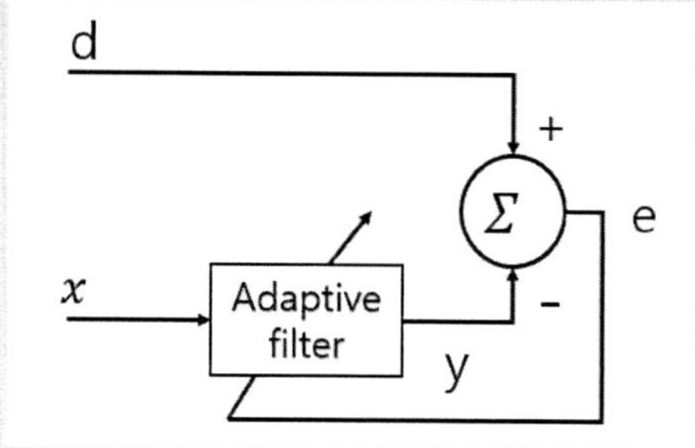

$$y(n) = \sum_{k=0}^{N-1} W_k(n)\, x(n-k)$$
$$e(n) = d(n) - y(n)$$

출처 www.avmart.co.kr

적응 필터(adaptive filter)의 기본적인 개념은, 적응 필터 입력값에 대하여 FIR필터의 응답 출력 결과 Yn 값이 원하는(desired) 목표 값으로 될 수 있도록, FIR 연산의 계수(coefficient) 값에 해당되는 웨이트(weight) 값을 자기 자신(self)이 조절하여, 최소의 에러(error) 값이 되도록 조절하는 기능을 갖는 필터를 의미한다. 일반적으로 디지털 신호 처리에 적용되는 FIR (finite impulse response) 필터 와 IIR(infinite impulse response) 필터의 경우, 필터의 특성을 결정할 파라미터 또는 계수 값이 이미 정해진 상태에서 입력 신호에 대하여 시간 이동의 축상에서 연산이 실행된다. 이로 인하여, 실행이 진행되는 도중에 환경이 변하여 이미 정해진 파라미터 값 또는 계수 값이 그 실행에 적절하지 못한 경우에는 올바른 값의 결과를 얻을 수 없다. 반면에, 적응 필터의 계수 값은(웨이트 값으로 표현) 실행이 진행되는 상황에서 입력 신호 대비 출력 신호 값의 불안전한 변화를 자체 보상하기 위하여 계수 값을 자동(self) 조절한다. 적응 필터는 신호의 특성이 불확실하거나 수렴 특성이 변화할 때 빠르게 대처하여야 하는 분야에서 대단히 유용하게 사용될 수 있다.

8-1 적응 필터의 기본적인 구조와 동작

그림 8-1은 적응 필터의 기본적인 구조를 나타낸 블록 도이다. 그림 8-1 상에서 d 신호(desired signal)는 원하는 값을 나타내고, y는 필터의 입력 x에 대한 적응 필터의 출력 신호이다. 그리고 e(error)는 Summation의 에러(error) 값을 나타내며 적응 필터에 궤환(feedback)되어 계수(coefficient) 값을 조절한다.

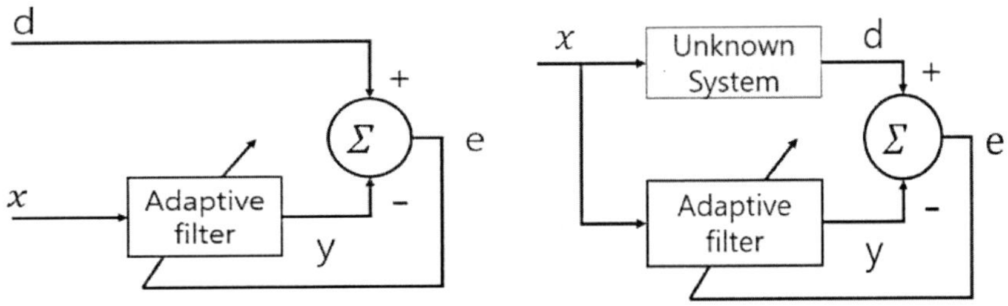

| 그림 8-1 | 적응 필터의 기본 구조 블록 도

적응 필터의 계수 값(weight 값)은 궤환(feedback)된 에러 값 e 신호를 기반으로 LMS(least mean squares)의 연산을 적용하여 최적의 값으로 조절된다. 적응 필터의 알고리즘은 다음과 같이 수식으로 나타낸다. (8-1)

$$y(n) = \sum_{k=0}^{N-1} W_k(n)\, x(n-k)$$

수식 8-1식에서, $W_k(n)$은 샘플링 된 신호가 입력된 시간 n에 대하여 연산 되는 N weight 값 또는 계수 값을 나타낸다. 그리고 해당 식에서의 콘볼루션 연산은 계수 값에 해당되는 $W_k(n)$와 입력 신호 x의 연산으로, FIR 필터의 콘볼루션 연산과 동일한 구조로 연산이 실행된다.

콘볼루션 연산의 실행에서 에러 e 신호의 값은 Summation 입력 신호 d 값과 FIR 필터의 출력 값 y의 차로 결과를 얻는다.

$$e(n) = d(n) - y(n) \tag{8-2}$$

계수 값 $W_k(n)$는 "mean squared error function is ($E[e^2(n)]$)" 수식에서의 연산으로, 에러(error) 값이 최소화되는 값으로 조절된다. 여기 수식 상에서 E 값은 예상치 값을 나타내고, $[e^2(n)]$는 k에 해당되는 값으로, 연산 실행에서 에러가 최소화되는 과정에서의 기울기 값. 즉, 에러가 최소화되는 곡선의 경사 값으로 에러가 최소화되는 과정의 속도에 해당된다.

결과적으로, 기울기 값 $[e^2(n)]$을 k의 값으로 적용하여 아래와 같이 연산식으로 나타낼 수 있다.

$$W_k(n+1) = W_k(n) + 2B\,e(n)\,x(n-k) \qquad k = 0, 1, 2, 3, \ldots, N-1 \tag{8-3}$$

계수 또는 웨이트 값으로 나타내는 W_k은 샘플링 신호가 만들어 지는 시간 n에 동기 되어, 이전 시간에 만들어진 계수 값에 새로 만들어진 계수 값이 더해진다. 적응 필터의 입력은 $x(n)$ 신호이고, 적응 필터의 수렴 과정에서 수렴의 속도와 정확도를 결정하는 요소는 스텝 사이즈(step size)로 나타내는 β가 해당된다. 적응 필터의 기본적인 동작 구조를 나타낸 그림 8-1상에서 적응 필터의 수렴 동작을 실행하면 다음과 같이 동작된다.

특정된 시간 (여기서는 샘플링 간격을 의미한다) n상에서 $e(n)$ 값이 제로(zero)가 아니면 $W_k(n)$는 새로운 계수 값에 의하여 변경되어 새로운 값이 저장된다. 그리고 새로 연산 된 $W_k(n)$ 값에 의하여 $y(n)$ 값이 연산 되어 변경된 새로운 값으로 누적된다. 출력 $y(n)$ 값의 변화에 의하여 에러 값 $e(n)$이 새로운 값으로 변경되어, $e(n)$ 값이 제로(zero)가 아니면 $W_k(n)$. 값은 새로 연산 된 값에 의하여 누적된다. 시간이 경과하여 변경된 다른 시간(다음 샘플링 시간) n이 되면, ADC(analog digital converter) 모듈은 새로운 입력 신호 $x(n)$을 받아 윗줄에서 설명된 과정을 반복한다. 즉, $e(n)$ 값이 제로(zero)가 아니면 $W_k(n)$는 새로운 계수 값에 의하여 새로운 값으로 변경되어 누적된다. 그리고 이어서 새로 연산 된 $W_k(n)$ 값에 의하여 $y(n)$ 값이 연산 되어 누적된 값이 되고, 출력 $y(n)$ 값의 변화에 의하여 에러 값 $e(n)$이 새로운 값으로 변경되어 $e(n)$ 값이 제로(zero)가 아니면 $W_k(n)$. 값은 새로 연산 된 값에 의하여 그 값이 누적되는 과정이 반복되어 결과적으로 적응 필터의 출력 $y(n)$ 값은 desired 신호 값과 동일하게 되어 에러 값은 0(zero)이 된다.

8-2 기본적인 적응 필터 동작 실행을 위한 프로그램 설계

다음 예제는 그림 8-1 구조에서 적응 필터가 실행되도록 작성된 프로그램이다. d 신호(desired signal)에 $2\cos(2n\pi f/F_s)$을 입력하고, 그리고 노이즈(noise)에 해당되는 x신호에 $\sin(2n\pi f/F_s)$을 입력한다. 여기서 f는 1KHz 주파수를 의미하고 F_s는 샘플링 주파수로 8KHz이다. 적응 스텝(adaptation rate)을 나타내는 β 값은 0.01, 필터 길이(filter order) N는 21, 입력 신호의 샘플 수는 40이다. 적응 필터를 실행했을 때 출력은 y 신호이며, 필터 출력 값 y는 d 신호에 수렴되어 cosine 입력 신호인 d 신호와 동일한 신호 크기와 위상 값으로 출력된다.

참고 본 예제 프로그램은 Borland Complier C/C++에서 실행된 예제로서, 프로그램 작성시 순번에 해당되는 맨 좌쪽의 번호는 실제 프로그램 작성시 삽입되지 않아야 한다. TI 사에서 제공된 CCS 컴파일러가 적용되지 않고 실행된 프로그램이다. (**참고** DSP applications using C and the TMS320C6xDSK)

```
1 #include <stdio.h>
2 #include <math.h>
3 #define beta 0.01
4 #define N 21
5 #define NS 40
6 #define Fs 8000
7 #define pi 3.1415926
8 #define DESIRED 2*cos(2*pi*T*1000/Fs)
9 #define NOISE sin(2*pi*T*1000/Fs)
```

- 라인 1–2: 연산을 위하여 공통적으로 사용되는 헤더(header) 파일이다.
- 라인 3: 베타(β) 값을 정의하며, 수렴 과정에서 스텝을 나타내며, 수렴 속도와 정확도를 결정한다.
- 라인 4: 적응 필터의 길이를 정의한다.
- 라인 5: 샘플링에서 만들어진 샘플 신호의 최대 길이. 즉, 입력 신호의 샘플 번호 1~40를 정의한다.
- 라인 6: 아날로그 신호를 샘플링한 주파수를 나타낸다. 1KHz 신호의 1주기를 8KHz로 샘

플링 했다면 8개의 샘플링 값, 즉, 1KHz 신호 1 주기에 8개 디지털 신호 데이터 값이 존재한다는 것을 의미한다.

- 라인 7: 신호 재생에 적용되는 파이(π) 크기를 정의한다.
- 라인 8: 진폭의 크기가 2인 코사인 1KHz 신호 발생기를 정의한다. d(desired signal) 신호로 적용된다. Summation 연산에 입력되는 d 신호이다.
- 라인 9: 진폭의 크기가 1인 사인 1KHz 신호 발생기를 정의한다. 잡음 신호로 사용되어 적응 필터에 입력된다.
- 라인 10–11: 공란

```
12  main()
13  {
14   long I, T;
15   double D, Y, E;
16   double W[N+1] = {0.0};
17   double X[N+1] = {0.0};
18   FILE *desired, *Y_out, *error;
19   desired = fopen ("DESIRED", "w++");
20   Y_out = fopen ("Y_OUT", "w++");
21   error = fopen ("ERROR", "w++");
22   for (T = 0; T < NS; T++)
23    {
24     X[0] = NOISE;
25     D = DESIRED;
26     Y = 0;
27     for (I = 0; I <= N; I++)
28      Y += (W[I] * X[I]);
29     E = D - Y
30     for (I = N; I >= 0; I--)
31      {
32       W[I] = W[I] + (beta*E*X[I]) + 0.01;
33       if (I != 0)
34       X[I] = X[I-1];
35      }
```

- 라인 12–13: 메인 프로그램의 실행 시작을 의미한다.
- 라인 14–17: 변수의 선언에 해당된다.
- 라인 19: desired 신호에 대한 파일명이다.

- 라인 20: Y_ out 신호에 대한 파일명이다.
- 라인 21: Error 신호에 대한 파일명이다.
- 라인 22: 적응 필터 알고리즘의 시작으로, 1부터 시작된 샘플 신호가 40개 미만이면 for 문이 실행되고, 명령 실행이 끝날 때마다 카운터 T 값을 한 개씩 증가시킨다. 카운터 T 값이 40이 되면 0(zero)로 클리어하고 다시 명령 실행이 끝날 때 마다 카운터 T 값을 1개씩 증가시킨다.
- 라인 24: 1KHz 사인 신호의 새로운 샘플이 X[0]에 저장된다.
- 라인 25: 진폭 2인 1KHz 코사인 신호의 새로운 샘플이 저장된다.
- 라인 26: 출력 Y 값을 0(zero)으로 클리어(clear)한다.
- 라인 27: for 문의 실행으로, 필터의 길이인 21 개 이내에서 해당 문구의 연산이 1번씩 실행되며 실행 후 카운트가 1씩 증가한다. 카운트 값이 21 개 이상이 되면 카운트는 0(zero)이 되고, 이어진 프로그램이 실행되어 다시 이 과정이 반복된다.
- 라인 28: 계수 W와 입력 신호 X가 콘볼루션 연산 되어 그 값이 y값에 누적된다.
- 라인 29: D 신호와 Y 신호의 연산에 의하여 E(error) 값이 산출된다.
- 라인 30–31: for 문의 실행으로, 필터의 길이인 21개 범위에서 연산은 실행되고 카운트가 21에서 0(zero)으로 한 개 감소하며 카운트 값에 해당되는 계수 값으로 연산되어 선 존재된 계수 값에 누적되고 카운트 값이 21에서 실행이 반복할 때마다 1개씩 감소한다. 즉, 문장이 실행되면 카운트 값은 20이 되고 다시 또 문장이 실행되면 카운트 값은 19가 된다.
- 라인 32: 계수 W 값이 누적되는 연산으로, 카운트 순서와 동기 된 입력 노이즈 신호, E(error) 값, 스텝(step) 간격인 β 값이 함께 곱셈 연산되어, 직전의 연산 된 계수 값에 더해진다.
- 라인 33–34: 카운트 값이 0(zero)가 아니면 입력 노이즈 신호 값은 직전의 값의 위치로 한 개씩 이동하여 $X[0]$에 새로운 입력 노이즈 신호가 위치하게 한다.
- 라인 35: 라인 30에서 실행된 for 문의 끝으로, 라인 30부터 라인 34는 필터 길이만큼 for 문 안에 있는 문장을 반복 실행한다. 카운터 값이 21에서 한 개씩 감소하여 0(zero)이 되면, 카운터 값이 필터 길이 값인 21이 되면서 실행 동작은 for 문을 빠져나와 다음 문장을 실행한다.

```
32      fprintf (desired, "\n%10g   %10f", (float) T/Fs, D);
33      fprintf (Y_out, "\n%10g   %10f", (float) T/Fs, Y);
34      fprintf (error, "\n%10g   %10f", (float) T/Fs, E);
35      }
36      fclose (desired);
37      fclose (Y_out);
38      fclose (error);
39  }
```

• 라인 35-39: 라인 22에서 시작된 for 문의 끝으로, 입력된 샘플 개수만큼 한 개씩 for 문 내의 문장 실행을 반복한 후 종료한다. 정리하면, 적응 필터에 잡음 신호인 Sine 신호가 입력되는 상태에서, 적응 필터의 수렴 동작으로 적응 필터의 출력 Y_out가 d 신호와 같아지는 결과를 나타낸다. 수렴 초기에는 진폭이 작은 Sine 신호로 출력되다가 시간이 4msec 경과되면 d 신호와 비슷한 진폭이 동일한 Cosine 신호로 출력된다. 그림 8-2는 적응 필터의 출력 Y_out의 수렴 결과를 나타낸다.

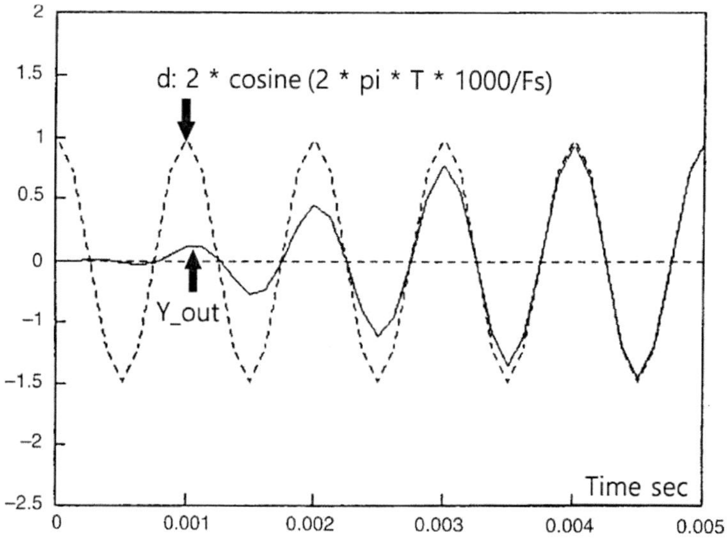

| 그림 8-2 | 적응 필터의 출력 Y_out의 수렴 결과

8-3 KB2837xD 보드 상에서 적응 필터를 실행하기 위한 프로그램 흐름도 설계

실제 TMS320F2837xD DSP IC가 실장 된 DSP 보드에서 적응 필터를 실행하는 과정은 조금 더 복잡하다. 입력 신호를 샘플링하는 주기와 인터럽트가 실행되는 동작 주기를 동기(synchronization) 시켜 연산하는 구조가 사용된다. 샘플링 주파수가 높아질수록 신호 처리 주파수 범위는 확대되나 인터럽트 내의 실행 시간이 짧아져 불안전한 수렴이 될 수 있어서 연산할 분량을 가능한 최소화해야 한다. 아날로그 신호가 ADC 모듈에 입력되어 샘플링 된 후, 각 샘플링 신호는 순서대로 적응 필터 FIR 필터 입력 단자에 입력되고, 적응 필터의 연산은 샘플링 주기에 동기 된 인터럽트 프로그램 내에서 실행되므로 신호 처리할 주파수와 연산양을 미리 예상하여 샘플링 주파수를 설정해야 한다.

그림 8-3은 KB2837xD 보드 상에서 적응 필터 입력에 해당되는 사인 신호와 d 신호(desired signal)에 해당되는 코사인 신호가 동시에 입력되는 구조를 나타낸다. 설정된 샘플링 주파수 20KHz와 인터럽트 실행 주기는 동기되어 있고, 50usec 범위 내에서 무한 루프로 동작되는 메인 프로그램과 인터럽트내 프로그램이 실행된다. 즉, 메인 프로그램 내의 무한 루프 프로그램이 실행되는 도중에 인터럽트가 발생되면 ADC 모듈에서 샘플링 된 한 개의 디지털 신호가 인터럽트 프로그램 내의 입력 신호 부분에 입력되어 연산을 실행한다. 인터럽트가 시작되면서 새로 입력된 신호의 메모리 버퍼 위치를 n로 정하여 n보다 먼저 입력된 신호를 $n-1$, $n-2$로 나타낸다. 참고적으로 이해를 돕기 위하여, 입력 신호의 버퍼 이동 동작 구조에서 실제 입력하지 않은 미래의 신호 값을 $n+1$, $n+2$, ..., $n+7$로 나타낸다. 실험에 적용되는 아날로그 신호는 DSP보드 상에 실장 된 DSP IC의 CON6에 연결된 ADC_B2 핀과 CON7에 연결된 ADC_B3 핀에 각각 입력되어 샘플링 된다. CON6에 입력된 Sine 신호가 샘플링 된 디지털 신호는 ADCRESULT1에 저장되어 적응 필터 FIR 필터에 입력되고, CON7에 입력된 Cosine 신호는 샘플링 후 디지털 신호디지털 신호로 변환되어 ADCRESULT2 버퍼에 저장되어 d 신호로 Summation 연산할 데이터 값이 된다.

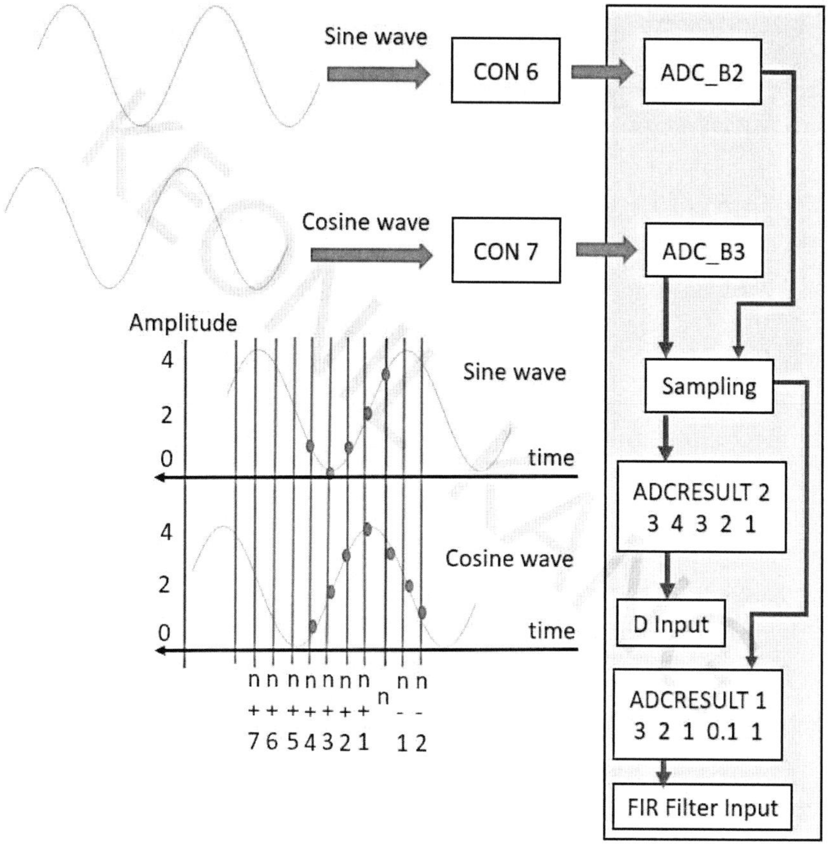

| 그림 8-3 | KB2837xD 보드 상에서 DSP IC에 신호가 입력되는 구조

그림 8-4는 입력 신호에 대하여 n의 버퍼 값이 이동하는 과정을 나타낸다. 새로 입력되는 신호는 항상 n 위치의 버퍼에 저장되고 연산이 끝나면 다음에 입력될 신호를 위하여 n 버퍼의 값을 한단계 과거 위치 $n-1$ 위치로 순차적으로 옮긴다. 참고로, "$X[i] = X[i-1]$"는 인터럽트 내 연산이 끝난 후 n 버퍼의 값들이 순차적으로 한단계 과거 위치로 이동하여 $X[0]$의 위치에 새로운 입력 값이 위치하도록 실행하는 프로그램이다.

"I.S.R_T0 ~ I.S.R_T3"은 인터럽트가 발생된 순서를 나타낸다.

I.S.R_T0	I.S.R_T1	I.S.R_T2	I.S.R_T3
D: 3 desired signal	D: 4 desired signal	D: 3 desired signal	D: 2 desired signal
FIR In n-1: 2 n: 3 n+1: 2 n+2: 1 n+3:0.1 n+4: 1	FIR In n-2: 2 n-1: 3 n: 2 n+1: 1 n+2:0.1 n+3: 1	FIR In n-3: 2 n-2: 3 n-1: 2 n: 1 n+1:0.1 n+2: 1	FIR In n-4: 2 n-3: 3 n-2: 2 n-1: 1 n: 0.1 n+1: 1

| **그림 8-4** | 입력 신호에 대하여 n의 버퍼 값이 이동되는 과정

그림 8-5는 인터럽트가 실행될 때 샘플링 된 신호가 적응 필터에 입력되어 연산이 실행되고, 다음 인터럽트가 발생될 때 적응 필터 입력 버퍼의 값이 이동되는 상태를 나타낸다. 적응 필터 구동 연산 식 대비 그림 8-5 상에서 "FIR In"은 적응 필터 입력 "x"을 의미하고, 카운트 "i0, i1, i2, i3"은 필터 길이 N에 해당되며 연산 수식에서 "k" 값이다.

$$y(n) = \sum_{k=0}^{N-1} W_k(n)\,x(n-k) \tag{8-4}$$

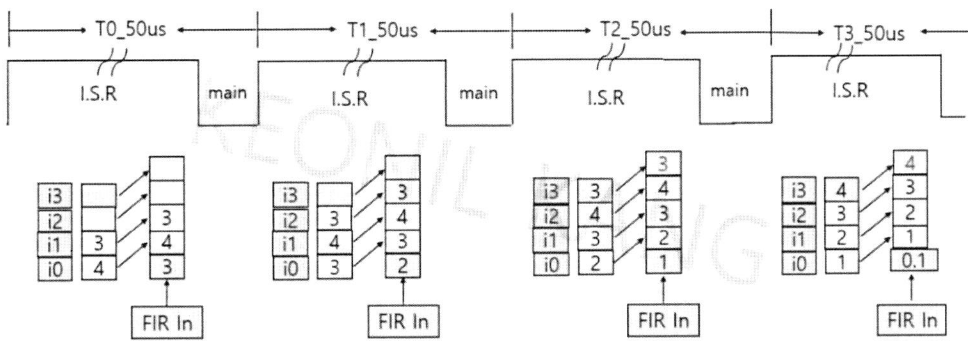

| **그림 8-5** | 인터럽트가 실행될 때 적응 필터에 입력된 신호 값의 이동

그림 8-6은 KB2837xD 회로 기반 적응 필터가 실행되는 프로그램의 흐름도(flow chart)를 나타낸다. 흐름도 상에 표기된 필터 길이 N 값과 연산의 스텝 β 값은 이해를 돕기 위하여 임의로 설정된 값으로 표기한 것이다. 적응 필터의 샘플링 주기는 인터럽트 주기와 일치하며, 인터럽트가 시작되면 적응 필터 출력인 $y(n)$ 값은 0(zero)으로 크리어(clear)되고 새로운 샘플링

신호가 입력되어 인터럽트 실행 시간 내에서 적응 필터 연산이 실행된다. 적응 필터에 입력된 한 개의 샘플링 신호에 대한 연산 시간은 인터럽트 실행 시간 내에서 수렴이 완료되도록 프로그램이 설계되어야 에러(error) 값이 최소화된다. 아래 설명되는 Note1–Note5는 그림 8–6의 흐름도 상에서 블록 별 동작 상태를 설명한다.

- Note 1: 인터럽트 시작으로, 적응 필터에 샘플링 된 새로운 신호 값 "3"이 버퍼 $X[0]$ 위치에 입력되고, 적응 필터 출력 Yn을 클리어(clear)한다.
- Note 2: 필터 길이 N만큼 (여기서는 4) 웨이트 $W[i]$ 값과 적응 필터 입력 $X[i]$을 카운트 영(0)부터 콘볼루션 연산하여 그 결과 값을 Yn에 누적한다.

$$\text{Yn} = W[0]*X[0] + W[1]*X[1] + W[2]*X[2] + W[3]*X[3] \quad (8\text{–}5)$$

- Note 3: D 신호(desired signal)의 샘플링한 데이터 값을 버퍼에 입력한다. 그리고 D 신호 값에서 결과 Yn 값을 빼어 에러 E(error) 값을 만든다.
- Note 4: 웨이트 $W[i]$ 값들을 필터 길이 N만큼 각각 연산하고, 필터 길이 N만큼의 길이로 웨이트 연산 된 값들은 각각 직전의 인터럽트에서 연산 된 웨이트 값을 더하여 저장된다. 그리고 적응 필터 입력 값들 $X[i]$가 직전의 버퍼 위치로 이동하는 과정을 나타낸다. 참고로, 최초의 웨이트 값 $W[0]$은 프로그램 상에서 메인 프로그램의 무한 루프 진입 전에 영(0)의 값으로 크리어 된다. 스텝 간격 β 값과 에러(E) 값은 적응 필터 입력 값으로 순차적으로 버퍼에 저장된 $X[i]$ 값과 곱셈이 연산 된 후, 발산이 발생되지 않게 0.001을 더한다. 그리고 직전의 인터럽트에서 연산된 해당 웨이트 값을 더하여 카운트 값과 동기 된 위치에 저장한다.
- Note 5: 프로그램 진행 순서를 나타내며, 인터럽트 실행이 끝난 후, 메인 프로그램 상의 무한 루프로 이동하여 해당 프로그램을 실행하는 절차(sequence)이다. 무한 루프 프로그램이 실행되는 도중에 샘플링 주기와 동기 된 인터럽트가 발생되면 인터럽트내의 적응 필터 연산 프로그램이 실행된다.

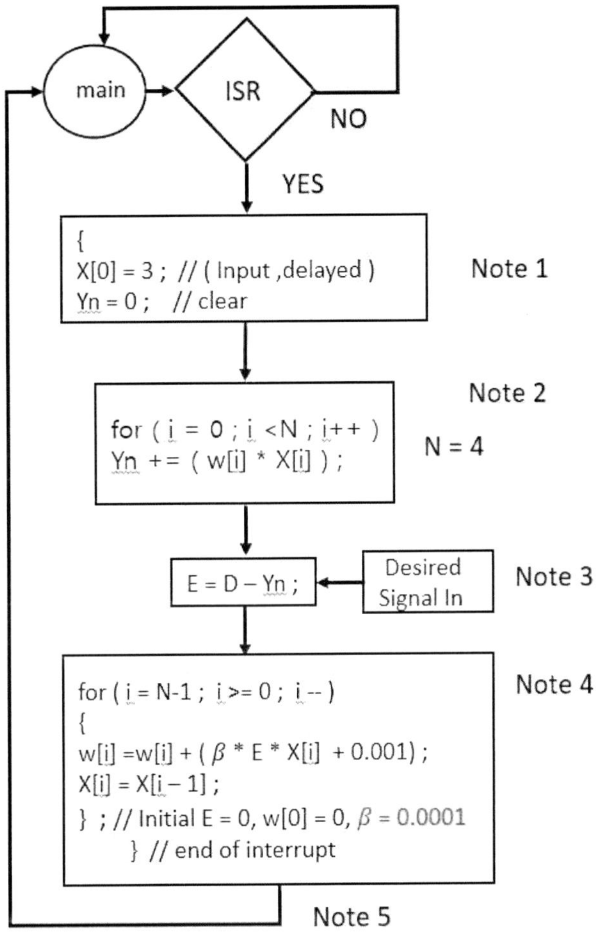

| 그림 8-6 | DSP IC 회로 기반 적응 필터 실행 흐름도

8-4 MATLAB 툴 상에서 적응 필터(adaptive filter) 프로그램 설계와 실행

적응 필터의 동작을 확인하기 위한 방법의 하나로, MATLAB 툴 상의 편집기에서 적응 필터 프로그램을 설계하여 실행하고 그 결과 값을 확인해 볼 수 있다. 아래의 프로그램 소스는 MATLAB 툴 상에서 실행되는 MSD와 MSE 산출용 적응 필터 프로그램이다.

```
clc; clear; close all;
N = 15;
w_opt = randn(N,1); % function for randn(m,n)
ensemble = 100;  % (i)
itr = 2e3; % iteration
mu1 = 0.01; % beta, step.

for i = 1:ensemble % length of counter
    u = randn(itr,1);
    d = filter(w_opt,1,u);
    v = 0.01 * randn(itr,1);
    d = d + v;
    [MSD_lms, MSE_lms] = LMS_1(u,d,w_opt,mu1);
    [MSD_lms, MSE_lms] = LMS_1(u,d,w_opt,mu1);
end
MSD_lms = MSD_lms / ensemble;
MSE_lms = MSE_lms / ensemble;
MSD_lms = 10*log10(MSD_lms); % Y axis
MSE_lms = 10*log10(MSE_lms); % Y axis
figure; hold on;
plot(MSD_lms, 'k');
legend('LMS');
title('MSD(dB)');
figure; hold on;
plot(MSE_lms, 'k');
legend('LMS');
title('MSE(dB)');
function [MSD, MSE] = LMS_1(u, d, w_opt, mu)
itr = length(u);
N = length(w_opt);
uvec = zeros(N,1);
w = zeros(N,1);
MSD = zeros(itr,1);
MSE = zeros(itr,1);

for i = 1:itr  % X axis
    uvec = [u(i);
    uvec(1:end-1)]; % 1:N-1
    y = uvec'* w ;  % ': transfor : column to row serial
    e = d(i) - y;  % e: error, d: desire signal
 w = w + mu * e * uvec; % lms mu=beta, uvec= FIR input
    MSD(i) = sum((w - w_opt).^2) / sum(w_opt.^2);
    MSE(i) = e^2;
end
end
```

그림 8-7과 그림 8-8는 MATLAB 툴 상에서 설계된 적응 필터 프로그램을 실행하여 MSE(mean square error)와 MSD(mean square deviation)의 실행 결과를 출력한 그래프 값이다. X축은 연산이 반복된 횟수를 나타내고 Y축은 감쇄의 크기를 나타낸 값으로 데시벨 dB로 연산된 값이다.

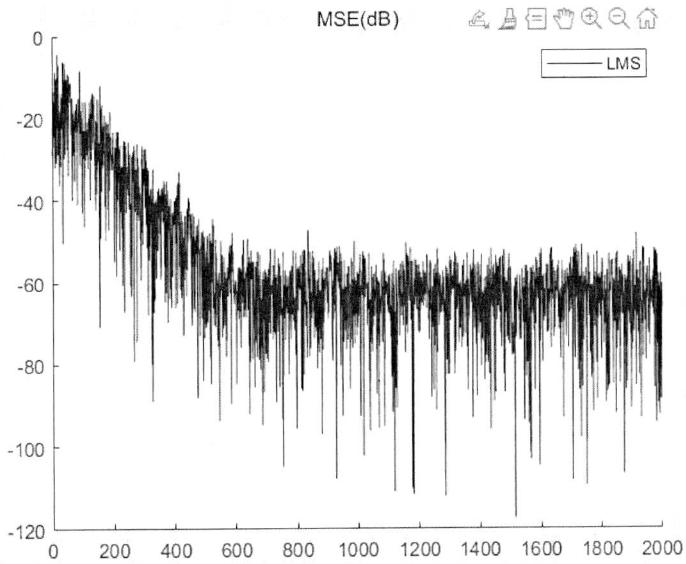

| 그림 8-7 | MATLAB 툴 상에서 MSE 실행 결과

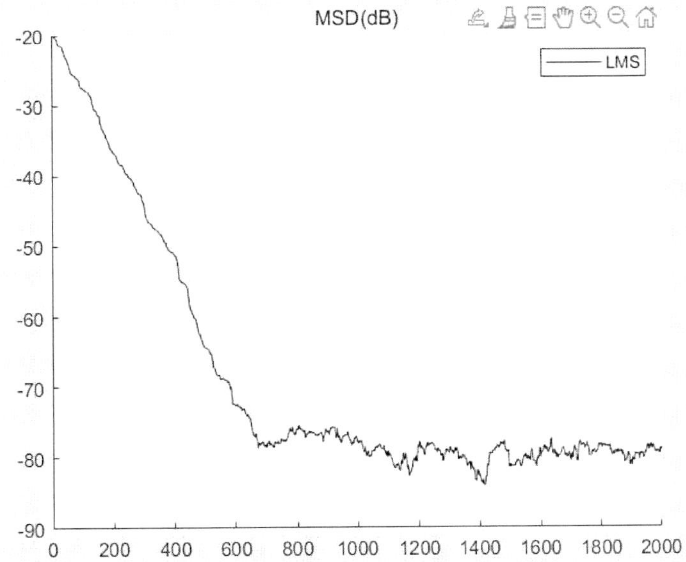

| 그림 8-8 | MATLAB 툴 상에서 MSD 실행 결과

CHAPTER

09

KB2837xD 보드 상에서 적응 필터 구동 프로그램 설계와 실행

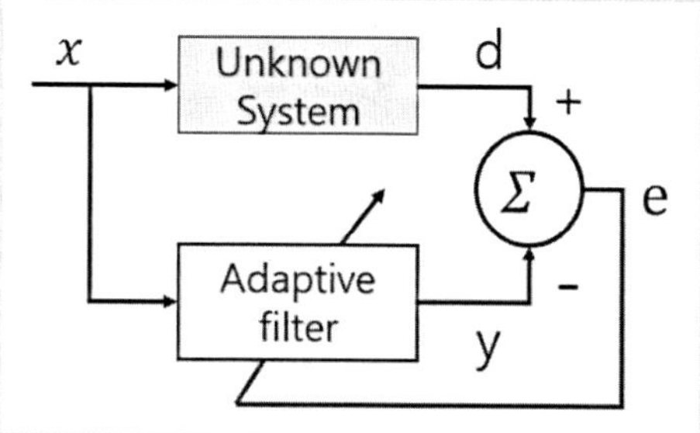

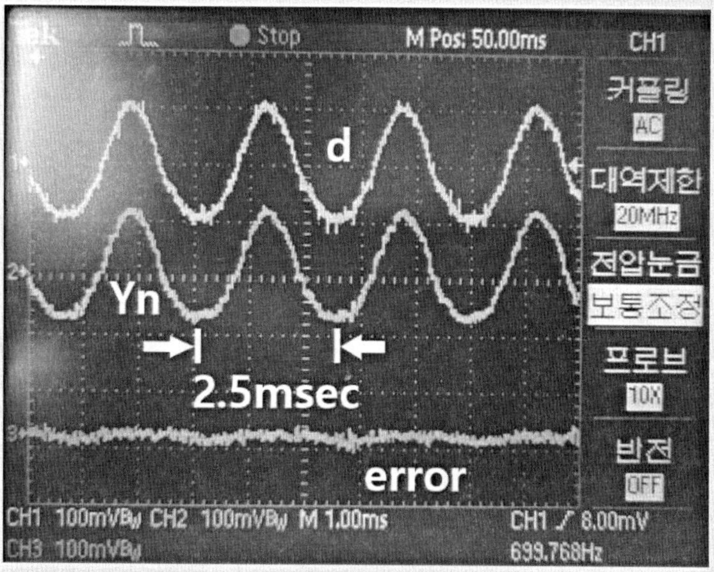

www.avmart.co.kr

9-1 개요

적응 필터(adaptive filter)는 예상하기 어려운 어떠한 주변의 환경과 특성 변화로 인하여 입력되는 신호가 영향을 받아 실행 결과의 오차가 발생될 때, 이것을 최소화 하도록 잘 적응하여 연산의 결과 값인 에러(error) 값이 최소화되는 것을 목표로 하는 필터이다. 즉, FIR 필터의 콘볼루션 연산에서 계수(coefficient)의 값이 고정된 값으로 연산 되지 않고, 입력되는 신호의 특성 변화에 적응하여 자체 보상된 값으로 만들어진 계수 값과 입력된 신호를 콘볼루션 연산이 실행되도록 알고리즘을 구성한 필터이다.

적응 필터의 설계에서 가장 핵심적인 부분은 실시간 입력되는 신호에 대하여, 수렴(convergence)이 빠르게 실행되도록 환경적 변화 요소를 잘 적응시킬 수 있는 파라메터 값을 설정하는 것이고, 프로그램 실행 중에 발산 없이 수렴이 이루어지도록 연산 알고리즘을 설계하는 것이다. 현실적으로, 성능이 좋은 컴퓨터를 사용하여 빠르게 연산을 실행하면 좋으나, 임베디드 제품 설계에 응용할 경우에는 DSP IC 성능 대비 가격이 비싸지는 문제가 있어서, DSP IC 연산의 실행 속도를 PC 수준으로 실행하기는 어렵다. 기본적으로 연산의 실행 속도는 DSP IC 성능(clock frequency)과 필터의 길이(N) 그리고 연산의 세밀한 정도를 나타내는 스텝(beta,)과 사칙 (+ – * /) 계산이 조합된 연산 식 구성 방법에 좌우된다.

9-2 적응 필터 알고리즘 설계를 위한 실험 환경 구성

이번 장에서는 적응 필터가 가청 주파수 대역 오디오 신호에서 얼마나 빠르게 수렴이 이루어지고 에러(error)값이 최소가 되는지를 확인하는데 실험의 목적을 두었다. 또한 실험에 사용되는 입력 신호는, 환경 변화 요소에 의하여 신호가 지연(delay) 되어 발생하는 위상(phase) 지연의 편차를 최소화하기 위하여, 주파수가 변화하는 스위프 (sweep)오디오 신호를 적응 필터 입력으로 사용한다. DSP IC에 실장된 DAC 모듈에 의하여 만들어진 스위프 오디오 신호는 과입력으로 인한 발산 현상이 나타나지 않게 신호의 크기를 감쇠시켜 ADC 모듈에 입력하여 적응 필터 FIR 필터 입력으로 사용한다. 그리고 또 다른 경로인 음향(acoustic)필드 내에 존재하는 오디오 신호는, 스위프 오디오 신호를 증폭하여 스피커로 출력한 음향 신호이다. 스피커로 출력된 스위프 오디오 음향 신호는 DSP IC 내의 DAC 모듈에서 만들어진 원음에 비하여 지연된

(delayed) 음향 신호(acoustic signal) 상태이다. 지연된 음향 신호는 마이크로폰에 입력되어 증폭된 후 DSP 보드 상의 CON6 단자를 통하여 ADC 모듈에 입력되어 d 입력 신호(desired signal)로 사용된다. 적응 필터 연산에 입력되는 d 신호(desired signal)는 DAC 모듈에서 만들어진 원음 신호와 비교하여 볼 때, 소리 신호 전달 거리에 따른 시간의 지연이 적용된 신호이다. d 신호의 지연된 값은 증폭기 회로 소자에 의한 지연과 음향 환경(acoustic field) 조건에서 소리 신호가 이동되면서 거리에 연관되어 지연된 값과의 합이다. 공기중에서 소리 신호의 전달 속도에 의한 지연은 약 340m/sec이다.

그림 9-1은 KB2837xD 보드 상에서 적응 필터 프로그램의 동작 상태를 확인하기 위하여, KB2837xD 보드에 주변 회로를 연결하고 음향 지연 환경 요소를 적용한 실험 구성도이다. DAC-a 단자에서 출력되는 300 ~ 650Hz 스위프 오디오 신호를 적응 필터의 FIR 필터에 입력하고, 출력 값 Yn과 에러 값 대하여 수렴 시간 대비 수렴된 결과 값의 변화 과정을 확인한다. 즉, DAC-a 단자에서 출력되는 스위프 오디오 신호는 일정 크기로 신호를 감쇄하여 적응 필터의 FIR 필터에 입력되어 적응 필터 결과 값인 Yn 신호를 만들어내고, 또 다른 경로인 스피커(speaker)를 구동하는 증폭기(amplifier)에 입력되어 증폭된 후 스피커를 통하여 공기중으로 송출되어 d 신호 입력으로 사용되는 마이크로폰에 입력된다. 스피커를 통하여 출력된 음향(acoustic signal) 신호는 스피커 특성에 의하여 위상이 지연되고 주파수에 따라서 진폭의 크기가 평탄하지 않고 굴곡된 값을 갖는다. 본 실험의 목적은, 지연이 안된 원음 신호를 적응 필터 입력으로 사용하고, 음향 필드에서 지연된 Acoustic 신호를 Summation 입력인 d 신호로 적용하여 얼마나 빠르게 수렴이 이루어 지는가를 적응 필터 출력 값 Yn과 에러값 e의 결과를 통하여 확인하는 것이다. 참고로 실험에 적용된 마이크 앰프 모듈의 모델 명은 "KB6211V3"이고 적용된 스피커의 모델 명은 "Y09A04-77R1"이다. 세부적인 특성의 규격은 부록 3에 있다.

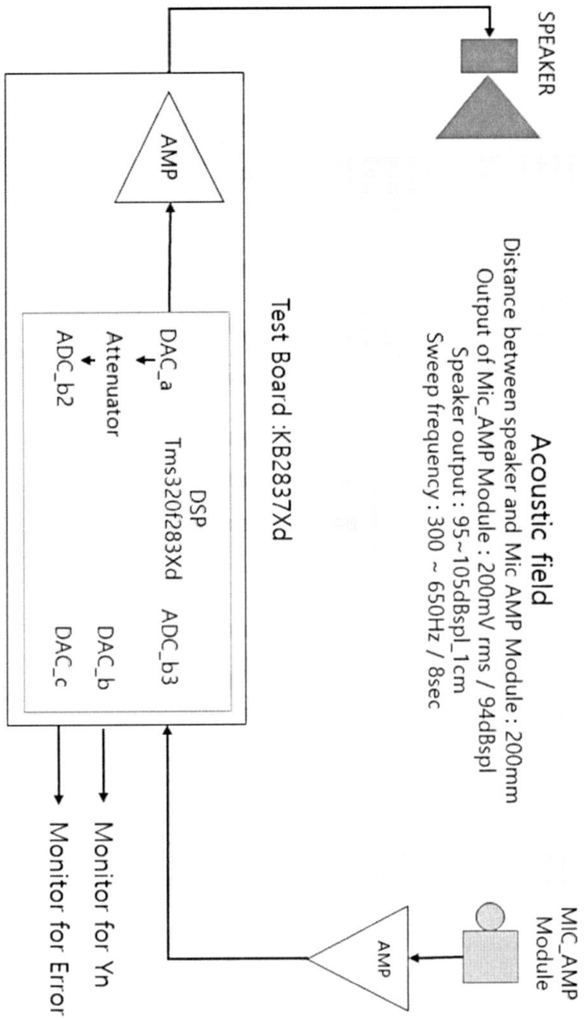

| 그림 9-1 | 적응 필터 프로그램 실행 동작을 확인하기 위한 구성도

9-3 KB2837xD 보드 상에서 실행될 적응 필터 프로그램 설계

```
//ANC for h , sg= daca , error= dacd,  yn=dacb, fir in = con7 +
//220901: RED, 330-650hz, kb6211v3,
// Included Files
//
#include "F28x_Project.h"

#define SW2_STATE    GpioDataRegs.GPBDAT.bit.GPIO41
#define SW3_STATE    GpioDataRegs.GPBDAT.bit.GPIO45
```

```
11 #define BLU_LED_HIGH        GpioDataRegs.GPASET.bit.GPIO31=1
12 #define BLU_LED_LOW         GpioDataRegs.GPACLEAR.bit.GPIO31=1
13 #define RED_LED_HIGH        GpioDataRegs.GPBSET.bit.GPIO34=1
14 #define RED_LED_LOW         GpioDataRegs.GPBCLEAR.bit.GPIO34=1
15 #define GRN_LED_HIGH        GpioDataRegs.GPBSET.bit.GPIO44=1
16 #define GRN_LED_LOW         GpioDataRegs.GPBCLEAR.bit.GPIO44=1
17 #define L4_LED_HIGH        GpioDataRegs.GPBSET.bit.GPIO43=1
18 #define L4_LED_LOW         GpioDataRegs.GPBCLEAR.bit.GPIO43=1
19 #define L5_LED_HIGH        GpioDataRegs.GPCSET.bit.GPIO67 = 1
20 #define L5_LED_LOW         GpioDataRegs.GPCCLEAR.bit.GPIO67 = 1
21
```

• 라인 7–20: 입력과 출력에 관련된 GPIO를 정의한다.

```
22 #define REFERENCE_VDAC  0
23 #define REFERENCE_VREF  1
24  #define setup  10
25  #define N 16 //
26  #define beta 1E-8  //
27 float w[N]; //buffer weight
28 float delay [N]; //FIR input buffer
29 float FunctionSin(float x ) ; //
30 float A = 2048 ; // DAC 12 bits, 4096은 2배
31 const float fDesired ;  //
32 float phase = 0 ;
33 float pi = 3.141592535 ;
34 float phaseIncrement ;
35 const float c1 = 1.5E-5 ; //VCO
36  Uint16 fs = 20000 ; // step 50us , 50us는
```

• 라인 22–33: DAC 모듈에서 분해 기준 전압을 정의한다.

• 라인 24: KB2837xD 보드의 Warm up을 위한 셋업 시간을 정의한다.

• 라인 25–28: 적응 필터의 연산식에 적용할 필터 길이와 스텝 간격을 정한다.

• 라인 29–35: DAC 모듈에서 만들어지는 스위프 오디오 신호 연산식의 계수 값이다.

• 라인 36: 샘플링 주파수를 20KHz로 설정한다.

```
37 interrupt void cpu_timer1_isr(void);
38 void InitDacModules(void);
39 void InitEPwmModules(void);
40 void InitAdcModule(void);
```

```
41 __interrupt void MainIsr(void);
42
43 Uint16   BackTicker;
44 Uint16   IsrTicker;
45 float Yn ;
46 float E ;
47 float B2, B3 ;
48
```

- 라인 37: 인터럽트 타이머의 함수 선언이다.
- 라인 38-40: DAC 모듈, EPWM 모듈, ADC 모듈에 대한 함수 선언이다.
- 라인 41: 메인 인터럽트에 대한 함수 선언이다.
- 라인 43-44: 타이머 변수 선언이다.
- 라인 45-47: 적응 필터의 변수 선언이다.

```
49 void main(void)
50 {
51
52  InitSysCtrl();
53 //
```

- 라인 49: 메인 프로그램 시작이다.
- 라인 52: DSP IC 내의 시스템을 초기화한다.

```
54 #ifdef _FLASH
55    InitFlash();
56 #endif
57
58      InitGpio();
59      EALLOW;
60      GpioCtrlRegs.GPADIR.bit.GPIO31 = 1;
61      GpioCtrlRegs.GPBDIR.bit.GPIO34 = 1;
62      GpioCtrlRegs.GPBDIR.bit.GPIO44 = 1;
```

- 라인 54-56: 프로그램 실행이 FLASH 메모리 영역에서 이루어진다.

```
63      GpioCtrlRegs.GPCDIR.bit.GPIO67 = 1; //L5, ISR 확인용
64      GpioCtrlRegs.GPBDIR.bit.GPIO43 = 1; //L4,
```

```
65      GPIO_SetupPinOptions(31, GPIO_OUTPUT, GPIO_PUSHPULL);
66      GPIO_SetupPinMux(31, GPIO_MUX_CPU1, 0);
67      GPIO_SetupPinOptions(34, GPIO_OUTPUT, GPIO_PUSHPULL);
68      GPIO_SetupPinMux(34, GPIO_MUX_CPU1, 0);
69      GPIO_SetupPinOptions(44, GPIO_OUTPUT, GPIO_PUSHPULL);
70      GPIO_SetupPinMux(44, GPIO_MUX_CPU1, 0);
71      GPIO_SetupPinOptions(43, GPIO_OUTPUT, GPIO_PUSHPULL);
72      GPIO_SetupPinMux(43, GPIO_MUX_CPU1, 0);
73      GPIO_SetupPinOptions(67, GPIO_OUTPUT, GPIO_PUSHPULL);
74      GPIO_SetupPinMux(67, GPIO_MUX_CPU1, 0);
75      GPIO_SetupPinOptions(41, GPIO_INPUT, GPIO_QUAL6);  //
76      GPIO_SetupPinMux(41, GPIO_MUX_CPU1, 0);
77
```

• 라인 58-84: GPIO을 초기화 설정 한다.

```
78      EDIS;
79      GpioDataRegs.GPADAT.bit.GPIO31 = 1;
80      GpioDataRegs.GPBDAT.bit.GPIO44 = 1;
81      GpioDataRegs.GPBDAT.bit.GPIO34 = 1;
82      GpioCtrlRegs.GPCDIR.bit.GPIO67 = 1;
83      GpioDataRegs.GPBDAT.bit.GPIO43 = 1;
84
85      DINT;
86      InitPieCtrl();
87      IER = 0x0000;
88      IFR = 0x0000;
89      InitPieVectTable();
90//
91      EINT;  // Enable Global interrupt INTM
92      ERTM;  // Enable Global realtime interrupt DBGM
93
94      EALLOW;  //
95      PieVectTable.ADCB1_INT = &MainIsr;
96      // Interrupt Service Routine Re-mapping
97      EDIS;
98
```

• 라인 86-88: PieCtrl을 초기화한다.

• 라인 95: ADCB1을 메인 인터럽트로 사용한다.

```
 99     PieCtrlRegs.PIEIER1.bit.INTx2 = 1;
100     // Enable PIE group 1 interrupt 1 for ADCB1_INT
101     IER |= M_INT1;
```

```
102
103       InitEPwmModules();  // Initialize EPWM Modules //
104       InitDacModules();   // Initialize DAC Modules
105       InitAdcModule();    // Initialize On-Chip ADC Mod
106
107           BackTicker = 0;
108           IsrTicker = 0;
109           int i = 0;
110           for (i = 0 ;i < N; i++) //  clear,
111               {
112               w[i]=0.0;
113               delay[i]=0;
114              }
115
116           EINT;   // Enable Global interrupt INTM
117           ERTM;   // Enable Global real-time interrupt
118
119           int j ;
120                   for (j = 0; j <  setup ; j++)
121                   {
122                               RED_LED_LOW ;
123                               BLU_LED_LOW ;
124                               GRN_LED_LOW ;
```

• 라인 99–118: DSP IC 내에 실장 된 ADC, DAC, EPWM 모듈과 변수를 초기화 한다.

```
125                                L4_LED_LOW ;
126                                L5_LED_LOW ;
127             DELAY_US(50000);
128                                        RED_LED_HIGH ;
129                                        BLU_LED_HIGH ;
130                                        GRN_LED_HIGH ;
131                                        L4_LED_HIGH  ;
132                                        L5_LED_HIGH  ;
133                    DELAY_US(50000);
134                                      }
135     float xn ;
136
```

• 라인 119–134: 보드내의 회로를 Warm up 하기위한 셋업이다. 보드에 실장 된 LED는 50msec 동안 켜지고 50msec 동안 꺼진다.

• 라인 135: 오디오 신호 발생에서 VCO(voltage control oscillator)용 변수 선언이다.

```
137     for(;;)
138     {
139         L4_LED_LOW  ;
140         BackTicker++;
141         float tmp  ; //
142         const float fDesired = 3 ;
143
144         phaseIncrement = 2* pi* fDesired / fs ;
145         phase =  phase + ( phaseIncrement + (c1 * xn * 4) ); //4
146
147                 if(phase >= 2*pi) //
148                 phase -= 2*pi ;
149                 phase = (phase > 2.0f) ? (phase -4.0f) : phase ;
150
151        tmp =  (A* FunctionSin(phase)) / 3 ; //3: gain adj
152        DacaRegs.DACVALS.bit.DACVALS =  tmp + 0x800 ; //output of
153
```

- 라인 137-139: 메인 프로그램 내에서 동작되는 무한 루프(loop)이다. 무한 루프가 시작될 때 Led L4가 켜진다.
- 라인 140-152: DSP IC 내에서 만들어지는 오디오 신호 발생 프로그램이다. 발생된 오디오 신호는 DAC 모듈 출력 단자 DAC-a를 통하여 아날로그 신호로 출력된다.

```
154         if (!(SW2_STATE)) // switch 2 on (low),
155            {
156               GRN_LED_LOW ;//LEDS: ON
157               RED_LED_LOW ;
158               BLU_LED_LOW ;
159                   xn = xn ;
160                   if (xn < 180)  //650hz
161                     {
162                       xn = xn + 0.00005 ;
163                                   }
164                     else
165                      {
166                         xn = 100 ; //300hz
167                           }
168                              }
169         else
170         {
171             GRN_LED_HIGH ;
172             RED_LED_HIGH ;
173             BLU_LED_HIGH ;
174                                 }
175             L4_LED_HIGH ;
```

```
176                                  }  //end of for
177                                    } //end of main
```

• 라인 154–177: 스위치 2가 ON 위치에 있으면 보드에 실장 된 LED Red, Grn, Blu가 모두 켜지고 약 300Hz–650Hz 범위의 Sweep 신호가 송출된다. 스위치 2가 OFF 위치에 있으면 LED는 모두 꺼지고 약 100Hz 신호가 송출된다.

```
178    __interrupt void MainIsr(void)
179    {
180
181     IsrTicker++;
182     L5_LED_LOW ;  //L5 켜짐, 주기확인용
183    int  i ;
184
185    B2 =  AdcbResultRegs.ADCRESULT1 ;   // Con6--- ADCB2 mic
186    B3 =  AdcbResultRegs.ADCRESULT2 ;   //Con7 + sg + 10k
```

• 라인 185–186: CON6으로 d 신호가 입력되고, CON7로 적응 필터에 제어 신호가 입력된다.

```
187     delay[0] = (B3 / 8) + 0x800 ; //Fir 입력
188     Yn = 0;          // init output add adapt filter
189
190      for  ( i = 0 ; i < N ; i++)
191      Yn += (w[i] * delay [i]) ;        // Yn output
192     E = AdcbResultRegs.ADCRESULT1 - Yn ; // con6 (ADCB2= AD
193
194      for (i = N-1; i >= 0; i --)// (i = N-1; i >= 0; i --)
195        {
196
197      w[i] = w[i] + ( beta * 2 * E * delay[i]  + 0.0001 ) ;
198      delay[i] = delay[i-1];
199
200       } // N-1 for, end
201
202      DacbRegs.DACVALS.bit.DACVALS = Yn ;  //220823 DC1.
203      DaccRegs.DACVALS.bit.DACVALS = E + 0x800 ; //22022
204
205      //  Clear INT flag and Acknowledge to receive more
206      AdcbRegs.ADCINTFLGCLR.bit.ADCINT1 = 1;  // Clear
207      PieCtrlRegs.PIEACK.bit.ACK1 = 1;
208      // Acknowledge this interrupt to receive more
209
210      GpioDataRegs.GPCDAT.bit.GPIO67 = 1; //L5 꺼짐
211      L5_LED_HIGH ; //L5 꺼짐, 주기 확인용
212
213                } //Main Isr 끝
```

• 라인 178-213: 인터럽트 내에서 실행되는 적응 필터 프로그램이다. 인터럽트가 시작되는 시점에 LED L5가 켜지고 인터럽트 실행이 끝나는 시점에 LED L5가 꺼진다. 인터럽트 주기가 50usec 로 셋업되어 있음을 상기하고, 이 인터럽트 내에서 연산 되는 실행 시간이 30usec 이내에서 실행되도록 프로그램이 작성되어야 한다. 메인 프로그램 실행 시간을 20usec 이내에서 실행하고 인터럽트 내의 실행 시간을 30usec 이내에서 동작하도록 설계하면 동작에서 오류가 최소화될 수 있다.

앞장에서 설명되어 중복된 프로그램은 본 게재에서 생략한다.

9-4 KB2837xD 보드 상에서 동작된 적응 필터 프로그램 실행 결과

그림 9-2는 LED L4 단자에서 메인 프로그램 실행 시간을 디지털 오실로스코프를 이용하여 측정한 결과를 나타낸다. 시간 “a” 값은 인터럽트내의 적응 필터 프로그램이 실행되는 시간으로 약 9.5usec로 측정되었다. 그리고 시간 “b”는 메이 프로그램이 실행되는 시간으로 약 3.4usec로 측정되었고, 3.4usec는 LED L4가 켜지고 나서 꺼질 때 까지의 시간 간격을 나타낸다. 이것은 메인 프로그램 내에서 실행되는 무한 루프가 약12회 반복 동작이 실행된 후에 인터럽트내의 적응 필터 프로그램이 실행되고 있음을 나타낸다.

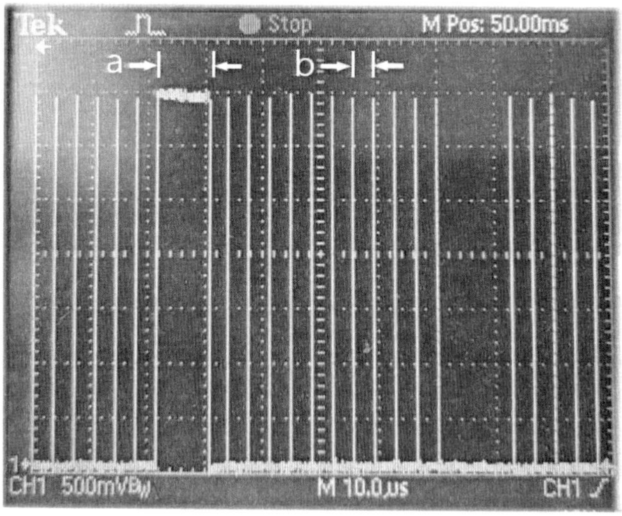

| 그림 9-2 | 메인 프로그램 실행 시간과 LED L4 동작 측정

그림 9-3은 인터럽트 내의 적응 필터 프로그램이 실행되는 시간을 L5 LED 단자에서 디지털 오실로스코프로 측정한 결과를 나타낸다. 시간 "C" 값은 약 50usec로 측정되었고, 이 시간이 인터럽트 동작 주기 시간이다. 그리고 시간 d는 약 9.5usec로 측정되었고, 이 시간은 LED L5가 켜지고 꺼지는 시간 간격을 나타내며 인터럽트 내의 프로그램이 실행되는 시간이다. 즉, 인터럽트 내에서 실행되는 적응 필터 프로그램 연산 시간이 9.5usec에 있음을 의미한다.

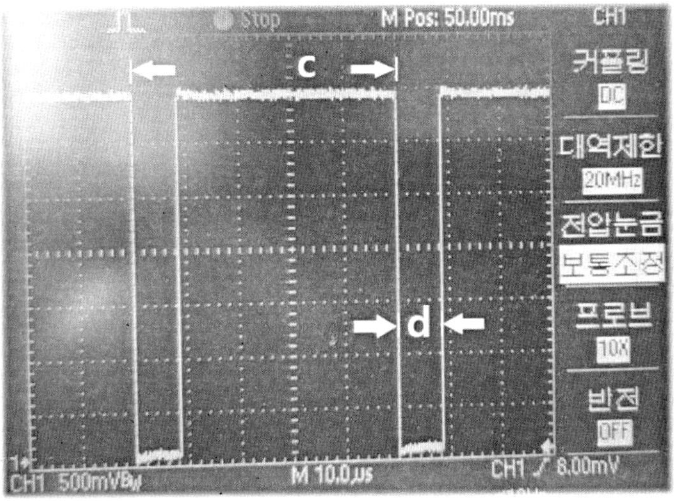

| 그림 9-3 | LED L5 동작과 인터럽트 프로그램 실행 시간 측정

프로그램이 실행된 KB2837xD 보드의 실험 구성 상태를 설명하면 다음과 같다.

KB2837xD 보드 내에서 만들어진 300~650Hz 스위프 정현 파 신호는, 보드에 실장 된 오디오 신호 증폭기를 통하여 증폭되어 스피커로 송출되고, 송출된 음향(acoustic) 신호는 스피커 위치에서 약 20cm 떨어진 거리에 위치한 마이크 앰프 모듈에 입력된다. 마이크 앰프 모듈 출력은 CON6을 통하여 DSP 내부의 ADC-b2에 입력되어 ADCRESULT1으로 출력되고 d 신호로 Summation알고리즘에 입력된다. 동시에 DSP 보드내에서 생성된 300~650Hz 스위프 오디오 신호는 저항 10Kohm과 캐패시터10uF로 직렬 구성된 감쇄 회로를 통하여 CON7에 입력된다. CON7에 입력된 신호는 DSP IC 내부의 ADC-b3 모듈에 입력되어 ADCRESULT2으로 출력된다. ADCRESULT2에서 출력된 신호는 적응 필터의 FIR 필터에 입력되어 적응 필터 출력 Yn 값을 출력한다. 에러 신호 E 값은 Summation 알고리즘에 입력된 d 신호와 적응 필터 출력 값 Yn에서 차의 값이다.

이번 장에서는, 변화하는 d 신호에 적응한 FIR 필터가 얼마나 빠르게 수렴하여 Yn 신호가 만들어지는지를 확인하고, 설계된 Summation 알고리즘에서 에러가 얼마나 빠르게 최소화 실행되는지를 확인하는 것이다. 그림 9-4는 디지털 오실로스코프로 d 신호, Yn 신호, e 신호의 실행 동작을 측정한 결과 값으로, 입력된 d 신호와 수렴의 결과인 Yn 신호 사이의 지연 시간은 100usec 이내 범위에 있다. 즉, 적응 필터 수렴에 소요된 시간은 100usec로 판단될 수 있다. 스피커로 송출되는 음향 신호는 KB2837xD 보드에 실장 된 오디오 앰프 특성과 스피커 특성의 영향으로 주파수 대비 진폭의 특성이 DSP 보드 내에서 생성된 스위프 정현 파 신호에 비하여 평탄(flat)하지 않다. 약 9초 간격으로 300Hz-650Hz로 스위프 하는 정현 파 신호의 진폭은 주파수 변화 대비 peak to peak 100mV에서 peak to peak 250mV 범위로 진폭이 변화하고 있다.

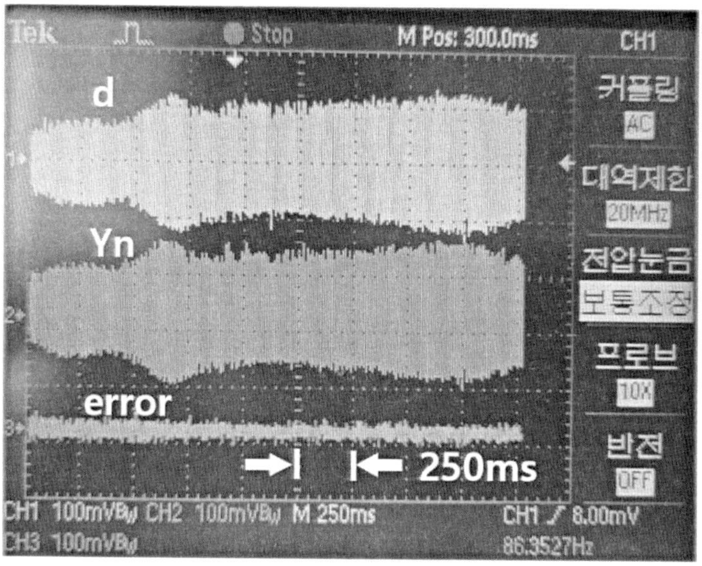

| 그림 9-4 | d 신호, Yn 신호, E 신호의 실행 결과 측정 값

- d: CON6을 통하여 ADC-b2 모듈에 입력되는 마이크로폰 출력 신호
- Yn: CON7을 통하여 ADC-b3 모듈에 입력된 원음 신호로 FIR 필터 수렴된 적응 필터 출력
- error: Summation 알고리즘의 출력

그림 9-5는 300Hz-650Hz로 스위프 하는 신호에 적응하여 만들어진 적응 필터 출력 Yn 신호의 위상이 d 신호의 위상과 비교하여 얼마나 지연되었는지를 확인하기 위하여 디지털 오실로스코프로 신호가 스위프 하는 동안에 400Hz 부근의 주파수를 순간 잡은(capture) 결과를 나타낸다. d 신호의 주파수는 약 400Hz(t=2.5ms)이고 진폭은 200mVpp(peak to peak)이다. 적응 필터의 실행 결과인 Yn 신호의 진폭과 위상은 d 신호와 거의 일치하여, d 신호의 위상 지연

대비 수렴 결과 값인 Yn 신호의 위상 지연이 50usec~100usec 변화되는 범위에 있다. 수렴 결과 값인 에러 신호 크기 또한 10mVpp 이내로 측정되어, 설계된 적응 필터 프로그램의 수렴 동작이 KB2837xD 보드 상에서 잘 실행하고 있음을 나타낸다.

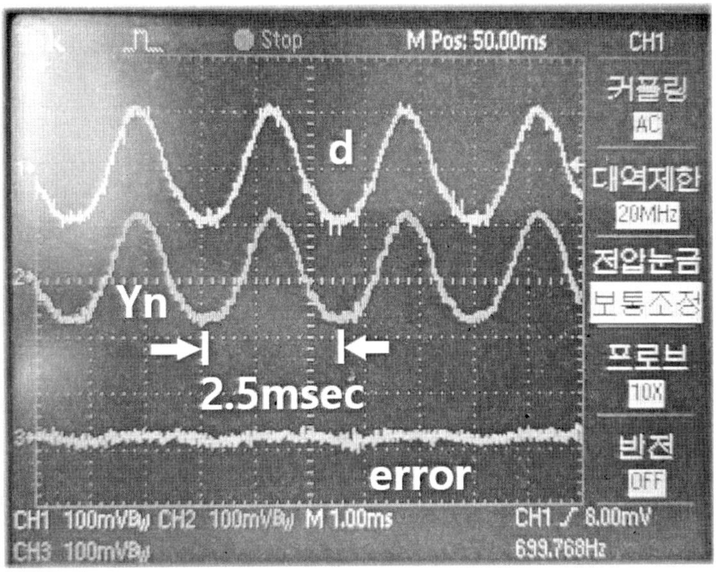

| 그림 9-5 | 300Hz-650Hz Sweep 신호에서 d 신호와 Yn 신호의 위상 지연 결과

- d: CON6을 통하여 ADC-b2 모듈에 입력되는 마이크로폰 출력 신호
- Yn: CON7을 통하여 ADC-b3 모듈에 입력된 원음 신호로 FIR 필터 수렴된 적응 필터 출력
- error: Summation 알고리즘의 출력

CHAPTER 10 KB2837xD 보드 상에서 소음 환경 내 이상 음 모니터링 시스템 설계

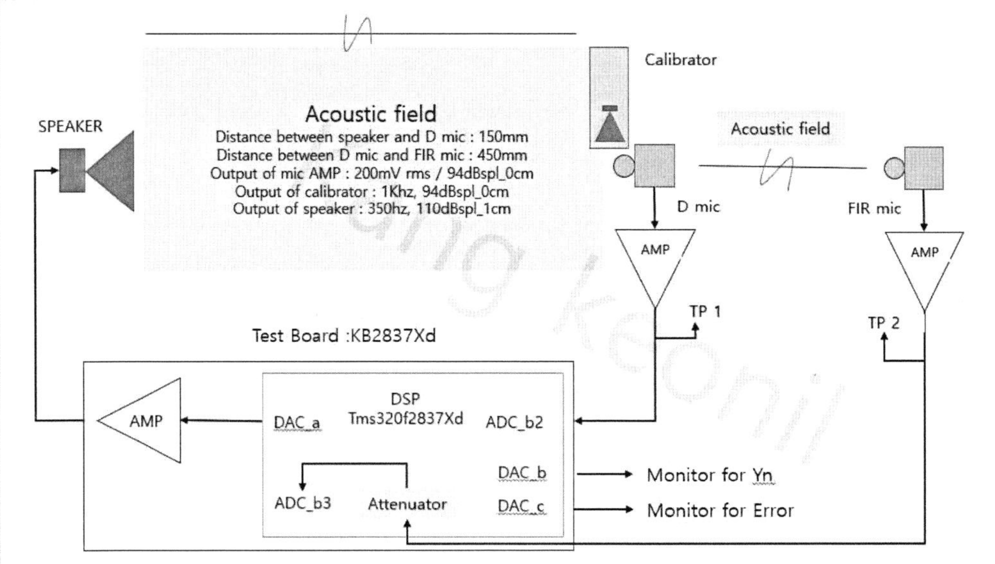

www.avmart.co.kr

10-1 개요

자동차 엔진 소음 또는 기계 소음이 많이 발생되는 작업 환경에서, 어떤 한개의 기계에서만 발생되는 미세한 특정 이상 음 신호가 환경 잡음 속에 섞여 발생할 때, 이러한 특정 이상 음의 발생 지점을 귀로 찾아 그 특성을 파악하기는 쉽지 않다. 이러한 특정 이상 음의 발생 위치를 확인하고 발생된 이상 음의 특성을 확인할 수 있는 적응 필터를 설계한다. 그림 10-1은 이러한 실험을 실행할 수 있도록 구성한 블록 도면이다.

실험을 위하여 마련된 구성도 상에서의 실험 공간은 잡음 발생과 특정음의 검출을 위한 최소한의 음향 공간이 존재하도록 마련한다. 잡음 환경을 만들기 위하여 사용되는 잡음 신호는 DSP IC에서 만들어진 350Hz 신호를 증폭하여 스피커로 출력한다. 스피커에서 송출되는 음향 신호의 크기는 약 110dBspl/1cm(1cm 거리에서 110dBspl) 크기로 연속 송출한다. 잡음 환경 속에서 미세한 특정 신호는 “Calibrator”에서 송출되는 1KHz 신호 84dBspl/1cm (밀착 거리에서 94dBspl)을 사용하여 구성한다. 음향 필드 구성을 위하여 스피커 와 D 마이크 사이의 간격은 최소 150mm 유지한다. Calibrator에서 송출되는 특정 신호 1KHz의 음 압 크기(amplitude))는 잡음 신호인 350Hz 신호 크기에 비하여 최소 20배(26dB) 작은 크기로 음향(acoustic filed) 공간으로 퍼져 송출된다. 참고로, 구성도에서 설명한 음향 공간은 단지 본 실험을 위하여 공간을 구성한 것으로, 공간의 배치는 변형될 수 있고 변형된 조건에서도 본 교재에서의 실험과 유사하게 실험을 할 수 있다.

음향 필드상에서 D 마이크와 적응 필터 입력으로 사용되는 FIR 마이크(mic)는 음향 간섭의 영향을 서로 주지 않는 450mm 이상의 거리가 유지되어야 좋고, 또한 FIR 마이크의 음향 입력 방향이 D 마이크와 180도 위치에 있으면 간섭의 영향이 최소화된다. 본 실험에서는 잡음 신호를 350Hz 정현 파 신호로 사용하고, D 마이크를 조금씩 이동하여 이상 음 신호 발생이 가장 크게 나타나는 이상 음 발생 근원지 "Calibrator”에 근접하면, 이상 음 신호에 해당되는 에러(error) 신호가 측정되는 것이다. 프로그램 설계 시, 에러 신호(E)가 DAC 모듈의 DAC-c 단자에서 아날로그 신호 형태로 출력할 수 있게 설계한다.

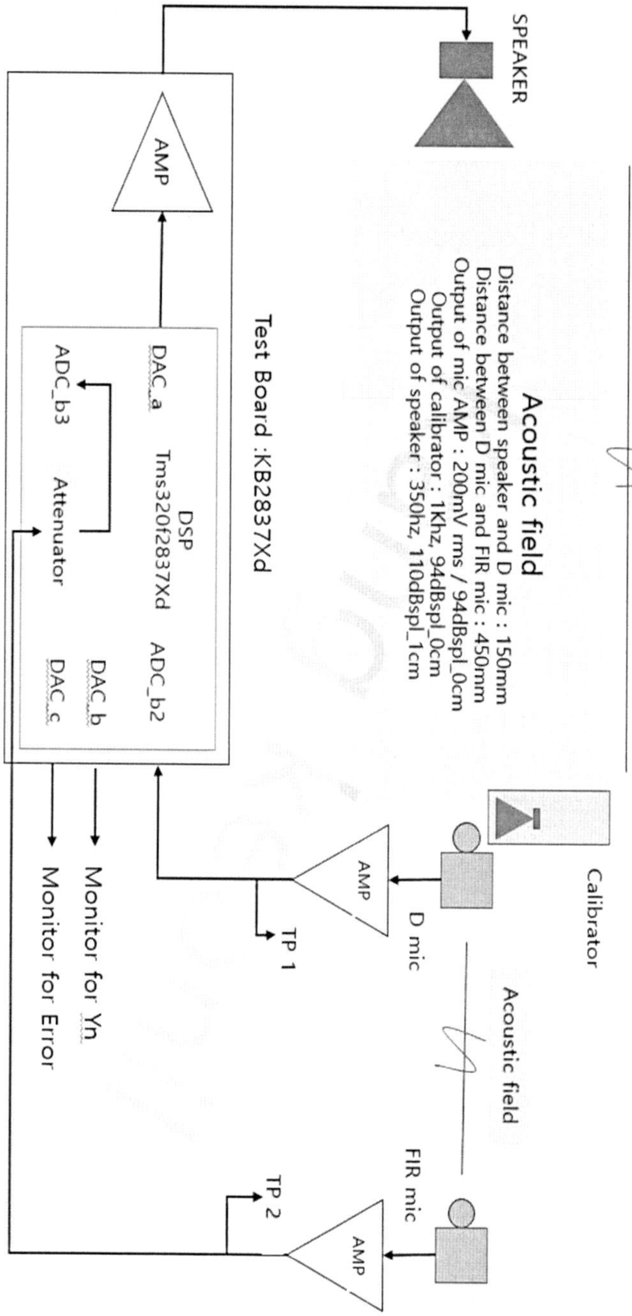

| 그림 10-1 | 잡음 환경에서 발생된 이상 음을 찾기 위한 실험 구성도

본 실험에서 설계되는 적응 필터의 알고리즘은 350Hz 잡음 신호가 연속적으로 송출되는 환경에서 잡음 신호 속에 섞인 특정 이상 음 신호인 1KHz 신호 만을 검출하는 것이다. 특정 이상 음 신호인 1KHz 신호만이 에러 모니터 단자에 크게 출력되도록 적응 필터의 각 파라메터

(parameter) 값을 잘 조절하여 수렴이 빠르게 실행되도록 설계한다. 즉, 음향 조건이 변할 때 적응 필터의 에러 최소화 수렴 시간이 변할 수 있는 상황에서, 수렴 시간을 최대로 빠르게 하고 에러 모니터 단자에서 확인되는 특정 신호 음인 1KHz 에러 신호가 정확하게 출력하도록 적응 필터의 길이와 스텝을 잘 설정하여 발산 현상 없이 수렴 동작이 잘 이루어지도록 설계한다.

10-2 잡음 환경에서 발생된 이상 음 모니터링을 위한 적응 필터 프로그램 설계

앞장에서 이미 설명된 중복된 프로그램은 게재하지 않고, 해당되는 프로그램만 설명한다.

```
352
353   __interrupt void MainIsr(void)
354   {
355
356    IsrTicker++;
357
358   // GpioDataRegs.GPCDAT.bit.GPIO67 =
359    L5_LED_LOW ;  //L5 켜짐, 주기확인용
360
361   int  i ;
362
363   B2 =  AdcbResultRegs.ADCRESULT1 ;
364   B3 =  AdcbResultRegs.ADCRESULT2 ;
365
366   delay[0] = (B3 / 8) + 0x800 ; // 5,
```

- 라인 363: ADC 모듈의 입력을 b2로 사용하고, d 입력 신호에 해당하는 마이크 출력 신호를 CON6에 입력한다.
- 라인 364: ADC 모듈의 입력을 b3로 사용하고, 적응 필터의 FIR 입력 신호에 해당하는 마이크 출력 신호를 CON7에 입력한다.
- 라인 366: FIR 필터 입력 신호를 1/8 배로 줄이고, DC 1.65Volt를 중첩한다.

```
367
368   Yn = 0;         // init output add adapt filter
369
370    for  ( i = 0 ; i < N ; i++)
```

```
371
372     Yn += (w[i] * delay [i]) ;       // Yn output
373
374    E = AdcbResultRegs.ADCRESULT1 - Yn ; // con6
375
```

• 라인 368: FIR 필터 출력인 Yn 값을 초기화한다.

• 라인 370-372: 카운터 i 값에 의존된 반복문이다. 필터 길이 N 크기 보다 일이 작은 범위에서 반복하여 가중치(w) 값과 FIR 입력(delay) 값을 콘볼류션 연산하여 Yn 값에 누적한다.

• 라인 374: CON6에 입력된 d 신호(잡음과 특정신호)에서 Yn 신호를 Summation하여 에러 신호를 만든다.

```
376     for (i = N-1; i >= 0; i --)// (i = N-1; i >= 0; i --)
377       {
378
379
380     if (SW2_STATE) // switch 2 off (HIGH)
381             {        //1
382
383               if(SW3_STATE)  // 스위치 모두 OFF, 가장 낮은 Level 에서 동작,
384                   { //2
385                     GRN_LED_LOW ; //211020 GRN LED ON
386                     RED_LED_HIGH ;
387                     BLU_LED_HIGH ;
388                     w[i] = w[i] + ( beta * 2 * E * delay[i]  + 0.0001);
389                             } //2 GRN 동작 , 제일 기본 sw3 동작 끝
390
391               else  // switch 3  만 on (LOW),BLUE on
392                   {
393                      GRN_LED_HIGH ; //211020 GRN OFF
394                      RED_LED_HIGH ; //low 일때 켜짐
395                      BLU_LED_LOW ; // BLUE ON low 일때 켜짐
396
```

• 라인 376: 필터 길이 N-1에서 0(zero)까지 반복문이 실행된다. 반복문은 FIR 필터 입력 신호와 에러 값, 그리고 스텝(beta)값의 반복적 연산을 실행하여 가중치 값으로 저장하고 N-1 길이 만큼의 반복적 연산을 실행하고 그 결과를 가중치 값에 누적한다.

• 라인 380-419: 가중치(w)값을 연산 실행하는 과정으로, 스위치 2와 스위치 3의 상태에 따라 연산의 스텝(beta) 값을 다르게 설정하여 스위치 모드 변화에 따른 적응 필터의 결과 값인 에러 값의 차이를 확인할 수 있다.

```
397             w[i] = w[i] + ( beta * 0.5 * E * delay[i]  + 0.0001 ) ;
398                             } //3 else
399                                         }  //1
400
401            else if (SW3_STATE) // switch 3 off (HIGH), RED LED 켜짐 상
402             {
403                GRN_LED_HIGH ;
404                RED_LED_LOW ; // ON low 일때 켜짐, RED led 켜짐
405                BLU_LED_HIGH ; //low 일때 켜짐
406
407             w[i] = w[i] + ( beta * 1 * E * delay[i]  + 0.0001 ) ;
408
409                             }  //sw2 else 끝
410
411             else  // 스위치 모두 ON, 가장 높은 감지 레벨, LED 모두 켜짐
412                {
413                   GRN_LED_LOW ;
414                   RED_LED_LOW ;
415                   BLU_LED_LOW ;
416
417              w[i] = w[i] + ( beta * 0.25 * E * delay[i]  + 0.0001 ) ;
418
419                  } //처음 else switch2
420
421           delay[i] = delay[i-1];
422
423          }  // N-1 for 문 끝
424
425     DacbRegs.DACVALS.bit.DACVALS = Yn ;  //220823
426     DaccRegs.DACVALS.bit.DACVALS = E + 0x800 ; //2
427   //  DacaRegs.DACVALS.bit.DACVALS = E + 0x800 ;//
428
429     //  Clear INT flag and Acknowledge to receive more int
430     AdcbRegs.ADCINTFLGCLR.bit.ADCINT1 = 1;  // Clear INT1
431     PieCtrlRegs.PIEACK.bit.ACK1 = 1;
432     // Acknowledge this interrupt to receive more interrup
433
434     GpioDataRegs.GPCDAT.bit.GPIO67 = 1; //L5 꺼짐
435     L5_LED_HIGH ; //L5 꺼짐, 주기 확인용
436
437                }  //Main Isr 끝
```

- 라인 421: 인터럽트 주기마다 FIR 필터에 입력된 신호의 N 길이만큼 저장된 데이터 값들을 한 단계씩 이동(shift) 하여 새로운 입력 신호의 저장할 공간을 만든다.
- 라인 425: Yn 값을 DAC 모듈의 DAC-b 단자를 통하여 아날로그 신호로 출력한다.
- 라인 426: E(error) 값을 DAC 모듈의 DAC-c 단자를 통하여 아날로그 신호로 출력한다.

- 라인 430–431: ADC 모듈의 인터럽트 1을 클리어(clear)한다.
- 라인 435: 인터럽트 주기 확인용 LED L5을 끈다(off).

10-3 KB2837xD 보드 상에서 이상 음 모니터링 적응 필터 프로그램 실행 결과

그림 10-2가 나타내는 값은 DSP 보드의 스위치 2와 스위치3이 모두 꺼진(off) 모드 상태에서(Grn led on), 음향 필드 환경 조건상에서 기계 이상 음의 발생은 없고, 잡음 신호 350Hz만 음향 필드에 존재하여 d 신호 단자와 적응 필터 입력 단자에 350Hz 신호만 입력되고 있는 상태에서의 수렴 결과이다. 그리고 적응 필터 프로그램이 실행된 수렴 결과 값 Yn 과 에러(E)값은 디지털 오실로스코프로 측정한 값을 나타낸다. 측정된 결과를 확인할 때, 적응 필터 출력 Yn값이 마이크 D 신호와 거의 동일한 값으로 출력되어, 에러 신호가 0(zero)이 유지된 적응 필터 수렴이 잘 되고 있는 상태를 나타낸다.

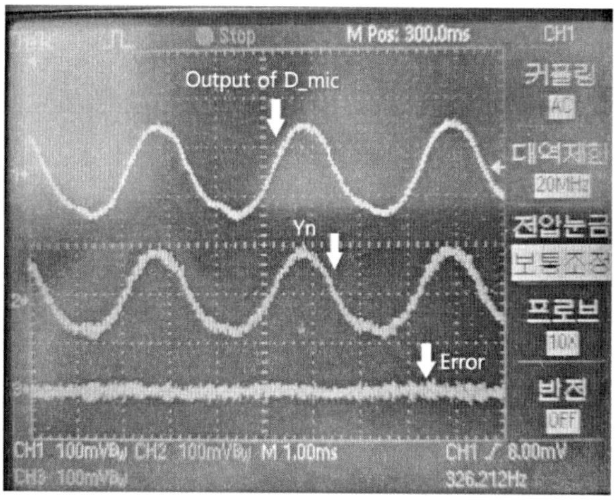

| 그림 10-2 | 환경 잡음 신호(350Hz)만 음향 필드에 존재할 때 수렴 결과 Yn & Error

그림 10-3은 환경 잡음 신호 350Hz와 특정 이상 음 신호에 해당되는 Calibrator에서 송출되는 1KHz 신호가 동시에 음향 필드에 존재하는 환경에서 실행된 결과이다. 수렴의 결과 Yn 값과 특정 기계 이상 음에 해당되는 에러(error) 신호 1KHz는 디지털 오실로스코프로 측정한 값이다. Calibrator에서 송출된 1KHz 신호는 음향 필드 환경에서 잡음에 해당되는 350Hz와

합쳐지고, 그 결과로 D-mic 신호의 출력은 350Hz 와 1KHz 신호가 더하여 져서 Peak to peak 500mV 크기로 ADC-b2에 입력된다. 프로그램 실행의 결과로 **수렴이 잘 실행되어 에러 단자에서 측정된 1KHz 신호의 크기는 Peak to Peak 40mV 수준에 있다.** 앞 장에서 설명한 사항으로, 에러 신호의 크기는 적응 필터의 계수를 결정하는 파라메터 값인 필터 길이 N 값과 스텝 간격 beta 값을 조절하여 변화시킬 수 있다. 파라미터 값을 조절할 때 주목할 사항은, 실행 시 수렴이 안되고 발산을 할 경우가 있다. 발산 현상이 발생되면 수렴 결과 값이 0(zero) 또는 0Volt에서 3.3Volt 사이의 진동 파형이 빠르게 변화하는 형태로 연속으로 출력된다.

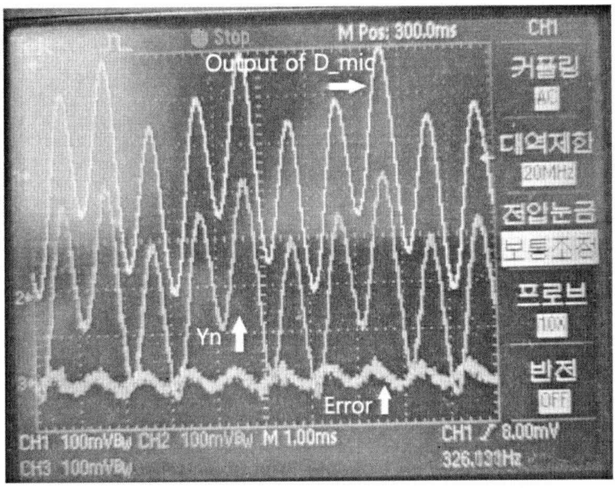

| 그림 10-3 | 잡음 신호(350Hz)와 특정 이상 음 신호(1KHz)가 동시에 음향(acoustic field)에 존재할 때 수렴 결과 Yn & Error

- D_mic: 잡음 환경내에서, CON6을 통하여 ADC-b2 모듈에 입력되고 있는 마이크로폰 출력 신호이다.
- Yn: CON7을 통하여 ADC-b3 모듈에 입력된 잡음 신호로 수렴된 적응 필터 출력 신호이다.
- error: Summation 알고리즘의 출력. $E = d - y_n$에 의한 결과 값이다.
- Error: 음향 필드에 존재하고 있는 잡음 신호 350Hz 속에 섞인 특정 이상 음 1KHz 신호이다.

CHAPTER 11

적응 필터의 수렴과 발산 이해

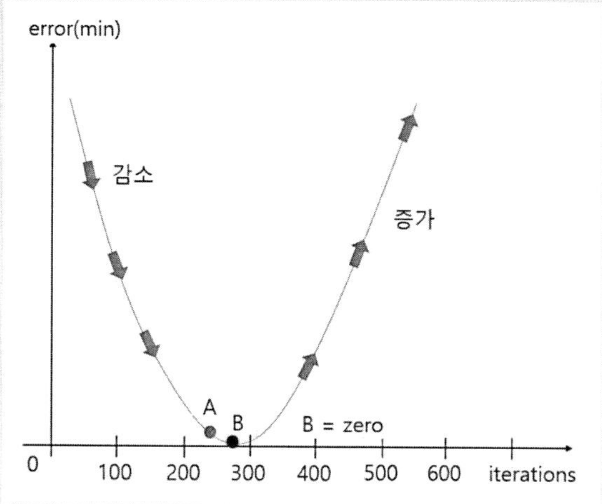

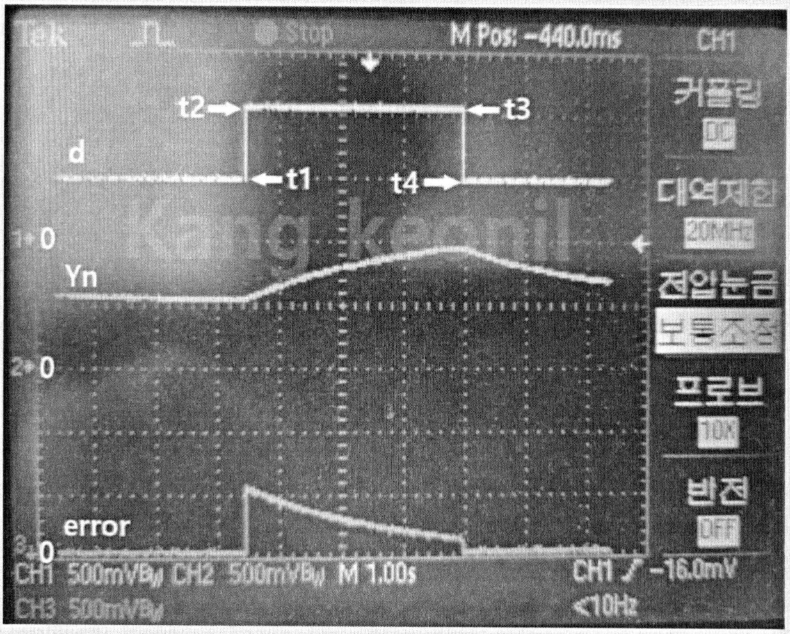

www.avmart.co.kr

11-1 수렴과 발산의 동작 개념

일반적인 급수의 수렴(convergence)과 발산(divergence) 동작을 수학적 개념으로 풀이하면 다음과 같이 나타낼 수 있다. (11-1)

$$\text{급수의 수렴: } a_1 + a_2 + a_n + \ \cdots \ = S \ \text{ 또는 } \ \sum_{n=1}^{\infty} a_n = S$$

여기서 S는 급수의 합이라 하고, 급수 $\sum_{n=1}^{\infty} a_n$는 S에 수렴한다고 한다.

급수의 발산: 급수 $\sum_{n=1}^{\infty} a_n$의 부분 합으로 이루어진 수열 s_n이 발산할 때, 이 급수는 발산한다고 정의할 수 있다. 함수 $f(x)$가 실행될 때 함수의 값이 어느 일정한 수의 주변에 모아지는 현상을 수렴이라 표현하고, 발산은 일정한 수의 근방에 모여지지 않고 퍼져 나가는 현상으로, 극한값(limit)에서 양수 또는 음수로 무한대가 되거나 진동이 반복적으로 나타나는 현상을 나타낸다.

수학적 개념의 수렴식을 유도하여 적응 필터의 알고리즘을 설계할 때, KB2837xD DSP 보드 상에서 적응 필터가 잘 동작 하도록 소스 프로그램을 설계하여도, 입력되는 신호의 특성에 따라서 DSP 보드 상에서 수렴 동작이 실행되지 않을 수 있다. 즉, DSP 보드에 실장 된 ADC 모듈 입력 단자로 입력되는 외부 신호의 급하게 변화하는 과 전압 입력과 DSP IC의 전기적 특성에 의하여, 수렴 과정이 진행되는 동안에 예상하지 못했던 환경적 변화 요인에 적응을 못하여, 설계된 알고리즘 수렴 동작에서 벗어난 결과로서 발산 현상이 나타날 수 있다. KB2837xD 보드 상에서 적응 필터를 실행하기 위해서는, 앞장에서 설명된 알고리즘을 기반으로 소스 프로그램을 설계하여 DSP IC 회로 기반의 프로그램을 실행시킨다. 그리고 적응 필터의 알고리즘과 소스 프로그램은 수렴 동작이 빠른 시간 내에서 연산 실행이 완료될 수 있게 연산 실행 시간을 염두에 두고 설계한다. 또한 소스 프로그램이 실행되는 DSP 회로 부분과 연결된 회로상에서, 아날로그 신호를 디지털 신호로 변환하는 모듈에(analog to digital converter) 입력되는 신호의 갑작스러운 특성 변화 또는 과 전압 입력에 의하여 발산 동작이 발생되지 않게 적응 필터의 파라메터 값을 잘 설정해야 한다.

적응 필터(adaptive filter)의 알고리즘은 에러(error) 값을 최소화하도록 설계하여, 적응 필터 실행을 위한 연산이 DSP 보드 상에서 수렴 동작이 완성되도록 구성한다. 특히, 수렴 동작에 직접적인 영향을 주는 적응 필터의 파라메터 값인 베타(beta) 값과 필터 길이 N 값은 수렴의 결과를 지배하고 실행 동작과 수렴 속도에 영향을 미치어 설계 시 세심한 주의가 요구된다. 수렴 동작이 실행되는 과정에서, 파라메터 값에 따라 수렴 결과 값이 대척 지점에 있는 경우가 종종 발생되어, 설계자는 실행의 결과가 수렴된 값인지 또는 발산의 결과인지 확인이 어려운 경우가 있다. 실행 동작에서 그 결과 값인 에러가 최소화되면 수렴(convergence) 잘 되었다고 표현할 수 있고, 대척 지점의 결과가 나타나면 발산(divergence)한다고 나타낼 수 있다. 수렴 정도를 조절하는 과정은 실행 결과 값을 확인하면서 파라메터 값을 수정하면 되지만, 실행 중에 발산을 하면 실행 결과 값이 없어 속수 무책 상태가 된다. 이러한 관점에서 설계자는 수렴 속도와 관계 있는 파라메터 값들을 발산이 안되는 작은 값에서 시작하여 점차적으로 최적점을 찾아 적용해야 하는 노력이 필요하다.

정리하면, 에러를 최소화 하기위한 수렴 동작에서 수렴 속도에 해당되는 스텝(step) 값인 베타(beta) 값 설정에 따라 수렴의 결과가 다르게 나타난다. 베타 값을 크게 설정하면 수렴 속도가 빠르게 진행되나 발산(divergence) 이 발생될 우려가 크다. 반대로 베타 값을 작게 설정하면 수렴 속도가 느려짐으로 인하여 수렴이 완전하게 안된 결과가 되어 에러 값이 크게 나타난다.

그림11-1은 수렴 동작의 반복 실행 횟수 대비 에러 값의 최소화 동작 변화를 나타내는 과정을 나타낸 그래프이다. 실행 과정에서 에러 값이 감소되는 방향에 있을 때는 수렴이 되고 있는 상태이고, 에러 값이 최소가 된 B 지점을 지나 다시 증가 상태에 있을 때 발산 현상이 나타난다.

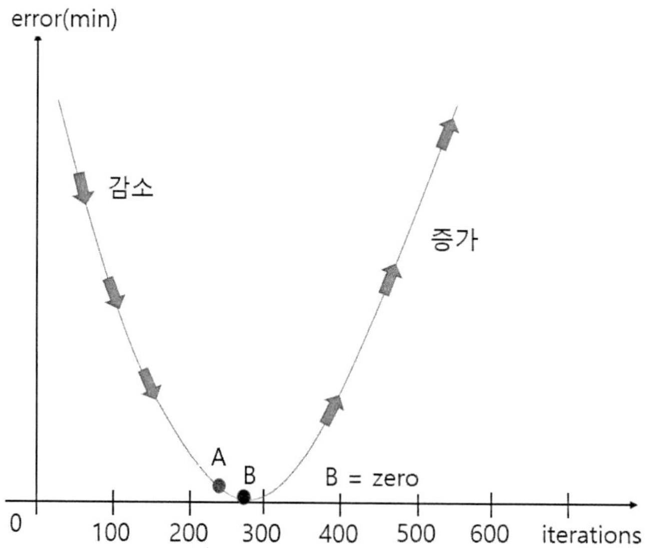

| 그림 11-1 | 수렴 동작의 반복 실행 횟수 대비 에러 값의 최소화 동작

발산은 수렴 연산과정의 스텝(step)에 해당되는 베타(beta) 값이 클수록 발생 빈도가 커진다. 이러한 이유로 인하여 수렴에 필요한 파라메터 값을 설정할 때 에러가 0(zero)이 되는 최소 점 B 보다는 0 보다 다소 값이 큰 A 지점에서 수렴 동작이 반복적 이루어지도록 설계하여야 에러 값이 0 점을 지나 증가하는 방향으로 이동되는 것을 막을 수 있다.

11-2 직류 값이 급격히 변화하는 신호가 입력될 때 적응 필터의 수렴 동작

아날로그 신호를 출력하는 센서 모듈의 출력 신호 동작에서, 센서 모듈내에 실장 된 센서가 감지 동작을 인식하여 출력 단자로 출력 신호를 송출할 때, 센서 모듈의 출력은 시간 흐름 대비 직류 전압 변화가 빠르게 변화하면서 결과를 출력한다. 이러한 센서 출력에 대응하여, 빠르게 변화하는 입력 신호에 대하여 적응 필터가 얼마나 빠르게 수렴하여 그 결과를 출력하는지를 확인하기 위하여 KB2837xD 보드 상에서 실행되는 프로그램을 설계하여 실행 결과를 확인한다. KB2837xD 보드 상에서 외부 입력 신호를 받는 ADC 모듈의 입력 단자의 회로 구성은 그림 11-2와 같다. FIR(finite impulse response) 입력에 해당되는 회로는 CON7로부터 ADC 모

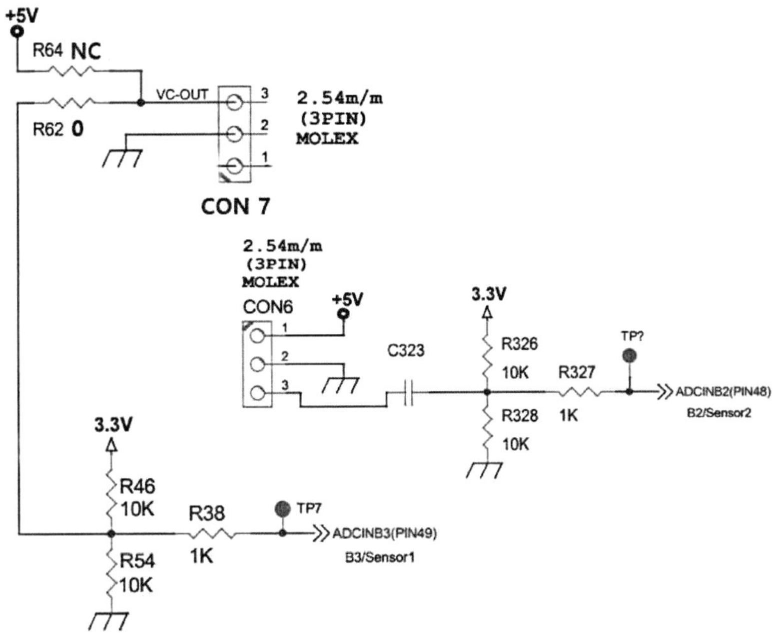

| 그림 11-2 | KB2837xD 보드상의 CON6, CON7 & ADCINB2 & ADCINB3 구성도

듈의 ADCINB3 입력 포트에 연결되는 회로이고, d(desired) 입력 신호의 경로는 CON6로부터 ADC 모듈의 ADCINB2 입력 단자이다. CON6 경로에서 C323 값은 0 ohm로 되어있다.

앞장에서 이미 설명된 적응 필터의 공통적 동작에 해당되는 소스 프로그램은 생략하고, 본 장에서는 실행될 추가된 프로그램 부분과 변경된 부분만 설명한다.

```
115 #define N 20 // 5 적용가능
116 #define beta 1E-6 //1E-5 .1E-6 for TIR ok
117
118 float w[N]; //buffer weight
```

• 라인 115–116: 직류 전압 변화에 대하여 천천히 수렴하는 과정을 보기 위하여 필터 길이 N을 20으로 설정하고 스텝 간격인 베타 값을 1E–6으로 설정한다.

```
354     __interrupt void MainIsr(void)
355     {
356
357      IsrTicker++;
358      L5_LED_LOW ;   //L5 켜짐, 주기확인용
359
360     int  i ;
361
362     B2 =  AdcbResultRegs.ADCRESULT1 ;   // Con6 = DC1.65V
363
364         if (SW2_STATE) // switch 2 off (HIGH)
365               {        //1
366
```

• 라인 362–400: 해당 프로그램은, 외부에 감지 센서가 CON6에 연결되어 센서 출력이 입력 d 신호로 적용되는 동작을 대신하여, 센서 출력 동작과 유사하게 동작 시킬 수 있는 KB2837xD 보드 상에 위치한 스위치를 조작하여, d 입력 전압을 빠르게 변화하고 적응 필터의 수렴 과정을 확인하는 실험이다. CON6의 Pin3 단자에 걸리는 DC 전압은 1.65V이다. 입력된 DC 전압은 ADC 모듈의 ADCB2 포트에 입력되어 d(desired) 신호로 사용된다. 디지털 신호로 변환된 d 신호는 B2에 저장된다. KB2837xD 보드상에 위치한 스위치 2(sw2)와 스위치3(sw3)을 조작하여 d 신호의 전압 크기를 변화시키고, 변화된 d 값에 수렴하는 적응 필터 출력 Yn과 에러 값 상태를 확인한다. 스위치 조작으로 d 신호 값에 해당되는 B2 값은 0x000 ~ 0x800까지 변화될 수 있다.

• 라인 402-403: CON 7 단자의 DC 1.65V 전압을 ADC 모듈의 ADCB3 포트에 입력하고, delay[0]에 저장하여 적응 필터의 입력 전압으로 적용한다. 그리고 delay[0]에 저장된 DC1.65V 전압을 적응 필터의 FIR 필터에 입력하여 적응 필터 출력 Yn 신호를 만든다.

```
367                 if(SW3_STATE)  // 스위치 모두 OFF, port=high,
368                     {  //2
369                       GRN_LED_LOW ; //211020 GRN LED ON
370                       RED_LED_HIGH ;
371                       BLU_LED_HIGH ;
372                       B2 = 0x000 ;
373
374                               } //2 GRN 동작 , 제일 기본 sw3 동작 끝
375
376                 else  // switch 3  만 on (LOW),BLUE on
377                     {
378                        GRN_LED_HIGH ; //211020 GRN OFF
379                        RED_LED_HIGH ; //low 일때 켜짐
380                        BLU_LED_LOW ; // BLUE ON low 일때 켜짐
381                        B2 = 0x800 ;
382
383                                   } //3 else
384                                                 }  //1
385
386                else if (SW3_STATE) // switch 3 off (HIGH), RED
387                 {
388                     GRN_LED_HIGH ;
389                     RED_LED_LOW ; // ON low 일때 켜짐, RED led 켜존
390                     BLU_LED_HIGH ; //low 일때 켜짐
391                     B2 = 0x500 ;
392                                   }  //sw2 else 끝
393
394                 else  // 스위치 모두 ON, LED 모두 켜짐
395                    {
396                       GRN_LED_LOW ;
397                       RED_LED_LOW ;
398                       BLU_LED_LOW ;
399                       B2 = 0x250 ;
400                      } //처음 else switch2
401
402     B3 =  AdcbResultRegs.ADCRESULT2 ;  // FIR input
403     delay[0] = B3  ; //  Fir 입력
404
405     Yn = 0;        // init output add adapt filter,
406
```

```
407     for  ( i = 0 ; i < N ; i++)
408
409     Yn += (w[i] * delay [i]) ;       // Yn output 계산
410
411     E = B2 - Yn ; // con6 (ADCB2 = ADCRESULT1) - Yn
412
413     for (i = N-1; i >= 0; i --)// (i = N-1; i >= 0; i --)
414       {
415        w[i] = w[i] +  beta * 1 * E * delay[i]
                  / (delay[0] * delay[0] + 0.0001) ; // 나눈다
416
417
418          delay[i] = delay[i-1];
419
420           } // N-1 for 문 끝
421
422     DacbRegs.DACVALS.bit.DACVALS = Yn ;  //220823
423     DaccRegs.DACVALS.bit.DACVALS = E  ; //220916
424     DacaRegs.DACVALS.bit.DACVALS =  B2 ; // d,
425
```

- 라인 407–415: 적응 필터의 알고리즘으로 동작되어 에러 값이 최소화 되도록 동작된다. 적응 필터의 FIR 입력 신호 값, 베타 값, 에러 값을 기반으로 설계된 웨이트(weight) 연산식은 필터 길이 N 크기만큼 반복 연산이 이루어지며 웨이트 $W[i]$ 값은 직전 웨이트 값에 누적된다. 웨이트 값과 FIR 입력 신호 값이 콘볼루션 연산 실행되어 적응 필터 출력 값 Yn에 누적된다. 이어서 입력된 d 신호 값과 Yn 값의 LMS(least mean square) Summation 연산 식 실행으로 에러 값이 최소화하는 동작이 실행된다.
- 라인 418: 인터럽트 주기에 동기 되어 FIR 필터에 순차적으로 입력되어 저장된 값이 새로운 입력 값을 받아들이기 위하여 한 단계씩 이동한다.
- 라인 422: 디지털 연산 된 Yn 값을 DAC 모듈에 입력하고 DAC–b 단자를 통하여 아날로그 신호로 출력한다.
- 라인 423: 디지털 연산 된 에러(error) 값을 DAC 모듈에 입력하고 DAC–c 단자를 통하여 아날로그 신호로 출력한다.
- 라인 424: ADC 모듈에 입력되어 B2에 저장된 d 신호를 DAC 모듈에 입력하고 DAC–a 단자를 통하여 아날로그 신호로 출력한다.

그림 11–3은 입력 d 신호 값의 변화에 따른 수렴 결과를 디지털 오실로스코프로 측정한 결과 값이다. 스위치2와 스위치3이 모두 켜져 있는 상태에서 스위치3이 꺼짐의 상태로 변화할 때

d 신호에 해당되는 B2의 입력 전압이 DC 500mV에서 1050mV로 변화한다. 변화된 d 신호 값에 적응하여 적응 필터 출력 Yn값은 에러 값이 0(zero)이 될 때가지 서서히 증가한다. 수렴된 결과 값은 DAC 모듈에서 아날로그 신호로 변환되어 출력된다.

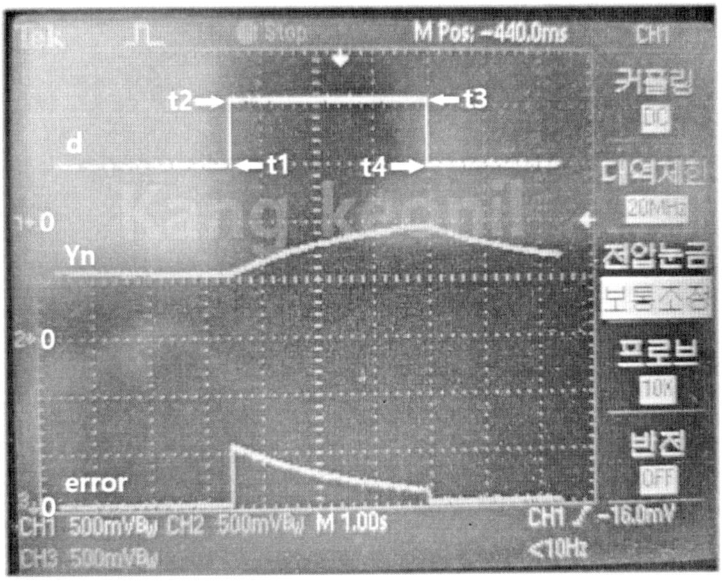

| 그림 11-3 | B2(d) 입력 신호의 직류 변화에 대한 Yn 과 error 값

스위치2(sw2)와 스위치3(sw3)이 켜 짐 상태일 때가 대기(standby) 상태이다(Led 모두 켜 짐). 대기 상태에서 입력된 d 신호에 해당되는 B2 직류 전압은 약 DC500mV(0x250) 가 되고 t1 상태에 해당된다. 스위치3을 끄면(red led 켜 짐) 입력 신호 d 신호에 해당되는 B2 전압은 DC1050mV(0x500)로 커지고, 직류 전압의 변화는 약 DC550mV가 되며 t2 상태가 된다. 입력 전압의 변화가 발생되는 t2~t3 기간(period)에 적응 필터의 Yn 값은 서서히 증가하여 d 값과 같아질 때 에러 값이 0(zero)이 된다. Yn 값이 변화할 때의 변화 기울기(gradient)는 웨이트를 연산하는 수식 w[i]에 의하여 변화가 될 수 있다. 수렴 동작이 이루어지는 중에 스위치 3을 다시 On 하면(t3) 입력된 d 전압은 다시 DC500mV로 낮아지고(t4) 에러 값은 순간적으로 0(zero)의 상태가 된다. 이러한 입력 전압 d의 값 변화에 적응하여 출력된 결과 값 Yn 과 에러 값의 실행이 잘 동작이 되면 실행된 프로그램에서 수렴 동작이 잘 되고 있다고 판단할 수 있다.

본 실험은 빠르게 변화하는 직류 변화 신호가 d 신호로 입력될 때, 수렴이 잘 되도록 파라메터 값을 설정하여 연산 식을 완성한 수렴이 잘 되는 프로그램의 실행 결과이다. 입력되는 d 신호 전압 변화에 적응하여 적응 필터의 결과 값 Yn 과 에러 값의 변화를 천천히 보기 위하여 수렴 시간을 최대로 길게 늘렸다. 실험된 수렴 조건 보다 수렴 시간을 좀더 빠르게 하려면, 베타(beta) 값을 실험된 1E-6에서 변경하여 그 값이 1E-5가 되도록 할 수 있다.

11-3 발산과 입력 신호의 특성 변화 대비 웨이트(weight)의 파라메터 값

적응 필터에 입력되는 신호가 직류 값으로 그 값이 빠르게 변화하는 Transient 변화 특성이 있을 경우와, 과 전압이 갑자기 입력되는 상황에서 때때로 발산 현상이 발생된다. 그리고 가청 주파수 신호와 같은 교류 신호 일 때에도 웨이트 연산 수식의 실행 속도를 잘 설계하지 않으면 실행 도중에 발산 현상이 발생된다. 직류 변화가 빠르게 변화하는 입력 신호에서, 연산 식의 실행 속도가 빠르게 작성된 웨이트 연산식은, 베타 값의 폭 넓은 조절 실험(1E-6 ~ 1E-20)과 필터 길이 N 값의 폭 넓은 조절 실험(N5 ~ 30)에도 수렴이 이루어지지 못하고 발산하는 결과가 나타날 수 있다. 다음의 웨이트 연산 수식 11-1은 가청 주파수 대역의 오디오 입력 신호에서는 수렴이 잘 이루어지나, 감지 센서에서 출력되는 직류 값이 빠르게 변화하는 적응 필터 입력 신호에서는 연산 식 실행 중에 발산 현상이 자주 발생한다.

```
w[i] = w[i] + ( beta * 1 * E * delay[i]  + 0.0001 ) ;
```
(11-1)

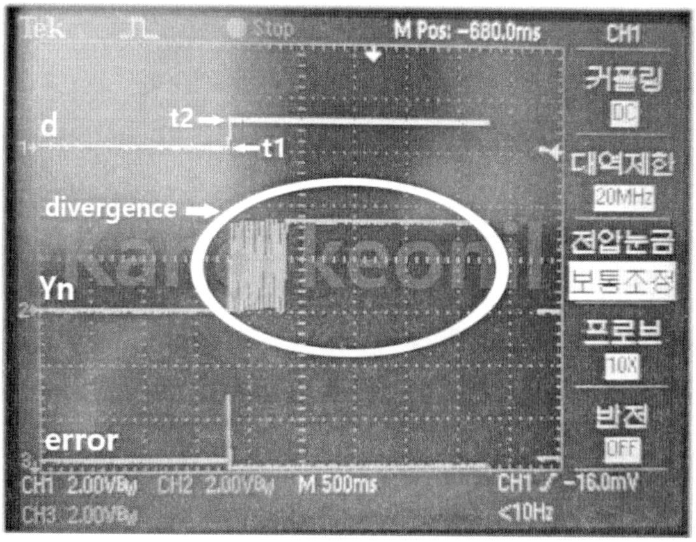

| 그림 11-4 | 빠른 직류 변화 특성을 갖는 입력 신호에서의 발산 결과

그림 11-4는 연산 수식 11-1이 적용된 프로그램 상에서 직류 변화가 빠르게 변화하는 적응 필터 입력 신호 d가 입력될 때, 적응 필터 출력 Yn에서 발산 현상이 발생된 결과를 디지털 오실로스코프로 측정한 결과를 나타낸다.

추가적인 설명을 하면, 빠른 직류 변화를 갖는 적응 필터 입력 신호 d 값은 대기 상태 조건인 0 Volt을 t1 시점까지 유지하다가, 감지 센서의 출력 1.65Volt가 발생되는 t2 시점에서 d 입력 전압은 급격하게 0 Volt에서 1.65Volts 로 변화하게 된다. 적응 필터의 출력 Yn은 대기 상태의 0 Volt를 유지하는 수렴 동작이 실행되고 있는 상태에서, 급격히 변화된 d 입력 신호에 대하여 웨이트 값이 크게 변화하면서 변화된 입력 신호에 적응하여 수렴을 시작한다.

그러나 수렴이 진행되는 과정에서 발산이 발생되어, 적응 필터 출력 값 Yn 은 발산과 수렴 동작을 빠르게 반복한다. 그리고 상하로 진폭이 변화하는 진동 신호처럼 0 Volt 와 3.3Volt 사이를 약 500msec 동안 빠르게 반복한 후 발산 동작 상태를 지속하여 유지한다. 발산이 된 상태에서의 적응 필터 출력 값 Yn은 DAC 모듈에 공급된 전원 값 과 동일한 3.3Volts 로 출력된다. 이러한 발산 현상의 출력 Yn 값은 항상 일정한 결과 값이 아니어서 출력이 0 Volt을 유지하는 경우도 있다.

참고 적응 필터에서의 발산 동작은 연산 식 프로그램 실행 중에 입력 전압의 급격한 변화 와 입력 조건보다 큰 전압이 입력될 때 자주 발생된다. 발산 상태가 되면 출력 값은 발산된 그 시점의 값으로 락킹(locking) 된 상태가 지속된다.

11-4 교류 입력 신호 대비 적응 필터의 파라메터(parameter) 값 조절

인터럽트 내에서 실행되는 적응 필터 프로그램에서, 연산 식의 길이를 나타내는 필터 길이 N 값과 연산 식의 정밀도 간격을 나타내는 (beta) 값을 조절하여, 적응 필터의 결과 값 Yn과 에러 값이 어떻게 변화하는지 확인해 본다. KB2837xD 보드 상에서 실행되는 적응 필터의 소스 프로그램의 설계는, 앞장에서 설명된 그림 10-1 음향 필드 상태에서, 스피커로 부터 음향 필드로 송출된 326Hz 정현 파 신호를 범용 고감도 마이크 앰프 모듈(KB6211V3)에 입력하고, KB6211V3 마이크 앰프 모듈의 출력을 d 신호로 입력한다. 그리고 적응 필터의 결과 값인 에러 값이 최소화되도록 웨이트 (weight) 값과 필터 길이를 변환하여 결과를 확인한다. 아래의 수식 11-2는 적응 필터 연산을 위한 웨이트 값 연산의 기본식이다.

```
w[i] = w[i] + ( beta * 1 * E * delay[i]  + 0.0001 ) ;
```
(11-2)

그림 11-5는 326Hz 신호를 Summation 연산 입력 d에 입력하여 에러 값이 최소가 되도록, 웨이트 값 연산 파라메터 B 값을 1E-8*2로 설정하고 필터 길이 N이 16일 때, **적응 필터의 수렴이 잘되는** 실행 결과를 디지털 오실로스코프로 측정한 결과 값이다.

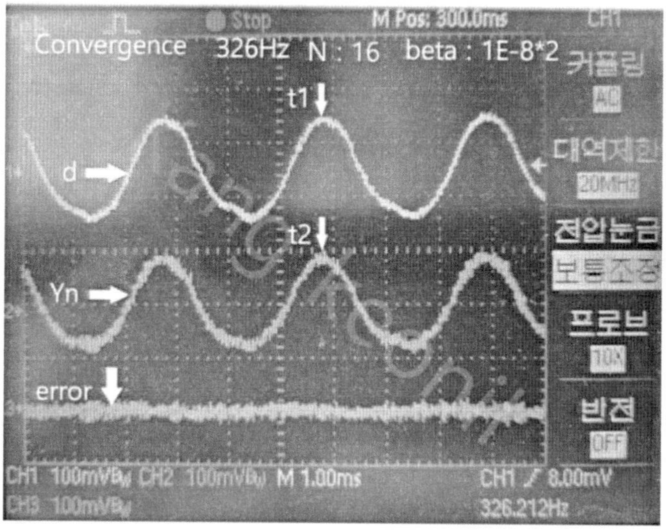

| **그림 11-5** | 입력 신호 d에 326Hz을 입력할 때 에러 값 수렴 결과와 지연

그림 11-5상에서, 입력되는 326Hz d 신호에 비교하여 적응 필터 출력 신호 Yn 값이 거의 동일한 값으로 출력되어 이 값은 **수렴이 잘된 결과이다.** 수렴 속도에 해당되는 출력 신호 지연을 살펴보면, 입력 신호 d의 전압이 최대가 되는 peak 점 t1을 기준 시점으로 볼 때, 적응 필터 수렴이 완료되어 출력된 Yn 신호의 전압이 최대가 되는 peak 점 t2의 시점은 t1에 비하여 약 50usec 지연된 결과를 보인다. 샘플링 주파수가 20KHz 조건에서 실험된 입력 신호 326Hz 에서의 출력 신호 50usec 지연은 만족된 결과이다. 그림11-6은 필터 길이 N을 16으로 고정하고 연산을 실행할 때, 얼마나 세밀하게 연산을 하는지를 나타내는 스텝 (베타) 값을 변화하여 적응 필터 결과인 에러 값 변화를 나타낸다. 측정된 에러 값에서 베타 값이 작아질 때 에러 출력 값의 커짐은 연산 실행 속도의 지연으로 발생된 결과이다. 스텝 간격이 작아지면 연산 양이 증가하여 실행 속도가 느려지며 출력 Yn 값이 지연되어 출력된다.

필터길이 N	스텝	에러측정 값(디지털 오실로스코프 측정 값)	비고
16	1E-8 * 2	Peak to peak 5mV 이하	
16	1E-8 * 1	Peak to peak 10mV	
16	1E-8 * 0.5	Peak to peak 20mV	
16	1E-8 * 0.25	Peak to peak 40mV ~ 50mV	

| 그림 11-6 | 스텝(beta) 값 변화 대비 에러(error) 결과 값 측정

그림 11-7은 필터 길이 N을 16에서 10으로 줄이고 베타 값을 변화하여 실행할 때, 에러 결과 값 변화를 나타낸다. 필터 길이가 짧아지면 동일한 스텝 간격에서 에러 결과 값이 증가하는 결과를 나타낸다. 필터 길이가 짧아지면 연산 양이 감소하여 실행 속도는 빨라지나, 충분한 필터링 연산이 실행되지 않아서 에러 값이 커지는 결과가 나타난다. 웨이트 값에 대한 연산 수식의 설계는 샘플링 주파수와 연계된 인터럽트 간격과 적응 필터에 입력되는 신호의 특성을 잘 파악하여 이루어져야 한다.

필터길이 N	스텝	에러측정 값(디지털 오실로스코프 측정 값)	비고
10	1E-8 * 2	Peak to peak 10mV	
10	1E-8 * 1	Peak to peak 20mV	
10	1E-8 * 0.5	Peak to peak 35mV ~ 40mV	
10	1E-8 * 0.25	Peak to peak 85mV ~ 90mV	

| 그림 11-7 | 필터 길이가 10일 때 에러(error) 결과 값 측정

그림 11-8은 326Hz / peak to peak 175mV 가 d 신호로 입력될 때, 적응 필터의 수렴 결과인 Yn 신호의 결과 값과 에러 신호 결과 값 측정 결과를 나타낸다. 측정된 결과 값은 필터 길이 N 값이 10이고 스텝 간격 값이 1E-8 * 0.25일 때, d 신호와 Yn 신호 그리고 에러 값을 디지털 오실로스코프로 실시간 측정한 값이다. 입력된 d 신호의 Peak점 t1를 기준으로 볼 때, 출력 Yn 신호의 peak 점 t2가 약 200usec 지연되어 이로 인하여 d 신호와 Yn 신호 사이에 위상 지연 차이가 약 200usec 발생되어 에러 신호 값이 증가한 peak to peak 90mV로 측정된 결과를 나타낸다.

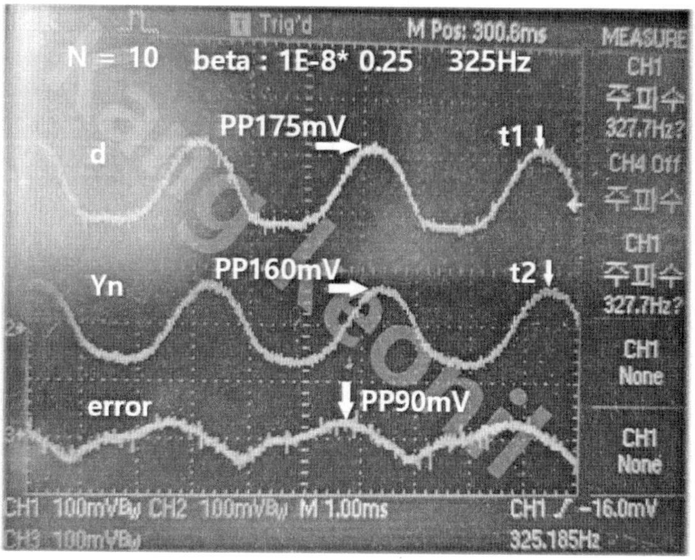

| 그림 11-8 | N=10, beta=1E-8 * 0.25일 때, d 입력 신호 대비 Yn과 에러 신호

수렴이 완전하게 이루어지지 않거나, 또는 연산 실행의 속도가 느려질 때 t1과 t2의 지연 시간 차이는 커진다. 이로 인하여 d 신호와 Yn 신호의 파형 모양과 Peak 전압의 크기는 비슷하여도 지연으로 인하여 두 신호의 위상 차이가 크게 발생되어, 같은 시점에서 입력 d 신호 값에서 출력 Yn 신호 값을 뺀 연산 식에서 에러 값이 커진다. 특히 위상 차이로 인하여 발생된 에러 값은 입력 신호 주파수가 높아질수록 더 크게 나타난다. 그림 11-9은 적응 필터 프로그램 실행 과정에서 발산의 현상을 줄이기 위하여, 수렴 속도를 느리게 설정하는 방법의 하나로 스텝 간격 베타 값(B)을 1E-8에서 1E-10으로 작게 했을 때, 입력 신호 d와 연산의 결과 값인 Yn 신호와 에러 신호를 디지털 오실로스코프로 측정한 값을 나타낸다. 스텝 간격이 너무 작고 필터 길이가 길어지면 세밀하게 연산은 실행되나 전체적 연산 실행 결과가 느려져서 입력된 d 신호의 각 샘플링 값에 적응된 Yn 신호의 결과가 입력 신호 d의 값에 근접되기 전에 다음 입력 신호가 입력되어 연산이 실행되어 Yn 값이 완전하게 d 입력 신호와 유사하게 만들어 지지 않는다. 최악의 결과로서 Yn 값이 약 peak to peak 20 ~ 30mV 수준으로 수렴 결과가 되고, 이에 따른 결과로서 에러 신호 값이 약 peak to peak 180mV 측정된 결과를 나타낸다. 이러한 결과 값은 불충분한 수렴의 결과이다.

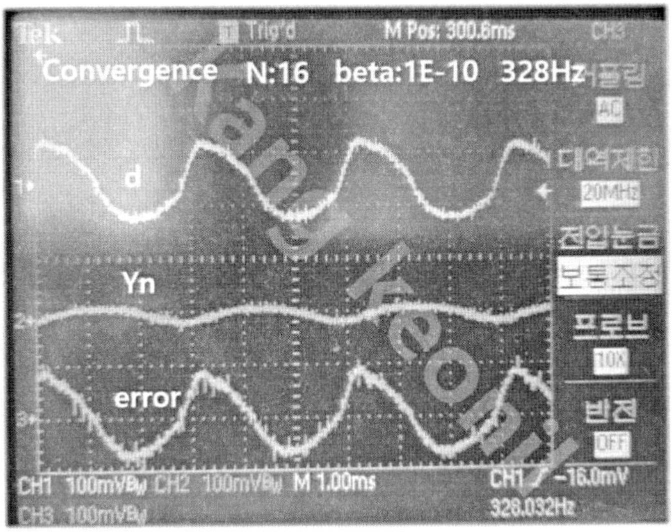

| 그림 11-9 | 필터의 연산 양이 많아 실행 속도가 느려질 때 Yn과 에러 신호

그림 11-10은 수렴 속도를 조금 더 빠르게 하기 위하여 스텝 간격을 1E-8에서 1E-7로 변경하여 실행할 때, 적응 필터 연산 식 프로그램의 수렴이 안되고 발산이 된 상태를 디지털 오실로스코프로 측정한 결과를 나타낸다. 음향 필드상에서 마이크로 폰으로부터 출력되는 326Hz 정현 파 신호는 적응 필터 입력 d에 지속적으로 입력되고 있으나, 적응 필터 연산 식에 대한 프로그램 실행 과정에서 발산되어 적응 필터 출력 값 Yn과 에러 값이 0(zero) 상태에 묶여 있다. 이와 같이 실행 과정에서 출력 값이 묶여진 현상을 발산한다고 나타낸다.

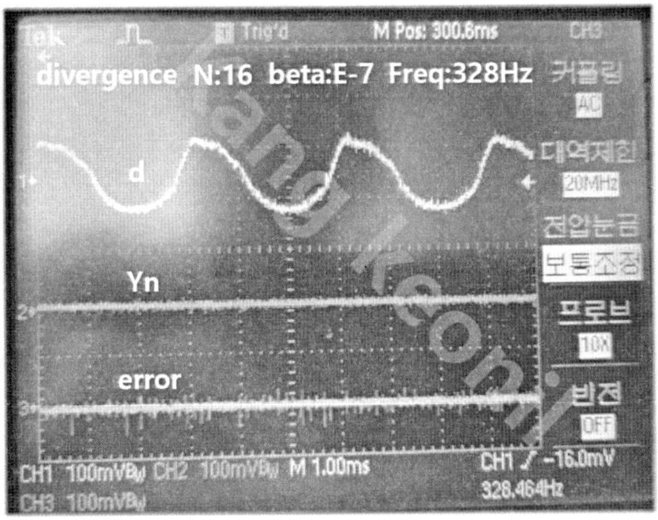

| 그림 11-10 | 적응 필터에서 발산이 될 때 입력 d 신호 대비 결과 값 Yn과 에러

CHAPTER 12

고속 푸리에 변환 (Fast Fourier Transform)

	Continuous Signal	Discrete Signal
Time Domain	$y(t) = h(t) * x(t)$ 미분 방정식	$y[n] = h[n] * x[n]$ 차분 방정식
Frequency Domain	X(s) Fourier X(w)	X(z) Fourier $X(e^{jw})$ $X(k)$

www.avmart.co.kr

12-1 개요

우리가 일상 생활에서 접하는 신호는 크게 2가지로 구분된다. 첫째는 자연 환경에서 자연스럽게 발생된 아날로그 신호이고, 둘째는 어떠한 실행 과정이 더하여져서 인위적으로 만들어진 아날로그 신호와 아날로그 신호에 인위적인 변환의 과정이 더해진 디지털 신호이다. 본 교재에서는, 특성이 각기 다른 여러가지 신호들 중에서 기준이 될 수 있는 정현 파 신호를 실험에 사용되는 기본 신호로 정하여, 신호의 특성을 해석하고 처리하는 과정에 대하여 개념부터 실행된 결과까지 좀더 이해하기 쉽게 풀어서 설명한다. 신호의 주파수 표현은, 현재 이 순간의 시점 0 t를 기준점으로 정하여, 시간의 흐름을 X축 방향으로 놓고, 시간 축 기준(time domain)에서 시간이 경과하면 신호의 크기(진폭, amplitude)가 Y축 방향으로 변화하는 신호의 웨이브(wave)가 나타날 때, 그 웨이브의 변화 주기가 1초 동안에 몇 번 발생했는지를 구분하여 그것을 그 신호의 주파수(frequency)로 표현한다.

$$\begin{aligned}\text{Time / Cycle} &= \text{Period[s]}.\\ \text{Cycle / Time} &= \text{Cycle / 1sec} = \text{Hz}.\end{aligned} \tag{12-1}$$

즉, 아날로그 신호의 1 주기(period)는 신호의 상하 진폭의 변화가 1회 발생될 때 소요된 시간을 의미하고, 1초에 몇 번 발생된 것인지를 나타내는 것이 주파수(frequency)이다. 1초에 상하 진폭의 변화가 각각 1회 발생되면 주파수는 1Hz 가 되고 1000개가 발생되면 1000Hz가 된다. 이때의 진폭 변화된 웨이브 주기(period)는 상하로 변화한 진폭의 크기가 1/2 지점인 두 점 사이를 의미하며, 1Hz의 주기는 1초(1second) 그리고 1000Hz의 주기는 1/1000초(1msec)가 된다. 원의 회전 각도법으로 표현하면 상 측 변화하는 최대점이 $\pi/2$가 되고 하측으로 변화하는 최대점이 $3\pi/2$가 되어, 원의 1회전은 2π인 360도가 된다.

일반적으로, 신호를 측정하고 분석한다는 개념은, 증폭기(amplifier), 발진 기(oscillator), 그리고 여러가지 형태의 필터(filter) 동작에서 신호를 분석하고 합성 처리할 때, X 축 방향을 시간 축(time domain) 변화 영역으로 정하여, 시간 축 상에서의 시간 경과에 따른 진폭의 크기(magnitude)와 주기를 해석(analysis)하고 신호 처리 동작을 실행한다는 것을 의미한다.

반면에, 푸리에 변환(Fourier transform)의 신호 처리는 X 축 방향을 주파수(frequency domain) 영역으로 정하여, 해당 주파수 영역에서 해석된 주파수의 고조파(harmonics)와 진폭 크기를 해석한다. 주파수 영역에서의 신호 분석(analysis)과 신호 처리(signal processing)는, 전파와 통신 분야 그리고 광 신호 처리 분야 등에서 신호의 크기와 주파수 대역에서의 분포 량을 분석하는데 다양하게 응용되어 사용되고 있으며, 특히 스펙트럼 해석기(spectrum analyzer)의 사용이 대표적이다.

푸리에 변환은 주기 신호를 삼각 함수로 나타내는 것을 기본으로 한다. 그리고 X 축을 시간 축에서 주파수 축으로 변환하는 과정을 푸리에 변환(Fourier transform))이라 표현한다. 즉, 푸리에 변환은 주기성 신호를 Frequency Domain으로 해석하고 신호 처리하는 것이다.

푸리에 변환식은 적분 식(integral calculus)으로 되어 있어서, 그 상태를 바로 디지털 계산기로 연산 처리하기가 어렵다. 디지털 연산 처리를 할 수 있도록 변환하는 과정을 이산 푸리에 변환(discrete Fourier transform, DFT) 이라 한다. 입력된 아날로그 신호를 시간축의 신호로 표본화(sampling) 하여 디지털 데이터 $x[n]$를 만들고, 푸리에 변환 계수 값을 곱하여 0(zero)이 아닌 결과 값을 적분하면 그 값이 입력 신호의 푸리에 변환된 주파수와 크기를 나타낸다. 그러나, DFT 처리 방식으로 주파수 대역 폭이 넓은 신호를 연산 처리하려면 계산의 분량이 많아져서 연산 실행 과정에서 처리 속도가 느려져 실용적이지 못하다. DFT 연산에서 계산 분량을 줄여 연산의 속도를 향상시킨 알고리즘이 고속 푸리에 변환(fast Fourier transform, FFT)이다. 고속 푸리에 변환을 실행하는 알고리즘은 여러가지 연산 방법으로 알려져 있으나, 그 중에서 “JW. Cooley” and “JW. Tukey”에 의하여 연구되어 세상에 알려진 주파수 솎음(decimation in frequency, DIF) 알고리즘이 가장 많이 사용되고 있다. 정리하면, 푸리에 변환의 기본은 DFT이고, FFT는 DFT에서 연산 속도를 빠르게 하기 위하여 만들어진 알고리즘이다. FFT은 이산 푸리에(DFT)에 비교하여 연산의 속도가 빨라지는 장점을 가지나, 반면에 FFT 연산의 결과 값은 DFT 연산 결과 값에 거의 근접한 근사값 수준의 결과를 갖는다.

12-2 푸리에 변환 원리

주기 신호를 구성하고 있는 신호의 성분은 여러 가지 주파수의 합으로 구성되어 있고, 이 주파수 성분의 띠를 스펙트럼(spectrum)이라 한다. 띠로 형성된 스펙트럼 해석은 푸리에 급수로부터 시작되고, 각각의 신호들에 대한 스펙트럼을 정의하는 방법은 다르게 각각 나타낼 수 있다. 아날로그 신호와 디지털 신호들에 대한 스펙트럼의 표기는 다음과 같이 나타낸다.

$\tilde{x}(t)$	FS →	X_k	연속시간 주기신호, 푸리에 급수(Fourier Series)
$x(t)$	CTFT →	$X(w)$	연속시간 푸리에 변환(Continuous Time Fourier Transform)
$x[n]$	DTFT →	$X(e^{jw})$	디지털 신호에 대한 푸리에 변환(Discrete Time Fourier Transform)
$x[n]$	DFT →	$X(k)$	디지털 신호에 대한 푸리에 변환(Discrete Fourier transform)

푸리에 급수(Fourier series)의 기본식은 그림 12-1 과 같이 나타낼 수 있다.

	Continuous Signal	Discrete Signal
Time Domain	$y(t) = h(t) * x(t)$ 미분 방정식	$y[n] = h[n] * x[n]$ 차분 방정식
Frequency Domain	X(s) Fourier X(w)	X(z) Fourier X(e^{jw}) $X(k)$

| 그림 12-1 | 연속 시간 신호와 이산 신호에 대한 해석 기본 식

푸리에 변환은 다음의 수식을 응용하여 연산된다.

Euler Eq, $e^{jwt} = \cos(wt) + j\sin(wt)$

Orthogonality, $\int \sin(t)\cos(t)\,dt = 0$

Riemann Integral, $Area = \lim_{dx \to \infty} \sum_{n=1}^{N} f(x_n) * dx = \int_a^b f(x)\,dx$ (12-2)

Fourier Series, $\hat{f}(x) = \frac{a_0}{2} + \sum_{n=1}^{\infty} a_n \cos\left(\frac{2\pi nx}{T}\right) + \sum_{n=1}^{\infty} b_n\, sin\left(\frac{2\pi nx}{T}\right)$

위의 수식 12-2의 Fourier Series 식에서, $\frac{a_0}{2}$는 신호에 중첩되는 직류 성분을 나타내고, $n = 1$은 신호의 기본 파(fundamental component) 성분 만을 의미한다.

푸리에 변환 결과에 따르면, 연속 시간을 갖는 주기 신호는 그 신호와 같은 주기를 갖는 정현파와, 정현 파 신호의 정수배의 주파수 성분을 갖는 정현 파 신호들의 합으로 나타낼 수 있다. 이렇게 정현 파 신호를 이용하여 주기 신호의 특성을 나타낸 것을 푸리에 급수(FS, Fourier series)라고 한다. 그리고 푸리에 변환의 결과를 일반화한 수식으로 나타내면 아래와 같이 푸리에 급수로 표현된다.

$\hat{x}(t)$ = 직류성분 + 기본 정현 파(cos 항 + sin 항) + Harmonics(cos 항, sin 항)

즉, $\hat{x}(t) = a_0 + \sum_{k=1}^{\infty} a_k cos k w_0 t + \sum_{k=1}^{\infty} b_k sin k w_0 t$인 수식에서, k는 고조파(harmonics)를 나타내며 기본 주파수(fundamental)일 때 k는 1의 값을 갖는다.

푸리에 변환의 원리를 이해하기 위하여, 간단한 주기 신호 정현 파 신호에 대한 푸리에 변환을 실행하고, 실행된 결과를 통하여 입력된 주기 신호가 어떻게 Frequency Domain으로 나타나는지 확인해 볼 수 있다. 이해를 쉽게 하기 위하여, 먼저 푸리에 변환하고자 하는 입력 신호의 주파수는 직류 성분과 cos 성분이 없는 단순 sin 3Hz(점선)로 정하여 실험한다. 입력된 신호를 $F_1(t)$라 정하여 푸리에 변환 수식을 정리하여 수식으로 나타낼 수 있다.

$$\int_{-\infty}^{+\infty} F_1(t)^* sin(2\pi ft)dt \qquad (12\text{-}3)$$

X 축을 주파수 축으로 정하여 푸리에 변환 계수 값인 주파수 f값을 변화하면서, 두 신호에 대한 곱의 결과 값이 0(zero)이 아닐 때 해당 주파수의 곱의 결과를 적분 하고, 적분 된 값을 Y축에 입력하여 푸리에 변환 결과를 나타낼 수 있다. 입력되는 신호 $F_1(t)$은 sin 3Hz이다(점선).

그림 12-2는 수식 12-3 상에서 주파수가 sin 1Hz일 때, 두개의 sin 신호(좌측 그래프 상의 점선과 실선)가 곱해지는 결과 값(우측 그래프 값)을 나타낸다. 우측의 그래프는 두개의 sin 신호가 곱해진 결과 값이고, Y 축의 0(zero)을 기준선으로 곱셈의 결과 파형을 적분하면 + 값과 – 값이 상쇄되어 Y 축 상에서 0의 값으로 결과가 나타난다. Y 축 상에서 0의 값은 주파수 축인 X 축에 표시할 결과 값이 없다는 것을 의미한다.

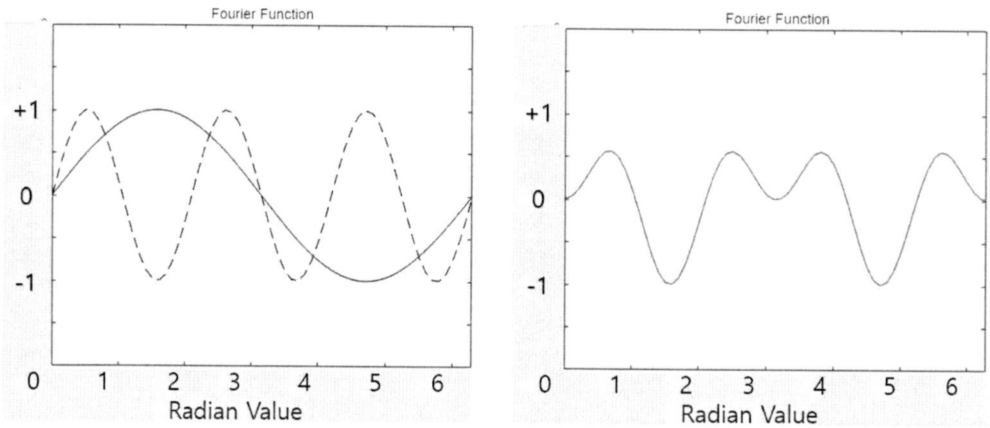

| 그림 12-2 | $F_1(t) = sin$ 3Hz(점선), $f = sin$ 1Hz(실선), $F_1(t)$과 f신호가 곱해진 결과 값(우측 그래프)

그림 12-3는 수식 12-3 상에서 주파수 f가 sin 2Hz 일 때, 두개의 sin 신호(좌측 그래프 상의 점선과 실선)가 곱해지는 결과 값(우측 그래프)을 나타낸다. 우측의 그래프는 두개의 sin 신호가 곱해진 결과 값이고, Y 축 상의 0(zero)을 기준선으로 곱셈의 결과 파형을 적분하면 + 값과 – 값이 상쇄되어 Y 축 상에서 0의 값으로 결과가 나타난다. Y 축 상에서 0의 값은 주파수 축

인 X 축에 표시할 결과 값이 없다는 것을 의미한다.

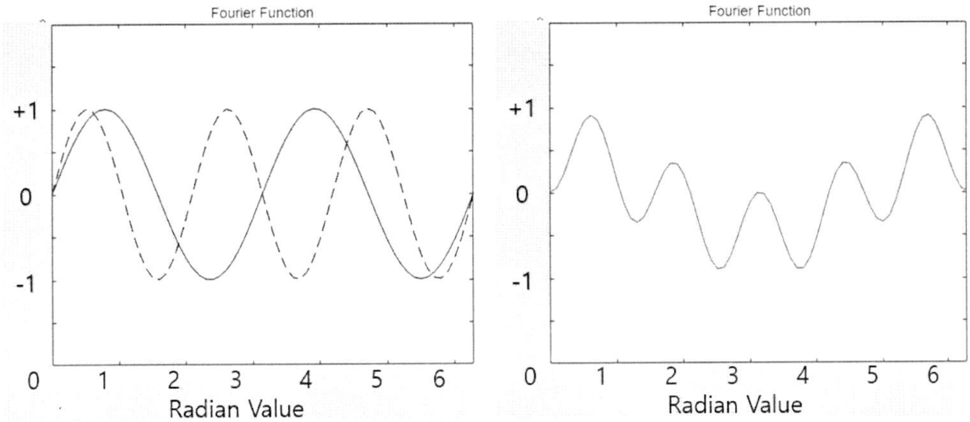

| 그림 12-3 | $F_1(t) = sin\ 3\mathrm{Hz}$(점선), $f = sin\ 2\mathrm{Hz}$(실선), $F_1(t)$과 f신호가 곱해진 결과 값(우측 그래프)

그림 12-4는 수식 12-3 상에서 주파수 f가 sin 3Hz일 때, 두개의 sin 신호(좌측 그래프 상의 점선과 실선)가 곱해지는 결과 값(우측 그래프)을 나타낸다. 우측의 그래프는 두개의 sin 신호가 곱해진 결과 값이고, Y 축 상의 0(zero)을 기준선으로 곱셈의 결과 파형을 적분하면 + 값과 – 값이 상쇄되어 Y축 상에서 0.5의 값으로 결과가 나타난다. Y 축 상에서 0.5의 값은 주파수 X 축인 축의 주파수 3Hz 지점에 0.5 값으로 나타난다.

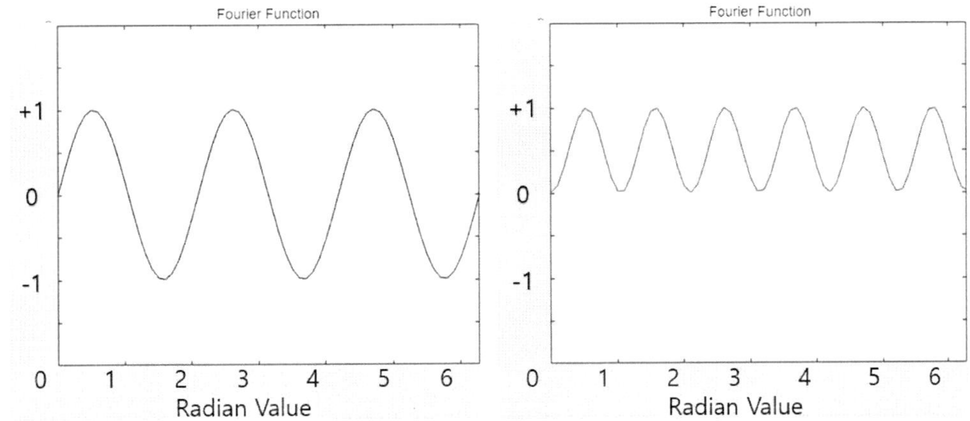

| 그림 12-4 | $F_1(t) = sin\ 3\mathrm{Hz}$(점선), $f = sin\ 3\mathrm{Hz}$(실선), $F_1(t)$과 f신호가 곱해진 결과 값(우측 그래프)

그림 12-5는 수식 12-3 상에서 주파수 f가 sin 6Hz일 때, 두개의 sin 신호(좌측 그래프 상의 점선과 실선)가 곱해지는 결과 값(우측 그래프)을 나타낸다. 우측의 그래프는 두개의 sin 신

호가 곱해진 결과 값이고, Y 축 상의 0(zero)을 기준선으로 곱셈의 결과 파형을 적분하면 + 값과 – 값이 상쇄되어 Y 축 상에서 0의 값으로 결과가 나타난다. Y 축 상에서 0의 값은 주파수 축인 X 축에 표시할 결과 값이 없다는 것을 의미한다.

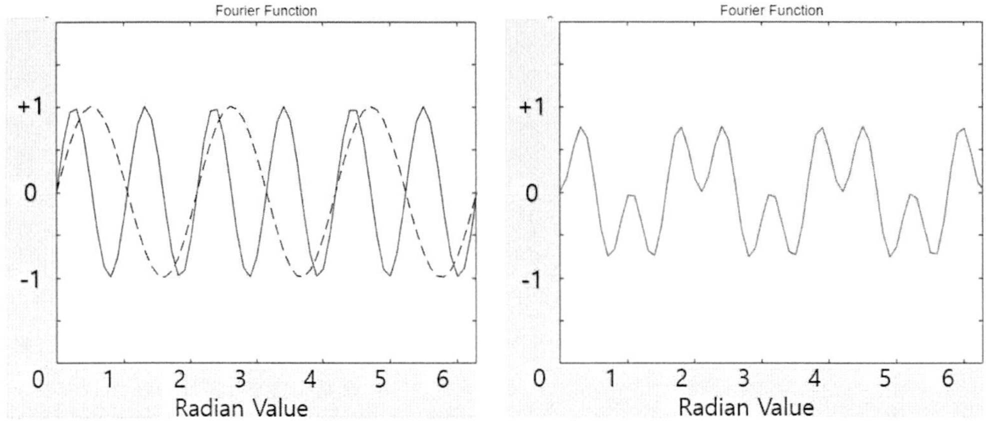

| 그림 12-5 | $F_1(t) = sin\,3\text{Hz}$(점선), $f = sin\,6\text{Hz}$(실선), $F_1(t)$과 f신호가 곱해진 결과 값(우측 그래프)

그림 12-6은 두개의 sin 3Hz 신호가 곱해져 나타난 그 결과 값을 적분하여 그 결과 값을 주파수 축 X 좌표 상에 크기를 나타낸 그래프이다. sin 3Hz에 대한 푸리에 변환된 값이 1이 아니고 0.5인 것은, + 방향의 주파수가 인가된 결과 값이고, sin 3Hz 주파수를 – 방향으로 인가하면 X 축의 – 방향으로 그 크기가 –0.5 값으로 나타난다. 이 두개의 0.5 값을 더하면 1이 된다. 이 결과는 sin 신호의 기 함수(odd function)로 표현되며 X 축에 대칭되는 값으로 허수부에 해당된다.

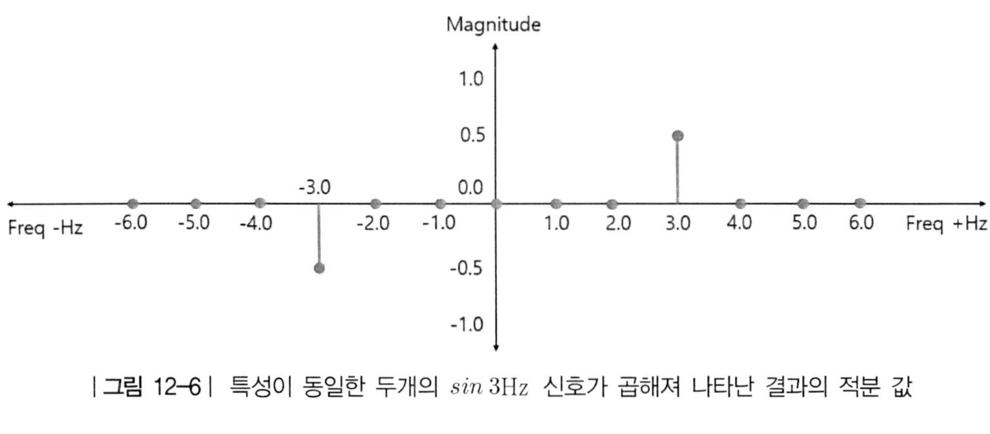

| 그림 12-6 | 특성이 동일한 두개의 $sin\,3\text{Hz}$ 신호가 곱해져 나타난 결과의 적분 값

또 다른 실험으로, 푸리에 변환하고자 하는 입력된 신호의 주파수가 직류 성분과 sin 성분이

없는 단순 cos 3Hz(점선)일 때, 이것을 $F_1(t)$라 정하여 수식을 정리하면,

$\int_{-\infty}^{+\infty} F_1(t) * \cos(2\pi f t) dt$이 되고, 주파수 f 값을 변화하면서 곱의 결과 값으로 출력된 해당 주파수의 적분 된 값을 Y 축에 입력하여 푸리에 변환된 결과를 볼 수 있다. 그림 12-7은 주파수 f가 cos 1Hz일 때, 두개의 cos 신호(좌측 그래프 상의 점선과 실선)가 곱해지는 결과 값(우측 그래프)을 나타낸다. 우측의 그래프 상에 나타난 두개의 cos 신호가 곱해진 결과 값을 적분하면 + 값과 - 값이 상쇄되어 Y축 상에서 0의 값으로 된다.

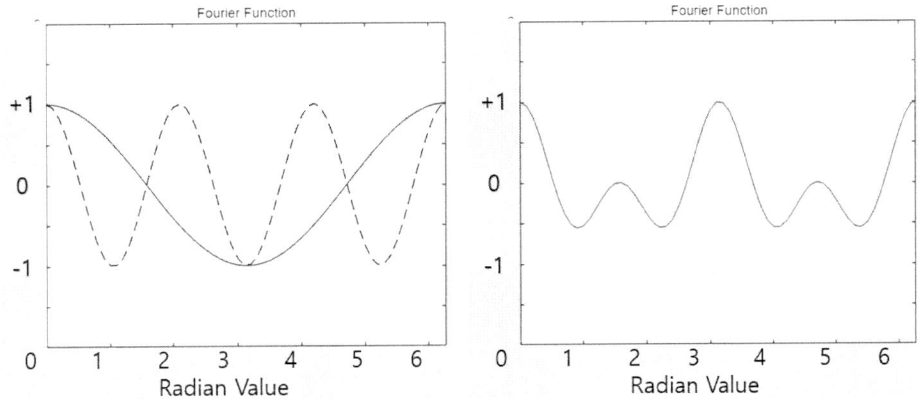

| 그림 12-7 | $F_1(t) = cos\ 3\text{Hz}$(점선), $f = cos\ 1\text{Hz}$(실선), $F_1(t)$과 f신호가 곱해진 결과 값(우측 그래프)

그림 12-8은 주파수 f가 cos 3Hz일 때, $F_1(t) = sin\ 3\text{Hz}$(점선)신호 (좌측 그래프 상의 점선과 실선)가 곱해지는 결과 값(우측 그래프)을 나타낸다. 우측의 그래프 상에 나타난 두개의 신호가 곱해진 결과 값을 적분하면 + 값과 - 값이 상쇄되어 Y 축 상에서 0의 값으로 된다.

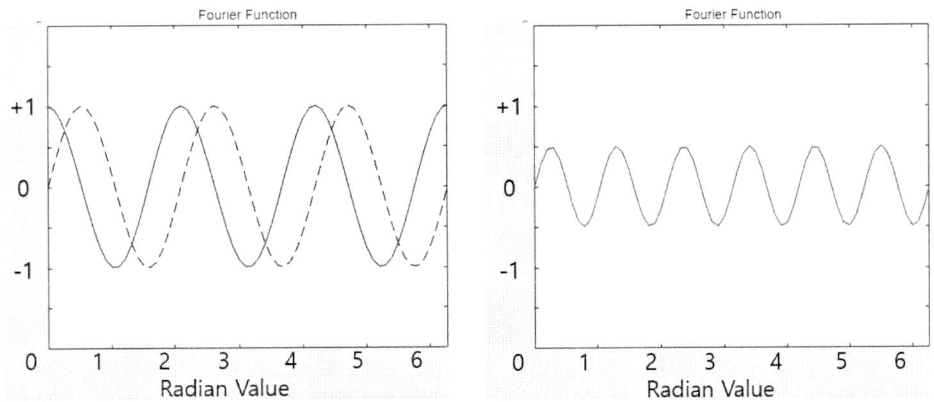

| 그림 12-8 | $F_1(t) = sin\ 3\text{Hz}$(점선), $f = cos\ 3\text{Hz}$(실선), $F_1(t)$과 f신호가 곱해진 결과 값(우측 그래프)

그림 12-9는 주파수가 cos 3Hz일 때, 두개의 cos 3Hz 신호(좌측 그래프 상의 점선과 실선)가 곱해지는 결과 값(우측 그래프)을 나타낸다. 우측의 그래프 상에 나타난 두개의 cos 신호(실선과 점선)가 곱해진 결과 값을 적분하면 파형의 상측 값과 파형의 하측 값이 더해져 Y 축 상에서 0.5의 값으로 된다.

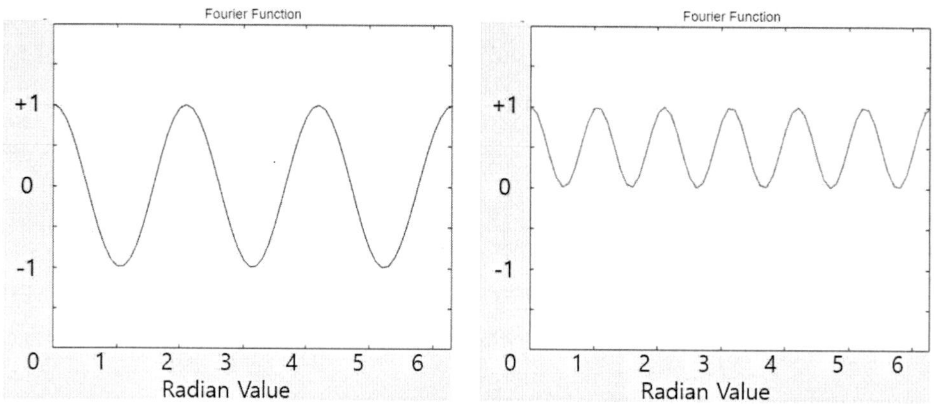

| 그림 12-9 | $F_1(t) = cos\ 3\text{Hz}$(점선), $f = cos\ 3\text{Hz}$(실선), $F_1(t)$과 f신호가 곱해진 결과 값(우측 그래프)

그림 12-10은 두개의 cos 3Hz 신호가 곱해져 나타난 그 결과 값을 적분하여 그 결과 값을 주파수 축 X 좌표 상에 나타낸 그래프이다. cos 3Hz에 대한 푸리에 변환된 값이 1이 아니고 0.5인 것은, + 방향의 주파수가 인가된 결과 값이고, cos 3Hz 주파수를 - 방향으로 인가하면 X 축의 - 방향으로 대칭되는 지점에 그 크기가 같게 나타난다. 이 두개의 0.5값을 더하면 1이 된다. 이 결과는 cos 신호의 우 함수(even function)로 표현되며 Y 축에 대칭되는 값으로 허수부에 해당된다.

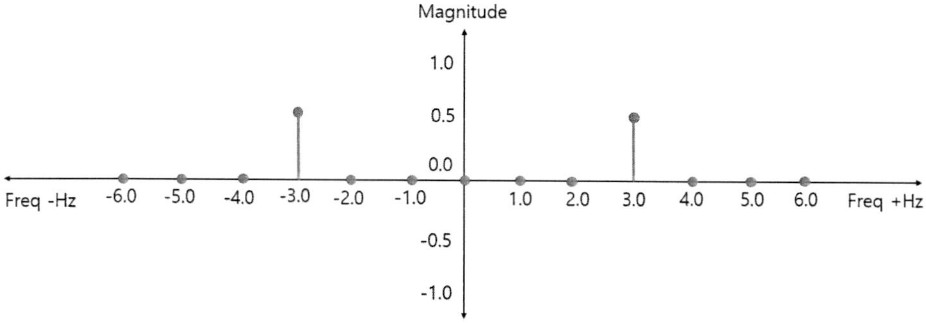

| 그림 12-10 | 특성이 동일한 두개의 cosine 신호가 곱해져 나타난 결과 값을 적분한 값

요약하면, 입력되는 신호에 대하여 푸리에 변환이 요구되는 주기 신호의 성분은 cos 신호와 sin 신호, 고조파 신호, DC 신호가 합쳐진 복합 신호 $f(t)$이다. 이 신호를 푸리에 변환하는 e^{-jwt}신호는 변환을 하기 위하여 만들어지는 신호이고, 푸리에 변환식을 오일로 수식으로 표현하면 아래 수식과 같다.

$$\hat{f}(w) = \int_{-\infty}^{+\infty} f(t)\, e^{-jwt}\, dt \qquad (12\text{-}3)$$

참고 푸리에 변환된 신호 = $\hat{f}(w)$, 변환될 입력 신호 = $f(t)$, $-j = \sqrt{-1}$

푸리에 변환에 인가되는 푸리에 급수 신호 e^{-jwt}는 선택된 창(window)의 범위 내에서 주파수가 스위프(sweep) 변화되며, 입력 신호 $f(t)$와 곱을 하여 그 결과 값이 0(zero)이 아닌 값이 출력되면 이것을 적분한다. 푸리에 급수 신호 e^{-jwt}의 주파수 스위프 변화 범위가 넓을 경우, 푸리에 변환 계산 범위가 커져서 실용성이 떨어진다. 입력된 주기 신호와 곱을 실행하기 위하여 인가되는 신호 e^{-jwt}의 주파수 스위프 변화 범위를 좁히어 푸리에 변환을 하는 것이 연산 량을 줄일 수 있어 효율적이다. 이후 설명될 DFT(discrete Fourier transform)에서는 변환될 주파수 범위를 창(window)으로 나타내어 N으로 표기한다. 즉, N의 범위에서만 푸리에 변환 연산이 실행된다.

12-3 푸리에 변환을 위한 정현 파 신호의 특성

주변 환경에 존재하는 아날로그 신호의 파형은 진폭의 크기가 다른 여러 주파수가 혼합된 복합적인 성분을 갖는다. 사인 웨이브(sine wave), 코사인 웨이브(cosine wave), 사각 파형(squire wave), 삼각파(triangle wave), 그리고 이들 신호에 대한 고조파 등이 합성된 신호이다. 복합적인 성분을 갖는 신호들 중에서 가장 기본적인 신호가 정현 파 사인 웨이브 신호이다. 그림 12-11은 사인 웨이브(sinewave)와 코사인 웨이브(cosine wave)의 위상을 나타낸 도면으로, 주기(period)가 1일 때 위상 각은 2π에 해당되며 원주의 길이와 같다. 아날로그 정현 파 신호의 한 주기는 한 개의 원호에 해당되며 360도(2π)로 설명된다. 일반적으로 한 주기(period)를 T로 쓰고 단위는 초(second)로 설명된다. 그리고 주파수는 주기와 반비례하며 특정된 범위에서 지정된 한 주기를 기준으로 해당 주파수 값으로 나타낸다. 그리고 특정 범위에서 지정된 한 주기의 주파수(F)는 $F=\dfrac{1}{T}$로 설명한다.

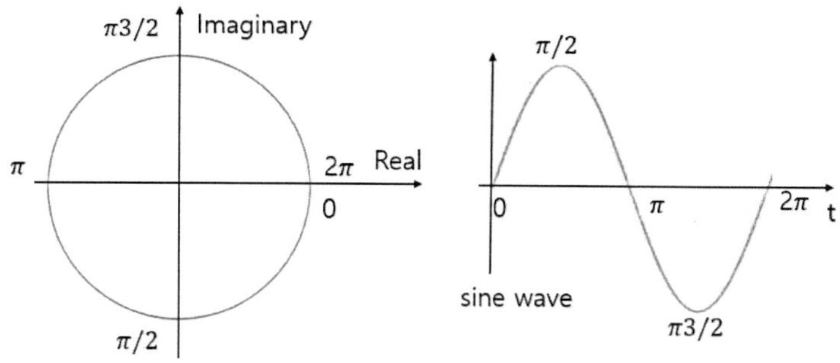

| 그림 12-11 | 원주로 표현된 사인 웨이브와 코사인 웨이브

그림 12-12는 1Hz 정현 파 신호에 대하여 디지털 신호를 만들기 위하여 8Hz 샘플링을 하고 원호에 나타낸 도면이다. 샘플링 주파수(F_s)는 원호 상에서 $\dfrac{2\pi}{N}$과 동일한 값을 나타내며 샘플링 간격은 125msec 이다. 특별히 요구되는 조건이 없으면 N 값은 사용자가 2^n 값으로 설정하며 값이 커질수록 해상도는 좋아지나 연산양이 증가한다. (참고 1KHz 신호일 경우, 샘플링 주파수는 8KHz가 되며 샘플링 간격은 125usec 이다)

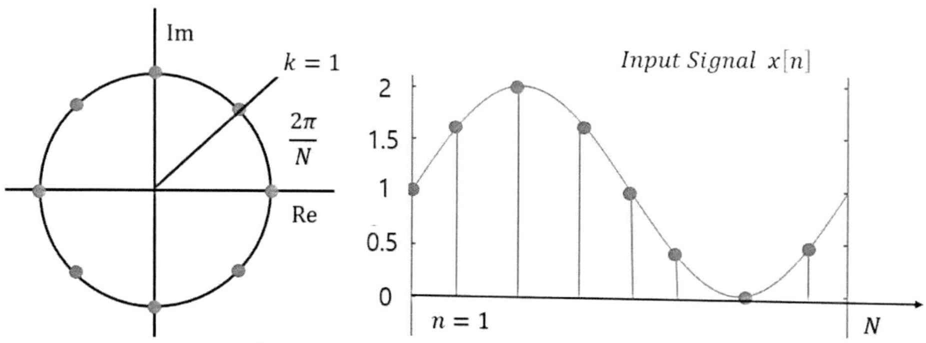

$$X[k] = \sum_{n=0}^{N-1} x[n]\ \exp\left(\frac{-j2\pi nk}{N}\right)$$

| 그림 12-12 | 정현 파 1Hz 신호에 대하여 8Hz 샘플링을 원호에서 표현

그림 12-13은 정현 파 1KHz 사인 웨이브 신호를 4KHz로 샘플링(sampling)하여 디지털 신호로 표현한 과정을 나타낸다. 1KHz 사인 신호의 주기 시간은 1msec 이고 4KHz로 샘플링 할 때의 샘플링 간격은 250usec 이다. 정리하면, 연속적으로 입력되는 아날로그 신호에 대하여, 1초의 시간 범위를 기준으로 균등한 간격으로 샘플링하여 디지털 신호 데이터가 만들어

진 횟수가 샘플링 주파수이다. 일반적으로 아날로그 신호가 샘플링 될 때 샘플링 간격은 T로 표현되고, 샘플링 되어진 회 수는 n로 나타낸다. 아날로그 신호 x가 샘플링 되어 디지털 신호로 변환될 때 이산화 디지털 신호(discrete-time signal)는 $x(nT)$로 표현한다.

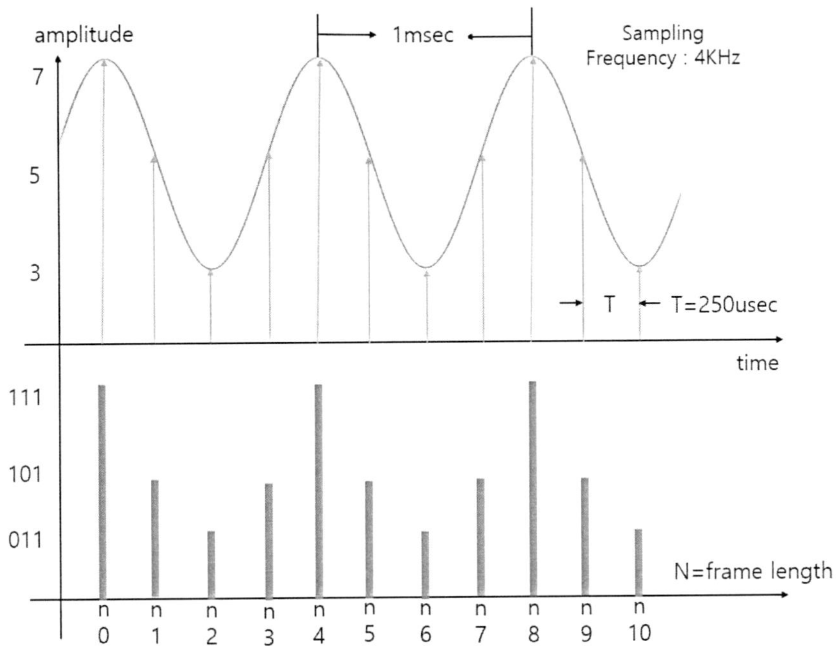

| 그림 12-13 | 정현 파 1KHz 신호의 샘플링 표현

그림 12-14는 주기성 신호를 푸리에 변환하여 스펙트럼 밀도로 나타낸 그래프 도면이다. 입력되는 신호의 주파수가 낮아질수록 주기 T 값은 커지고 주파수 스펙트럼 폭은 좁아진다.

동일한 주기를 가지는 입력 신호에서도, 신호 파형의 모양과 찌그러짐 정도에 따라서 그 신호 자체에 포함된 복합 신호의 성분은 다르다.

그림 12-15는 FFT(fast Fourier transform) 값을 확인하기 위하여, 정현 파 1KHz신호와 구형 파 1KHz신호을 FFT 측정 용 장비인 "AP"에 입력하고 실시간 FFT측정한 결과이다.

AP 장비의 측정 결과에서 보면, 정현 파 신호는 고조파(harmonics) 신호가 거의 발생되지 않지만, 구형 파형에서는 기수(1, 3, 5, 7, 9)배의 고조파가 다량 발생되는 결과를 보인다. 구형 파형 신호는 여러 고조파 신호가 합쳐져서 만들어진 신호로, 이것을 FFT 하면 기수(odd) 로 형성된 스펙트럼이 주파수 밴드 전체에 걸쳐서 나타난다. 즉, 신호가 0(zero)에서 일(1)로 빠르게 변화하는 순간과 일에서 영으로 빠르게 변화하는 부분에서 다량의 고조파 신호가 발생되고, 발생된 고조파 신호들이 주파수 스펙트럼 띠를 형성하여 측정 결과로 나타난 것이다.

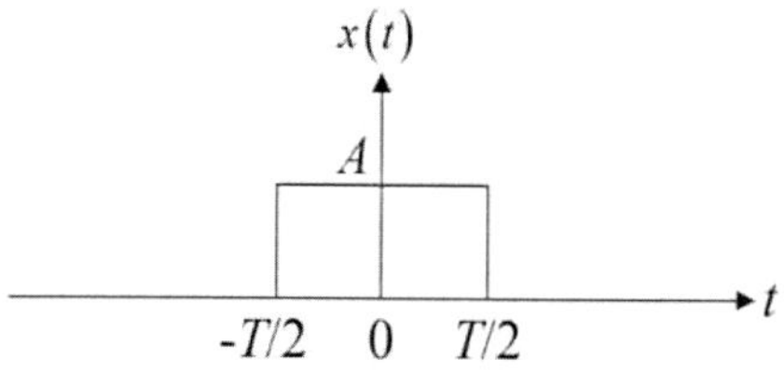

$$X(f) = \int_{-\infty}^{+\infty} x(t)\, e^{-j2\pi ft}\, dt$$

$$= AT\frac{\sin \pi Tf}{\pi Tf}$$

$$= AT\,\mathrm{sinc}(Tf)$$

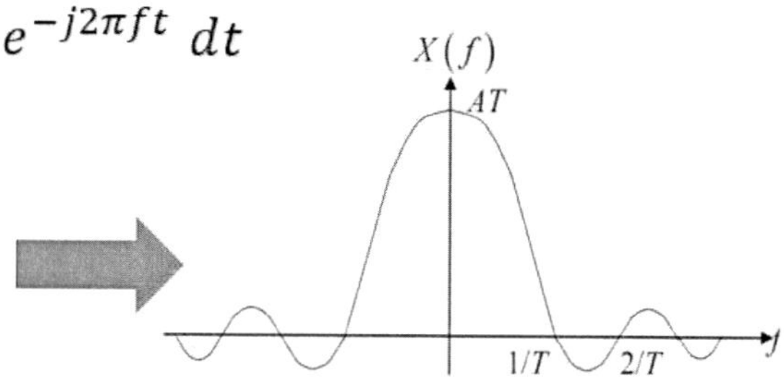

| 그림 12-14 | Fourier 변환된 신호의 스펙트럼 밀도

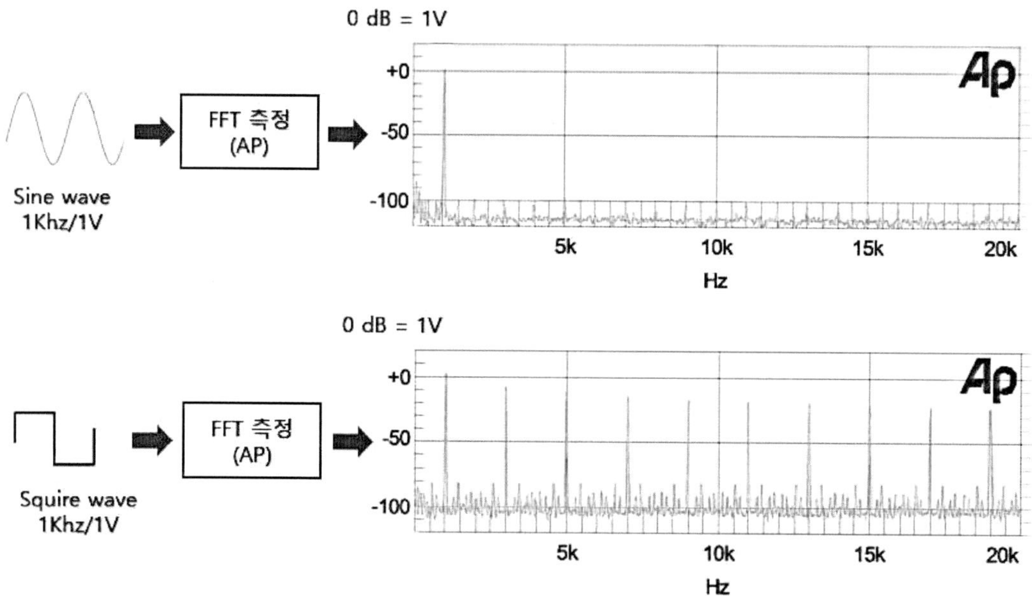

| 그림 12-15 | 정현 파와 구형 파형의 FFT 측정 결과

12-4 샘플링 주파수와 Nyquist 이론

아날로그 신호를 디지털 신호로 변환하는 과정에서 가장 중요한 부분이 샘플링 주파수를 결정하는 것이다. 나이퀴스트(Nyquist) 샘플링 이론에 의하면, 입력되는 신호의 주파수보다 샘플링 주파수가 최소 2배 보다 높아야 신호 복원이 된다고 정의하고, 일반적으로 이것을 나이퀴스트 주파수라 명하여 나타낸다.

$$f_s \geq 2f_{\max}\ (f_s\text{는 샘플링 주파수를 나타낸다}) \tag{12-5}$$

그러나 아날로그 오디오 신호를 디지털 신호로 변환하여 저장한 후, 그 디지털 신호를 다시 아날로그 신호로 복원하여 사용할 경우에는 샘플링 주파수가 나이퀴스트 이론 값 보다 아주 훨씬 더 높아야 완전한 아날로그 오디오 신호로 복원이 된다. 오디오 주파수 대역에서의 아날로그 신호는 음향 환경 조건에 따라 주파수와 진폭의 크기가 같아도 위상 값이 달라지면 완전히 다른 신호로 귀에 들려질 수 있다.

그림 12-16은 아날로그 6KHz 신호를 디지털 신호로 변환하고, 다시 복원하기 위하여 디지털 신호를 아날로그 신호로 변환한 후에 저주파 대역 통과필터(low pass filter)을 통하여 잡음을 제거하는 과정을 나타낸다. 복원된 오디오 아날로그 신호의 변환 과정에서 샘플링 주파수를 10KHz, 20KHz, 40KHz로 각각 변화시키면서, 샘플링 주파수에 대비 변환된 신호의 왜곡 현상이 얼마나 나타나는지를 디지털 오실로스코프로 측정한 값이다. 측정된 결과 파형에서 보여지듯이, 샘플링 주파수가 입력 신호 파형의 주파수 6KHz에 비하여 1.67배(2배 이하) 높은 10KHz에서는 복원된 신호의 주파수 값도 변화하여 오디오 신호의 복원이 이루어졌다고 표현하기가 어렵다. 샘플링 주파수가 입력 신호 주파수 6KHz에 비하여 3.4배 높은 20KHz 수준에서는 복원된 신호의 주파수는 동일하게 복원되었으나 위상 값이 틀어지고 왜곡이 심하게 발생되었다. 처음에 입력된 신호에 대한 신호와 잡음 비율 측정 값 SINAD(ratio for signal + noise: noise) 값은 35dB 이상이었으나 디지털 신호를 다시 아날로그 신호로 복원후의 SINAD 값은 약 20dB 이하로 측정되었다. 그리고 샘플링 주파수가 입력 신호 주파수 6KHz 대비 6.7배인 40KHz 수준에 있을 경우에도 오디오 신호 복원은 입력 신호와 유사하게 되었으나 SINAD 값이 28 ~ 30dB 수준으로 측정되어 찌그러짐과 잡음이 처음 입력된 신호 원음에는 못 미치는 수준에 있다는 것을 나타낸다.

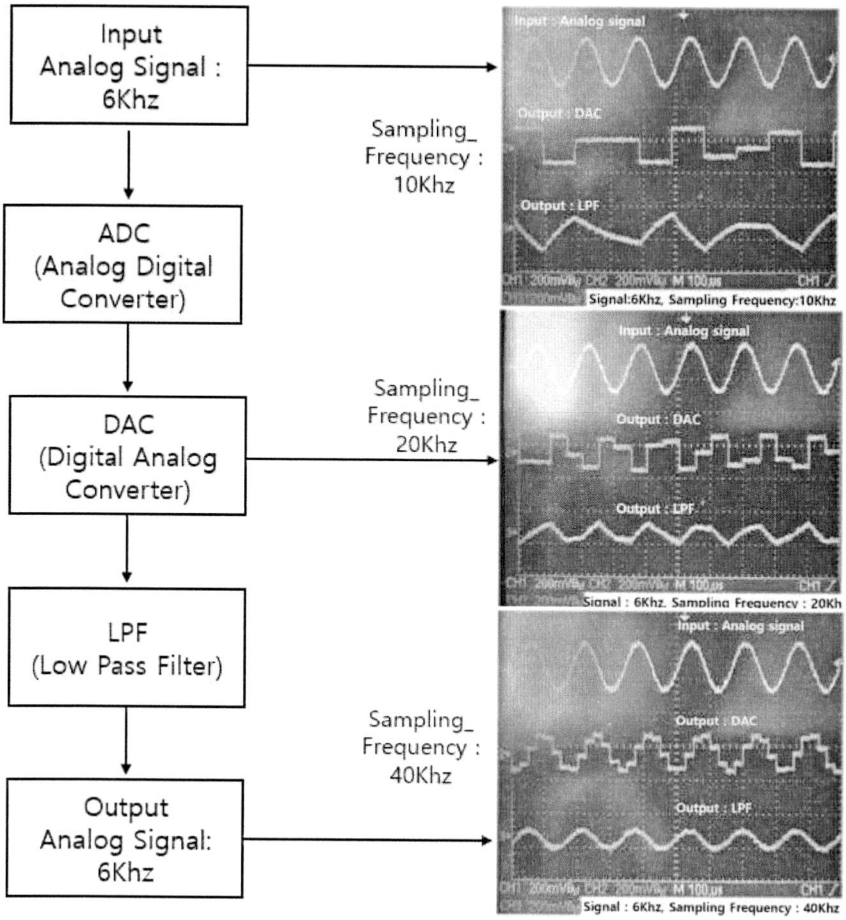

| 그림 12-16 | 샘플링 주파수 대비 아날로그 신호의 디지털 신호로 변환과 아날로그 신호로 재 복원 결과

12-5 정현 파 신호와 켤레 복소수(conjugate)

음성 신호를 포함하여 귀로 들을 수 있는 오디오 신호는 정현 파 신호의 형태로 구성된 여러 주파수가 합쳐진 복합 신호이다. 정현 파 신호의 한 주기는 한 개의 원호에 해당되며 360도 (2π)로 설명된다. 일반적으로 한 주기(period)를 T로 쓰고 단위는 초(second)로 나타낸다. 그리고 특정된 범위에서 지정된 한 주기를 기준으로 해당 주파수 값이 계산된다. 즉, 지정된 한 주기의 주파수(F)는 $F=\frac{1}{T}$이다.

그림 12-17은 정현 파 신호의 한 주기를 4 등분하여 표현한 그래프이다. 한 주기 범위 내에

서 A, B, C, D 지점의 진폭의 변화 상태를, 시간이 지나가면서 그려지는 파형의 모양으로 보면, A 영역(zone)과 C 영역, 그리고 B 영역과 D 영역의 모양이 대칭(symmetry)으로 구성되어 있다는 것을 볼 수 있다. 신호의 주파수 성분을 분석할 때 A, B, C, D 영역을 모두 읽고 해석하는 것이 최적의 값을 나타내는 방법이나, 연산의 계산 양을 줄이기 위하여 대칭되는 영역인 A와 C, 그리고 B와 D 영역에서 대칭되는 부분의 연산을 제외하여 근사치 값으로 주파수 특성을 해석할 수도 있다.

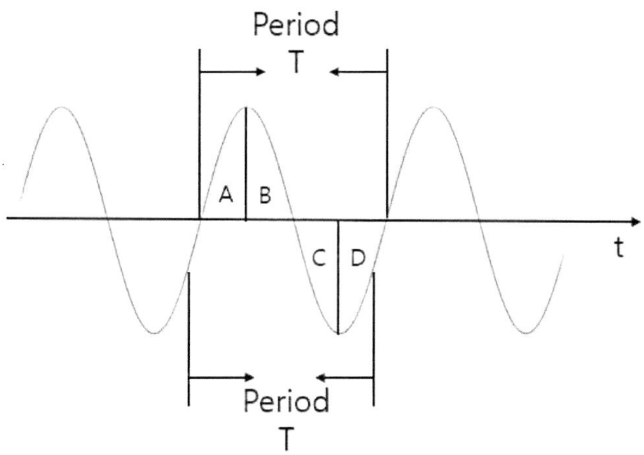

| 그림 12-17 | 정현 파의 주기(period)와 대칭(symmetry) 영역

이것은 실제적으로 데이터 값이 읽어진 부분을 실수로 표현하고 숨겨진 영역의 부분을 허수로 표현하여 연산할 수 있다는 것을 의미한다. 이 후 설명되어질 고속 푸리에(FFT) 변환을 이해하는데 도움이 될 부분이다.

실수 부와 허수 부를 수학적(mathematics) 개념으로 나타낼 때, 실수(real) 부분과 허수(imaginary) 부분의 값을 복소수 값으로 표현한다. 켤레 복소수(conjugate complex number)는 실수와 허수로 구성된 수식의 근을 의미하고, 실수 부분의 근은 같고 허수 부분에서 부호가 + 에서 - 로 바뀌어 표현되는 부분이다. (복소 평면 위에서 서로 켤레인 두 복소수는 X 축에 의하여 대칭이다.)

$$\text{켤레 복소수는 } a+bj\text{와 } a-bj\text{을 의미한다.} \qquad (12\text{–}6)$$

참고로, 복소수가 포함된 복잡한 연산을 표현할 때 오일로(Euler's formula) 정의 공식을 적용하면 좀더 편안한 연산을 실행할 수 있다.

정현 파 신호의 오일로 정의는 다음과 같이 나타낸다.

$$e^{j\theta} = cos\theta + jsin\theta$$
$$cos\theta = \frac{e^{j\theta} + e^{-j\theta}}{2} \quad (12-7)$$
$$sin\theta = \frac{e^{j\theta} - e^{-j\theta}}{j2}$$

여기서 j는 허수의 단위로 $\sqrt{-1}$이 된다.

특히 $\theta = \pi$일 때, $e^{j\pi} = -1$이면 $e^{j\pi} + 1 = 0$이 성립된다.

12-6 DFT and FFT 개념

12-6-1 DFT(discrete Fourier transform) 개념

이산화 디지털 신호(discrete-time signal)은 $x(nT)$로 표현될 수 있고, (nT)에서 n은 샘플링 숫자를 나타내고 T는 샘플링 간격을 나타낸다.

$x(nT)$ 신호를 이산화 푸리에 변환(discrete Fourier transform) 값으로 표현하면 다음과 같이 나타낼 수 있다. 우선적 절차로서, N-point의 DFT (discrete Fourier transform)를 정의하면 아래와 같이 쓸 수 있다. (12-8)

$$X(k) = \sum_{n=0}^{N-1} x(n) W_N^{nk} \qquad k = 0,1,2,\ ...,\ N-1$$

$$W_N^{nk} = \exp(-j2\pi nk/N).\ (j = \sqrt{-1})$$

참고 N은 푸리에 변환 연산할 범위를 의미하고, $\frac{2\pi}{N}$는 샘플링 간격으로 샘플링 주파수와 같다. 그리고 디지털 신호로 입력되는 신호의 길이는 K로 나타낸다. (12-9)

DFT 신호를 다시 역순으로 정의할 수 있다.

$$x(n) = 1/N\sum_{k=0}^{N-1} X(k)\exp(j2\pi nk/N),\ n = 0,1,2,3,\ ...,\ N-1 \qquad (12-9)$$

그리고 정수 W_n는 회전인자 또는 비틀림 계수(twiddle factor)로 표현되어 다음과 같이 나타낼 수 있다.

$$W = e^{-j2\pi/N},\ \text{또는}\ \ W_N = e^{-j2\pi/N} = \cos(2\pi/N) - jsin(2\pi/N) \qquad (12-10)$$

주목할 사항은, W_N은 정수 에너지(integer powers) 값에서, N의 주기를 가지는 절차로 진행된다. 즉, $W_N^n = W_N^{n+N}$이다. 참고적으로 이해를 돕기 위해 주파수 개념을 다시 세분하여 정리하면, 1초 동안에 원을 한바퀴 회전(2π= 360도)하면 1Hz이고, 1초에 1000번 회전하면 1000Hz로 표현한다. 주기 연속 신호의 주파수 표현은 $e^{j2\pi kt/T}$로 표현될 수 있고 (T=주기 간격, k= sampling 수량, t=sampling 간격), 주기 이산 신호의 주파수 표현은 $e^{j2\pi kn/N}$로 나타낸다.

예를 들어 길이가 $N = 4$인 이산 신호의 4 포인트 DFT는 아래와 같이 나타낸다.

$$X(k) = \sum_{n=0}^{3} x(n)W_4^{nk},\ ...,\ k = [0,1,2,3]. \qquad (12-11)$$

이 경우에 몇번의 곱셈이 수행되어야 하는지 아래와 같이 행렬로 나타내 보면 총 16개의 곱셈이 필요하다.

즉 N 포인트의 DFT 연산에서는 N^2만큼의 곱셈 실행이 요구된다.

$$\begin{bmatrix} X(0) \\ X(1) \\ X(2) \\ X(3) \end{bmatrix} = \begin{bmatrix} w_4^0 w_4^0 w_4^0 w_4^0 \\ w_4^0 w_4^1 w_4^2 w_4^3 \\ w_4^0 w_4^2 w_4^4 w_4^6 \\ w_4^0 w_4^3 w_4^6 w_4^9 \end{bmatrix} \begin{bmatrix} x(0) \\ x(1) \\ x(2) \\ x(3) \end{bmatrix}$$

앞에 설명된 DFT의 연산 식, $k = 0,1,2,3,\ ...,\ N-1$ 대하여 연산을 위한 식으로 풀어 쓸 수 있다.

$$X(k) = x(0) + x(1)W^k + x(2)W^{2k} + x(3)W^{3k} + ... + x(N-1)W^{(N-1)k} \qquad (12-12)$$

여기 연산식에서 보충 설명을 하면, $X(k)$는 k 값에 대한 N 값의 방정식 연산이 요구되어 N × N 매트릭스(matrix) 값으로 표현된다. 설명된 각 k 값은 복 소 지수(complex exponential)의 값으로, (N−1)의 복 소 덧셈(complex additions)과 (N)의 복 소 곱셈(complex multi-plications)에 대입되어 연산된다. 이 식은 복 소 덧셈 ((N^2-N)과 복 소 곱셈 N^2의 방정식 연산 결과를 나타낸다. 그림 12-18은 DFT로 연산을 하기 위한 Time Domain 신호를 나타낸다. 시간 영역에서 측정된 데이터는 4개 값으로 $x(n)=[2,0,4,7]$로 $N=4$이고, $K=[0,1,2,3]$의 정수 값이다.

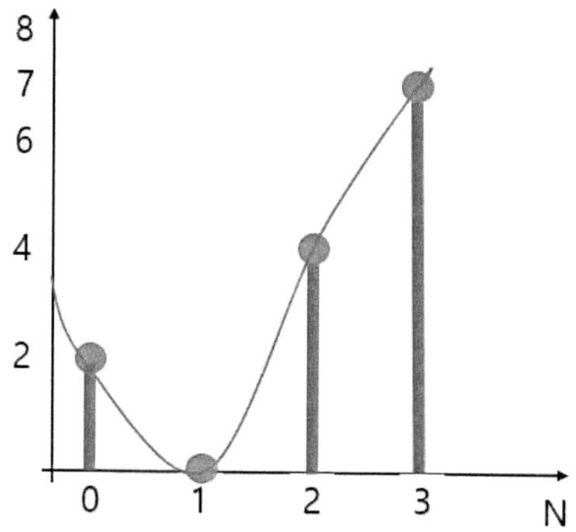

| 그림 12-18 | DFT 연산을 하기 위한 Time Domain 신호의 데이터

입력 신호의 샘플링한 데이터 값을 적용하여 DFT 연산을 아래와 같이할 수 있다. (12-13)

$X_k=\sum_{n=0}^{N-1} x(n)\, e^{\frac{-j2\pi nk}{N}}$ 수식에서,

$k=0$일 때 지수 값은 $e^{\frac{-j2\pi n0}{4}}=e^0=1$이 되어서,

$$X_0=x(0)*1+x(1)*1+x(2)*1+x(3)*1$$

$$X_0=2+0+4+7=13$$

$k=1$일 때 지수 값은,

$$X_1=x(0)*e^{\frac{-j2\pi*0*1}{4}}+x(1)*e^{\frac{-j2\pi*1*1}{4}}+x(2)*e^{\frac{-j2\pi*2*1}{4}}x(3)*e^{\frac{-j2\pi*3*1}{4}}$$

$$X_1=2*1+0*(-j)+4*(-1)+7*(j)=-2+7j$$

$|X_1| = \sqrt{(-2)^2 + (7)^2} =$ 약 7.2801

$k=2$일 때 지수 값은,

$$X_2 = x(0) * e^{\frac{-j2\pi * 0 * 2}{4}} + x(1) * e^{\frac{-j2\pi * 1 * 2}{4}} + x(2) * e^{\frac{-j2\pi * 2 * 2}{4}} + x(3) * e^{\frac{-j2\pi * 3 * 2}{4}}$$

$$X_2 = 2 * 1 + 0 * -1 + 4 * 1 + 7 * -1 = -1$$

$k=3$일 때 지수 값은,

$$X_3 = x(0) * e^{\frac{-j2\pi * 0 * 3}{4}} + x(1) * e^{\frac{-j2\pi * 1 * 3}{4}} + x(2) * e^{\frac{-j2\pi * 2 * 3}{4}} + x(3) * e^{\frac{-j2\pi * 3 * 3}{4}}$$

$$X_3 = 2 * 1 + 0 * j + 4 * -1 + 7 * -j = -2 - 7j$$

$|X_3| = \sqrt{(-2)^2 + (-7)^2}$ = 약 7.2801

그림 12-18에 나타낸 입력 값에 대하여 DFT 연산 된 결과를, MATLAB 프로그램을 이용하여 푸리에 변환을 실행하여 그 결과 값을 비교해 볼 수 있다.

```
%fft
x = [2  0  4  7]

  x = 1x4
        2     0     4     7

y = fft(x);
magy = abs(y);
subplot(111) ; % 121는 2장으로 왼쪽표기
plot(magy,'--*k'); %점선, 별표,검정


subplot(111) ; % 121는 2장으로 왼쪽표기
plot (magy,'--*r') ;% red color
axis([0 5 0 14]) ;
% -2 2 이면  -2에서 +2 까지
xlabel ('Sampling_n  N') ;
ylabel ('Magnitude') ;
title ( 'Fourier Function' ) ;
```

```
subplot(111) ;
stem(magy,'k--') ;% blk 점선,blue 실선
axis([0 5 0 14]) ; %
xlabel('Sampling_n   N') ;
ylabel('Magnitude') ;
title('Fourier Function');
```

그림 12-19는 MATLAB 프로그램을 이용하여 샘플링 된 데이터 $x(n) = 2,0,4,7$을 연산한 결과에 대한 그래프이다.

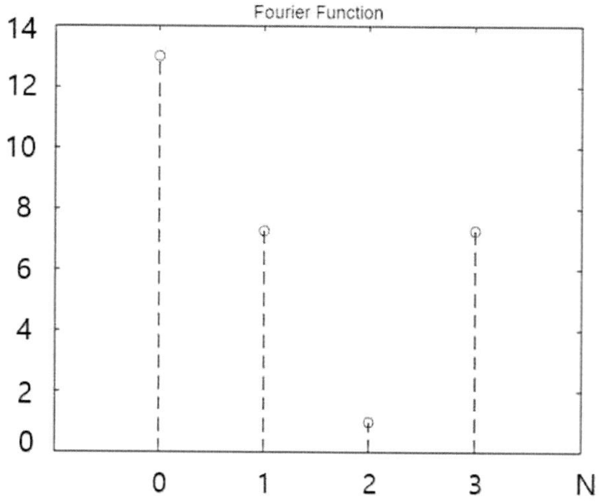

| 그림 12-19 | 샘플링 데이터 값, $x(n) = 2,0,4,7$에 대한 MATLAB_ FFT 실행 결과

참고 FFT 연산 된 값을, MATLAB 프로그램으로 아래와 같이 Inverse FFT 연산을 실행하면 시간축의 샘플링 데이터 값의 결과를 얻을 수 있다.

그림 12-20은 FFT 연산의 실행 결과 값을, MATLAB 프로그램 상에서 Inverse FFT 연산을 실행하여 IFFT실행 결과 값을 나타낸 그래프이다. IFFT 실행 결과 값은 시간 축 상의 샘플링 데이터 값과 일치된다.

```
%ifft
x = [13  -2+7*j  -1  -2-7*j]

  x = 1x4 complex
     13.0000 + 0.0000i  -2.0000 + 7.0000i  -1.0000 + 0.0000i  -2.0000 - 7.0000i

y = ifft(x);
magy = abs(y);
subplot(111) ; % 121는 2장으로 왼쪽표기
plot(magy,'--*k'); %점선, 별표,검정
```

```
subplot(111) ;
stem(magy,'k--') ;% blk 점선,blue 실선
axis([0 5 0 14]) ; %
xlabel('Sampling_n   N') ;
ylabel('Magnitude') ;
title('Fourier Function');
```

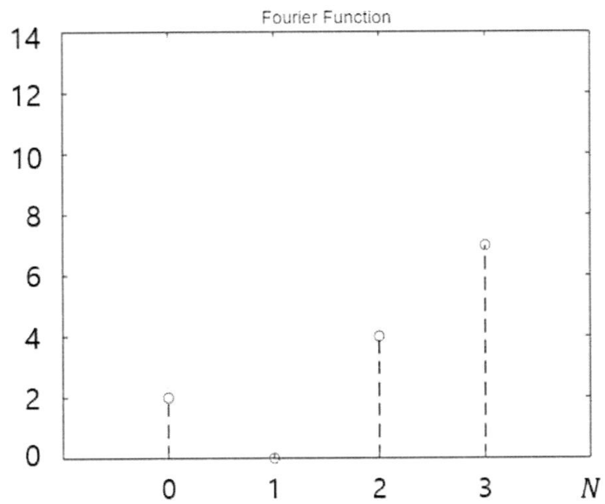

| 그림 12-20 | MATLAB 프로그램 상에서 Inverse FFT 연산을 실행한 결과 값

12-6-2 FFT(fast Fourier transform) 개념

앞절에서 설명된 $N=4$ 데이터에 대한 FFT 연산 과정에서 보듯이, 이산 푸리에 변환(DFT) 연산은 N 범위내에 존재 된 샘플링 신호 n의 길이에 자승으로 연산이 되어 N^2 연산 시간이 필요하다. 고속 푸리에 연산(FFF)은 삼각 함수의 주기성과 대칭성을 이용하여 좀더 효과적으로

연산 횟수를 줄일 수 있다. 즉, FFT 연산은 신호의 주기성과 대칭성의 특성을 적용한 뒤틀림 정수(twiddle constants) W 함수를 이용하여 FFT 연산 횟수를 $N\log_2 N$로 줄일 수 있는 것이다.

즉, W의 주기성은 $W^{k+N}=W^k$로 나타내며, W의 대칭성은 $W^{k+N/2}=-W^k$로 나타낸다. 예를 들어 W에 대하여 N 값과 k 값이 각각 $N=8$, $k=2$일 때, 주기성의 경우에는 $W^{10}=W^2$가 되고, 대칭성일 경우에는 $W^6=-W^2$가 된다.

그림 12-21은 $N=8$일 때, 뒤틀림 정수의 주기성과 대칭성을 나타낸다.

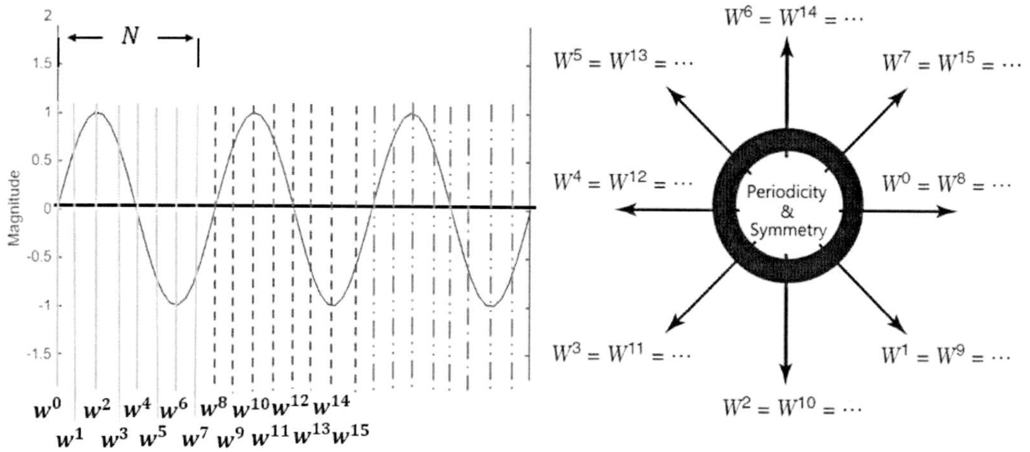

| 그림 12-21 | $N=8$일 때 뒤틀림 정수의 주기성과 대칭성 관계

12-6-3 실수형 실 신호의 실수 부 와 허수 부

실 신호 $x(n)$이 실수인 경우, $(0 \le n \le n-1)$ 조건에서 $x(n)$의 DFT를 $X(k)$라 하면, $X(k)$와 $X(N-k)$는 서로 복소수 공역 (complex conjugate)이 된다. 즉, $X(k)=X(N-k)^*$ 이다. 여기서 *는 복소수 공역을 나타낸다.

위 수식을 실수 부(real)와 허수 부(imaginal)로 나누어 다시 표현하면 다음과 같다.

$$\begin{aligned} Re\{X[k]\} &= Re\{X[N-k]\} \\ Im\{X[k]\} &= -Im\{X[N-k]\} \end{aligned} \qquad (12\text{-}14)$$

그림 12-22는 실 신호 DFT에 대하여 실수 부와 허수 부에 대하여 나타낸다. $X[k]$의 허수 부에 대하여 $Im\{X[0]\}$, $Im\{X[N/2]\}$은 반드시 0이 된다.

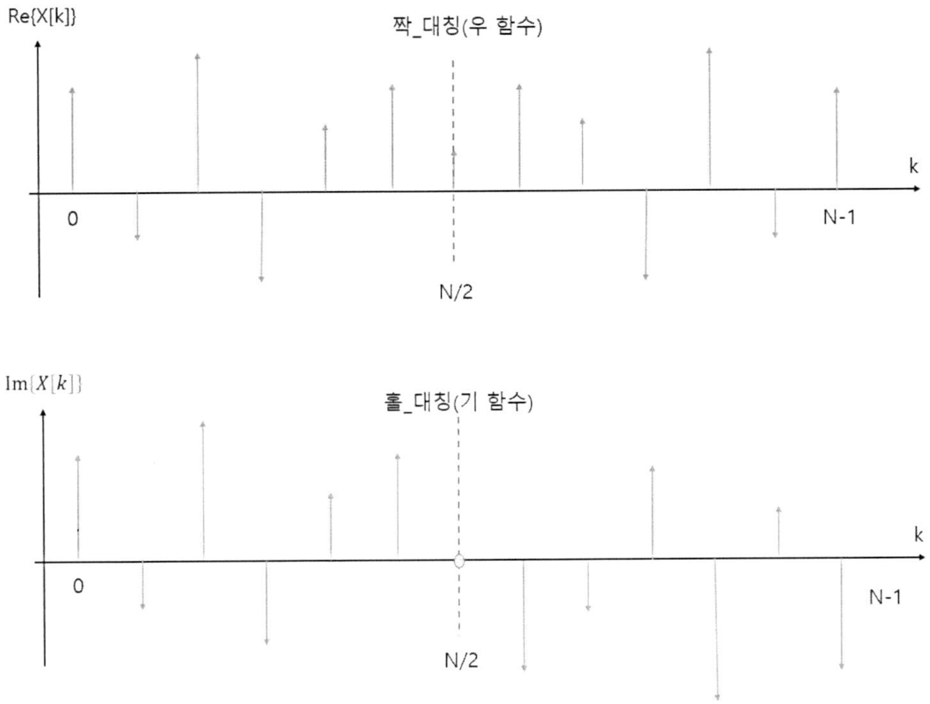

| 그림 12-22 | 실 신호 DFT의 실수 부와 허수 부(N이 짝수일 경우)

실 신호 $x(n)$가 우 함수 또는 기 함수로 표현될 때, DFT는 다음 식으로 연산될 수 있다. (우 함수: even, Y축으로 대칭, 기 함수: odd, X축으로 대칭)

$$\text{실 신호 } x(n)\text{가 우 함수일 때: } X(k) = \sum_{n=0}^{N-1} x(n)\, cos(2\pi nk/N)$$
$$\text{실 신호 } x(n)\text{가 기 함수일 때: } X(k) = -j \sum_{n=0}^{N-1} x(n)\, sin(2\pi nk/N) \quad (12-15)$$

따라서 실 신호 $x(n)$가 우 함수로 표현되면, DFT의 허수 부는 모두 0이 되어 실수가 되고, 실 신호 $x(n)$가 기 함수로 표현되면 DFT의 실수 부는 0이 되어 순 허수가 된다.

참고로, 앞에 언급한 연산의 수식에서, $K=0,1,2, ..., N/2$에 대하여만 연산을 하여도 유사한 결과가 연산 되어, $k=(N/2)+1,2, ..., N-1$ 대해서는 연산을 할 필요가 없을 수 있다는 것을 의미한다.

12-7 기저(radix) 값과 포인트(point)

포인트 값은 주파수 대역에서 연산할 주파수가 몇 개 인가를 나타내는 값이다. 그림 12-23은 포인트의 개념을 이해하기 쉽게 표현한 16 포인트가 표기된 도면으로, X 축을 주파수 대역으로, 그리고 해당 주파수의 진폭 크기를 Y축 상에서 나타낸 것으로 16 포인트로 연산이 실행된다. 즉, 16개 주파수에 대하여 각 해당 주파수의 진폭을 구하는 연산이다.

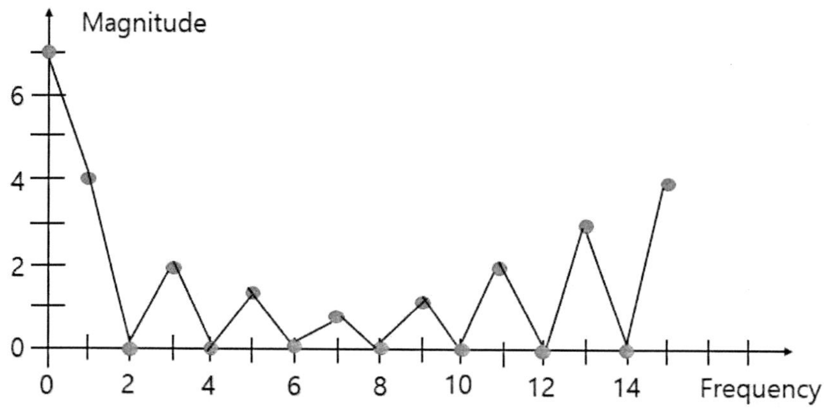

| 그림 12-23 | $N=16$일 때 연산할 주파수 포인트 값

기저(radix)는 베이스(base)라고도 불리며 FFT 연산에서 주파수 솎음의 단계(stage)를 결정한다. 예를 들어, 포인트 N이 8이고, 기저가 2일 경우 솎음의 단계 M은 다음과 같이 표현된다. 이것을 $8=2^M$로 나타내어 단계 M은 3이 되어 버터플라이 연산이 3단계 실행된다. 포인트 N이 16이고 기저가 4일 경우 솎음의 단계 M은 $16=4^M$이 되어 2단계 연산이 실행된다. 기저가 2일 경우에 FFT 알고리즘은 DFT의 N 포인트를 2개의 (N/2)로 분해한다. $N=16$에서 기저가 2이면 $N=2^4=16$의 주파수 솎음 FFT 알고리즘으로 표현할 수 있고, 4단으로 구성하여 버터플라이(butterfly) 연산을 실행한다. 예를 들어 $N=8$인 FFT는 N 포인트의 DFT를 (N/2)−포인터 2개로 분해하고, 이어서 (N/2)−포인터의 DFT 각각을 (N/4)−포인터 4개로 분해한다. 그리고 마지막으로 (N/2) 2−포인터로 구성하여 분해한다. 정리하면, FFT 변환의 최소화는 기저 값에 의하여 정해지며, 기저가 2인 경우 마지막 분해는 2−포인트 DFT (two−point DFT)가 되고, 기저가 4인 경우는 4−포인트 DFT가 된다.

12-8 기저가 2인 주파수 솎음(decimation in frequency,) FFT 알고리즘 이해

그림 12-24는 기저가 2이고 길이 $N = 8$인 DIF 방식의 FFT 단계별 분해를 나타낸다. (단계 1에서 W_N^1는 단계2에서 W_N^2로 된다).

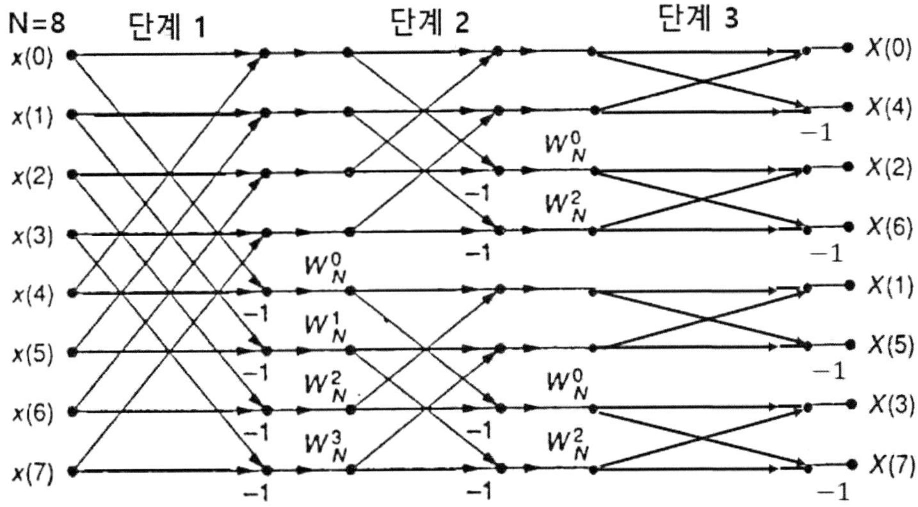

| 그림 12-24 | DIF(decimation in frequency)의 FFT 단계별 분해_ Radix = 2, $N = 8$

여기서 추가 설명을 하면 단계별 W 값은 $W_n^3 = W_8^3$, $W_8^2 = W_4^1$, $W_8^0 = W_2^0$을 의미한다.

그림 12-24의 8-point DIF(decimation in frequency) 구조에서 표현된 것 같이, 주파수를 나타내는 영역 $X(k)$는 섞음 질(decimation)되어 표현되고, 이것의 출력은 역 비트 순으로 나타낸다.

먼저, N-point을 결정하고 $N = 2^M$의 식으로 비트 수 M의 값을 정한다.

예를 들어, N의 값이 8-point이면 비트 수는 3 이 된다. 비트 수가 3이면 나비 모양의 비틀림이 3 단계로 변환되고, N의 값이 16-point이면 비트 수는 4이고 4 단계로 변환 과정이 이루어 진다.

DIF의 경우, $X(k)$의 입력 신호 나열 순서 와 출력 신호 나열 순서를 나타내 보면 역 비트 순으로 나타난다. 예를 들어, N = 8-point의 경우를 역 비트순의 과정으로 설명하면 아래와 같다.

	1 단계	2 단계	3 단계
X(0)	0 0 0	0 0 0	X(0)
X(1)	0 0 1	1 0 0	X(4)
X(2)	0 1 0	0 1 0	X(2)
X(3)	0 1 1	1 1 0	X(6)
X(4)	1 0 0	0 0 1	X(1)
X(5)	1 0 1	1 0 1	X(5)
X(6)	1 1 0	0 1 1	X(3)
X(7)	1 1 1	1 1 1	X(7)

참고적으로, 버터플라이 FFT 연산에 적용되는 수식을 아래와 같이 정리하여 사용하면 편리하다.

$$
\begin{aligned}
& e^{jk} = cosx + jsinx,\ j^2 = -1,\ W_2 = e^{-j\pi} = -1,\ e^{-j\pi} + 1 = 0 \\
& W_N^N = 1,\ W_{2N}^N = -1,\ W_N^0 = 1 \\
& W_N^1 = e^{-j2\pi/N} = cos\frac{2\pi}{N} - jsin\frac{2\pi}{N},\ j = \sqrt{-1}
\end{aligned}
\tag{12-16}
$$

그림 12-25은 positive 값으로 주어진 k, 그리고 포인트가 8인 FFT 상에서 뒤틀림 요소(twiddle factor)의 배치를 나타낸 것으로, $z-$ plane 상에서 시계 방향으로 원을 그려 요소를 나타낸다. 그리고 실제 존재하는 주파수에서의 뒤틀림 간격은 $\frac{F_s}{N}$로 나타낸다. (F_s는 샘플링 주파수, N은 포인트를 나타낸다)

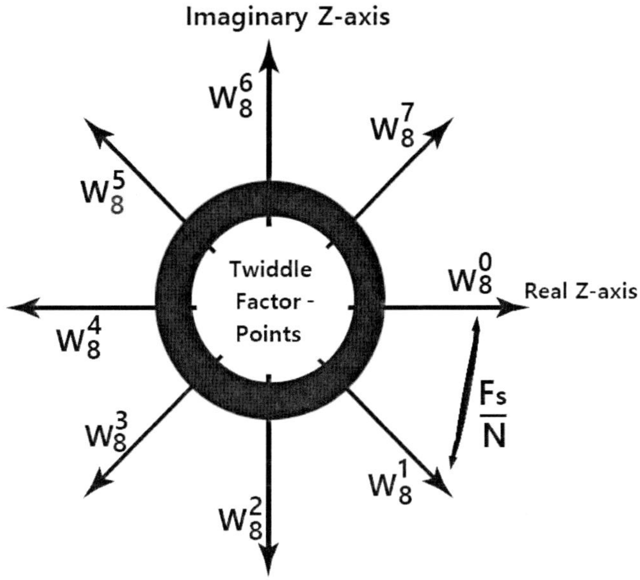

| 그림 12-25 | FFT 뒤틀림 요소의 배치도

정수로 구성된 W_N은 N의 주기(period)를 가지는 주기적 순번 진행을 형성하여 $W_N^n = W_N^{n+N}$이 성립한다. DFT 또는 FFT 정의에서 W_N^{nk}의 n과 k는 언제나 정수로 구성되고, 뒤틀림 요소에 놓여 짐은 반복하여 적용한다. 예를 들어, 2 point FFT에서는 플러스(positive) 값을 가지는 k의 어떤 값에서도 단지 2개의 뒤틀림 요소만 있다.

$$W_2^0 = e^{-j2\pi(0)/2} = 1,\ W_2^1 = e^{-j2\pi(1)/2} = -1 \tag{12-17}$$

동일한 맥락으로, 아래와 같이 4 point FFT에서는 플러스(positive) 값을 가지는 k의 어떤 값에서도 단지 4개의 뒤틀림 요소만 있다.

$$W_4^0 = 1,\ W_4^1 = -j,\ W_4^2 = -1,\ W_4^3 = j \tag{12-18}$$

IFFT(inverse fast Fourier transform)에 적용되는 W_N^{-nk}는 반 시계 방향으로 요소가 결정되어 아래와 같이 성립된다.

$$W_8^{-7} = W_8^1,\ W_8^{-1} = W_8^7,\ W_8^{-2} = W_8^6 \tag{12-19}$$

12-9 MATLAB 프로그램 상에서 구형 파 신호로 FFT와 IFFT 실행

12-9-1 MATLAB 프로그램 상에서 FFT와 IFFT 실행

입력 신호가 구형파인 신호를 N = 8, 기저(radix)값이 2의 조건으로 FFT와 IFFT(inverse fast Fourier transform)를 실행하여 본다.

$x(n)$ 입력 신호를 구형 파(rectangular waveform)로 정하여 아래와 같은 조건으로 입력한다.

$$x(0) = x(1) = x(2) = x(3) = 1$$

$$x(4) = x(5) = x(6) = x(7) = 0$$

N의 값이 8-point이고 기저 값이 2일 때, 3번의 뒤틀림(twiddle)에 적용되는 4개의 정수(four twiddle constant) W값에 대한 연산이 필요하다.

DFT의 연산은 $X(k) = \sum_{n=0}^{7} x(n)\, W_8^{nk}$ ..., $k = 0,1,2,3,4,5,6,7$이다.

그리고 $W_8^{nk} = e^{(-j2\pi nk/8)}$로 연산이 실행된다.

4개의 뒤틀림 정수(four twiddle constant) 값은 다음과 같고, 3단계에 걸쳐 뒤틀림 연산이 실행된다. 또한 단계별 연산의 결과를 확인해 볼 수 있다.

$$\begin{aligned}
W_N^0 &= 1,\ \ W_8^0 = 1 \\
W_N^1 &= e^{\frac{-j2\pi}{8}} = cos(\pi/4) - jsin(\pi/4) = 0.707 - j0.707 \\
W_N^2 &= e^{\frac{-j4\pi}{8}} = -j \\
W_N^3 &= e^{\frac{-j6\pi}{8}} = -0.707 - j0.707
\end{aligned} \qquad (12\text{–}20)$$

단계 1(stage 1):

$x(0) + x(4) = 1 \rightarrow x'(0)$

$x(1) + x(5) = 1 \rightarrow x'(1)$

$x(2)+x(6)=1 \rightarrow x'(2)$

$x(3)+x(7)=1 \rightarrow x'(3)$

$[x(0)-x(4)]\,W_N^0=1 \rightarrow x'(4)$

$[x(1)-x(5)]\,W_N^1=0.707-j0.707 \rightarrow x'(5)$

$[x(2)-x(6)]\,W_N^2=-j \rightarrow x'(6)$

$[x(3)-x(7)]\,W_N^3=-0.707-j0.707 \rightarrow x'(7)$

여기서, $x'(0)$, $x'(1)$, $x'(2)$, ..., $x'(7)$는 2 단계로 입력되는 1 단계의 출력을 나타낸다.

단계 2(stage 2):

$x'(0)+x'(2)=2 \rightarrow x''(0)$

$x'(1)+x'(3)=2 \rightarrow x''(1)$

$[x'(0)-x(2)]\,W_N^0=0 \rightarrow x''(2)$

$[x'(1)-x'(3)]\,W_N^2=0 \rightarrow x''(3)$

$x'(4)+x'(6)=1-j \rightarrow x''(4)$

$x'(5)+x'(7)=(0.707-j0.707)+(-0.707-j0.707)=-j1.41 \rightarrow x''(5)$

$[x'(4)-x'(6)]\,W_N^0=1+j \rightarrow x''(6)$

$[x'(5)-x'(7)]\,W_N^2=-j1.41 \rightarrow x''(7)$

여기서, $x''(0)$, $x''(1)$, $x''(2)$, ..., $x''(7)$는 3 단계로 입력되는 2 단계의 출력을 나타낸다.

단계 3(stage 3):

$x''(0)+x''(1)=4=X(0)$

$x''(0)-x''(1)=0=X(4)$

$x''(2)+x''(3)=0=X(2)$

$x''(2)-x''(3)=0=X(6)$

$x''(4)+x''(5)=(1-j)+(-j1.41)=1-j2.41=X(1)$

$x''(4)-x''(5)=1+j0.41=X(5)$

$x''(6)+x''(7)=(1+j)+(-j1.41)=1-j0.41=X(3)$

$x''(6)-x''(7)=1+j2.41=X(7)$

여기서 X 값은 최종 출력을 나타내며, $X(0), X(1), X(2), X(3), \ldots, X(7)$의 값은 scrambled output sequence 출력을 형성한다. 지금까지의 8 point(N = 8) 2기저 동작 상태를 설명한 것을 입증하기 위하여 MATLAB 프로그램을 실행하여 그 결과를 확인해 본다.

입력 $x(n)$값을 $x(0)=x(1)=x(2)=x(3)=1$으로 입력하고, 그리고 $x(4)=x(5)=x(6)=x(7)=0$의 값으로 입력한다. 입력된 값은 1Hz 구형 파를 나타낸다. MATLAB 프로그램 상에서 구형 파(rectangle wave) 1Hz를 FFT 연산 실행한다.

```
%fft
x = [ 1 1 1 1 0 0 0 0 ];
y = fft(x);
magy = abs(y);
plot(magy);
```

그림 12-26는 구형 파 1Hz을 FFT (N=8) 연산한 결과를 나타낸다. X 축에서 1은 $x(0)$의 값이고 8은 $x(7)$의 값이다.

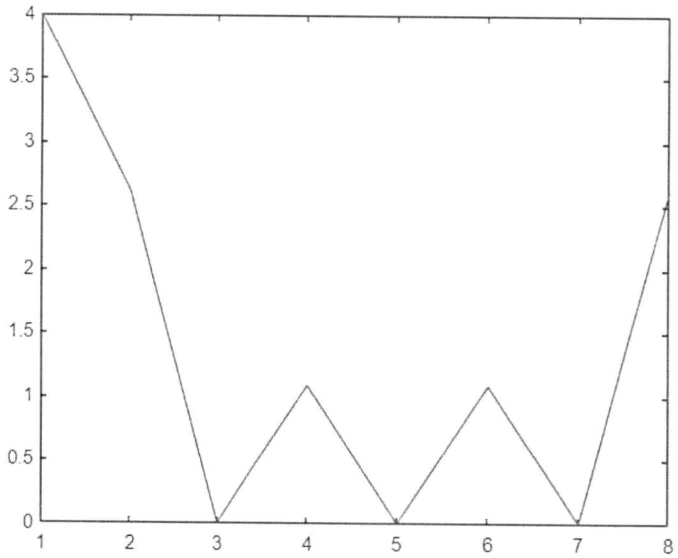

| 그림 12-26 | 1Hz 구형 파형을 MATLAB 상에서 FFT 실행 결과($N=8$)

참고적으로, 지금까지 설명된 FFT 연산의 수식을 정리한다.

$$X(k) = \sum_{n=0}^{N-1} x(n)\, W_N^{nk} \qquad k = 0, 1, 2, \ldots, N-1$$
$$W_N^{nk} = e^{(-j2\pi nk/N)} \tag{12-21}$$

그리고 FFT 신호 $X(k)$를 다시 역순으로 변환하여(inverse Fourier transform) FFT 입력 신호인 $x(n)$ 값을 구하는 연산 식 다음과 같이 나타낸다.

$$x(n) = 1/N \sum_{k=0}^{N-1} X(k) e^{(j2\pi nk/N)} \qquad n = 0, 1, 2, 3, \ldots, N-1 \tag{12-22}$$

앞에서 설명된 구형 파의 FFT 출력 $X(0), X(1), X(2), X(3), \ldots, X(7)$에 대하여, 연산 된 결과인 FFT 값을 입력 값으로 하고, 다시 역으로 연산(ifft)하여 구형 파형이 출력되는지 MATLAB 프로그램 상에서 IFFT(inverse Fourier transform)을 실행해 본다.

```
%ifft
x=[4 1-2.414 * j    0 1-0.414 * j   0 1+0.414 * j   0 1+2.414* j  ] ;
y = ifft(x);
magy = abs(y);
plot(magy);
```

그림 12-27은 구형 파형 1Hz을 FFT 한 후, 다시 역으로 연산 IFFT을 실행한 결과를 나타낸다.

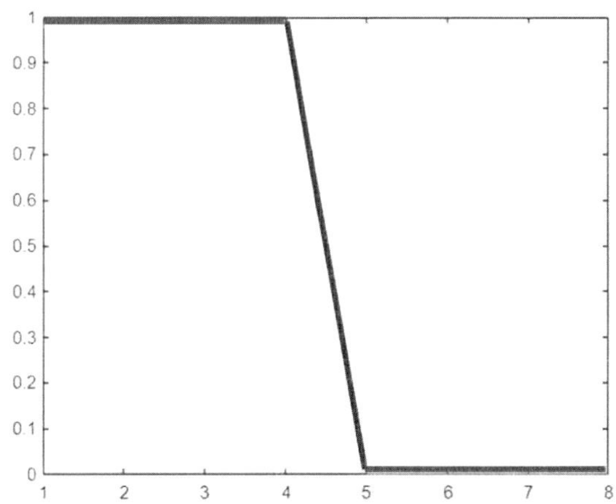

| 그림 12-27 | MATLAB 프로그램 상에서 IFFT 실행으로 출력된 구형 파형 1Hz

12-9-2 MATLAB 프로그램 상에서 구형 파 와 코사인 파에 대한 FFT 실행

MATLAB 프로그램 상에서 구형 파(rectangle wave)와 코사인 파형(cosine wave)에 대하여 FFT를 실행하고, 포인트 N 값 변화에 대하여 스펙트럼 변화의 결과를 비교하여 본다.

구형 파 2Hz의 N = 8일 때와 구형 파 4Hz의 N = 16일 때 FFT 실행 결과:

```
% fft_RECTANGLE 2hz & 4hz

x1 = [1 1 0 0 1 1 0 0] ; % rectangle 2 hz 8 point
x2 = [1 1 0 0 1 1 0 0 1 1 0 0 1 1 0 0] ; % rectangle 4 hz16 point
y1 = fft(x1) ;
y2 = fft(x2) ;
k1 = abs(y1) ;
k2 = abs(y2) ;

subplot(111) ; % 121는 2장으로 왼쪽표기
plot(k1) ;
xlabel ('POINT N = 8') ;
ylabel ('Magnitude' ) ;
title ( 'FFT, RECTANGLE 2Hz, N = 8,' ) ;
```

그림 12-28는 MATLAB 프로그램 상에서 구형 파 2Hz에 대하여 N = 8일 때 FFT 실행 결과를 나타낸다.

그림 12-29는 MATLAB 프로그램 상에서 구형 파 4Hz에 대하여 N = 16일 때 FFT 실행 결과를 나타낸다.

```
subplot(111) ; % 122 2장으로 오른쪽 표기
plot (k2) ;
xlabel('POINT N = 16') ;
ylabel('Magnitude') ;
title('FFT, RECTANGLE 4HZ N = 16');
```

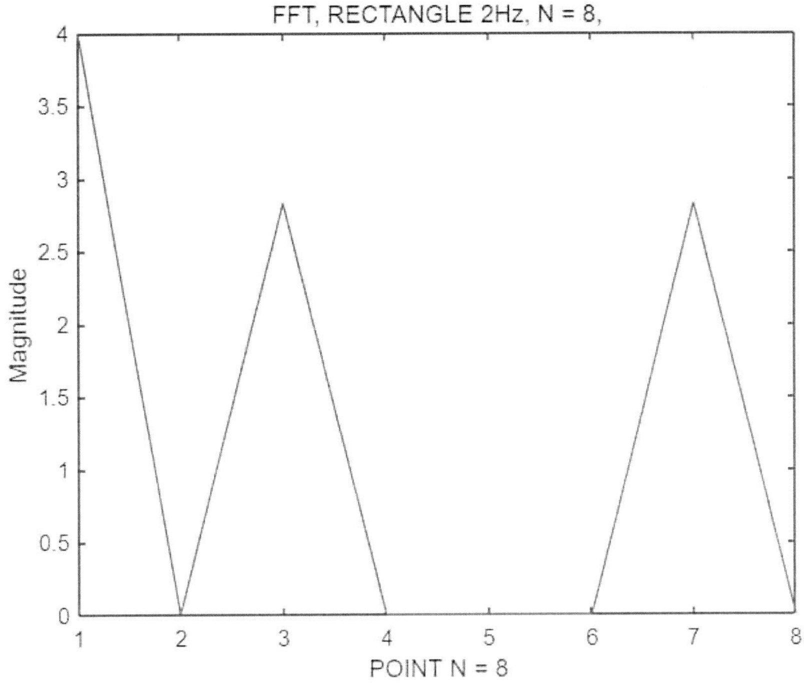

| 그림 12-28 | MATLAB 상에서 구형 파 2Hz, $N=8$일 때 FFT 실행 결과

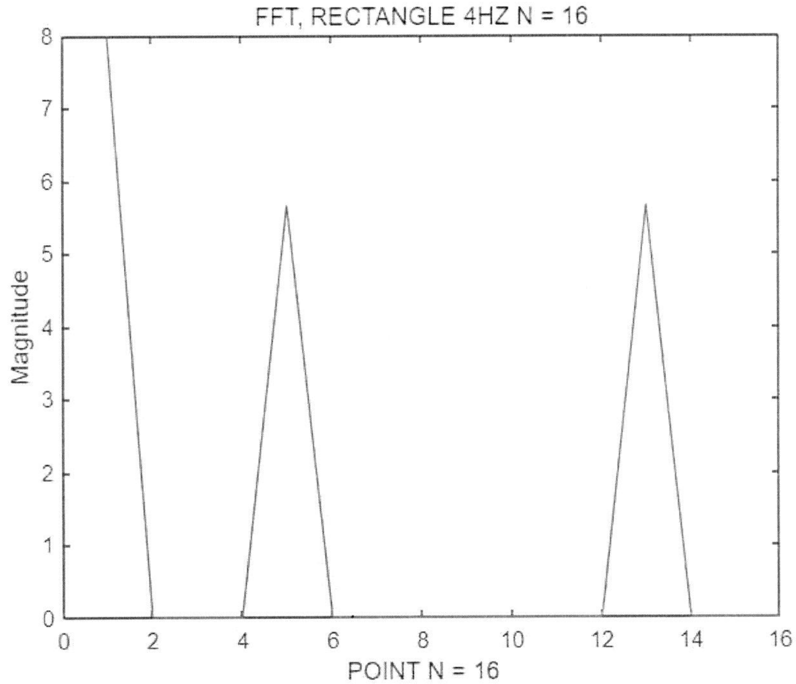

| 그림 12-29 | MATLAB 상에서 구형 파 4Hz, $N=16$일 때 FFT 실행 결과

MATLAB 프로그램 상에서, 코사인 300Hz 신호를 FFT 실행한 결과:

```
% period = 3sec, sampling rate : 0.01, x(t) = cos(2*pi*t)
% 스펙트럼 주파수 3와 298 대한 진폭이 0.5로 나타난다..
tmax = 3 ; % 300Hz
dt = 1 /100 : tmax ; % sampling rate & range
time = 0 : dt : tmax ;

x_mag = cos(2 * pi * time) ;
X_mag = fft(x_mag) ; % fourier transform, (x_t) 값
N = length(x_mag) ;
y_spec= abs(X_mag) / N ; % 진폭에 대한 절대값
freq = (0 : N-1) ;

subplot(211) ; %상하_상
plot(t, x_time) ;
grid ;
axis([0 tmax -2 2]) ;
title('cosine wave');
xlabel('Time (t)') ;
ylabel('x(magnitude)') ;

subplot(212) ; %상하_하
plot(freq, y_spec) ;
grid ;
title('FFT for cosinewave');
xlabel ('Frequency(Hz)') ;
ylabel ('X(magnitude)' ) ;
```

그림 12-30은 MATLAB 프로그램 상에서 코사인 웨이브 300Hz에 대하여 FFT 실행 결과를 나타낸다.

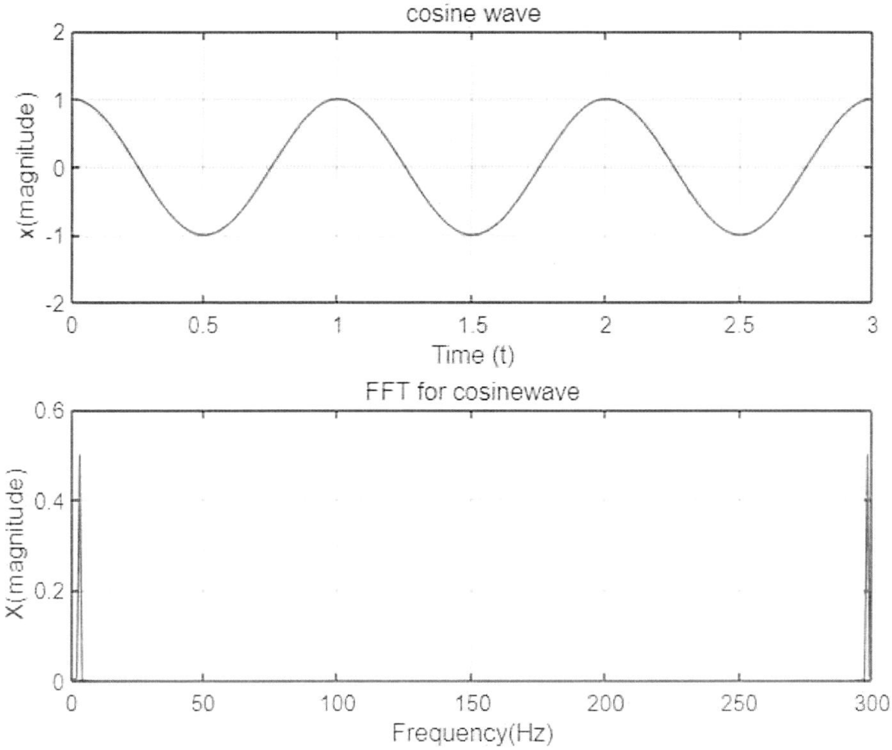

| 그림 12-30 | MATLAB 상에서 코사인 웨이브 300Hz에 대한 FFT 실행 결과

12-10 KB2837xD 보드 상에서 구동되는 FFT 프로그램 설계와 실행

KB2837xD 보드 상에서 구형 파 신호를 발생하여 FFT 연산을 실행하고, FFT 변환 결과를, PC 내에서 실행되는 TI 사의 CCS 프로그램의 TOOL 모드에서 그래프(graph) 기능을 이용하여 결과를 본다. FFT 실행 결과는 X 축을 주파수 영역으로 출력된다. 이로 인하여 X 축이 시간축으로 동작되는 디지털 오실로스코프를 이용하여 측정 결과를 나타내기는 어렵다. FFT 알고리즘 실행에서 가장 기본적인 응용은 주파수에 대한 스펙트럼(spectrum analyzer) 분석이다. 일반적으로 적용되는 FFT 분석은 입력 신호에 대하여 주파수와 진폭의 절대값을 구하는 것을 의미하며 그림 13-1과 같은 순서로 프로그램이 작성되고 실행된다.

그림 12-31은 FFT 알고리즘으로 입력 신호의 진폭 스펙트럼을 구하는 과정을 나타낸 흐름도(flow chart) 이다.

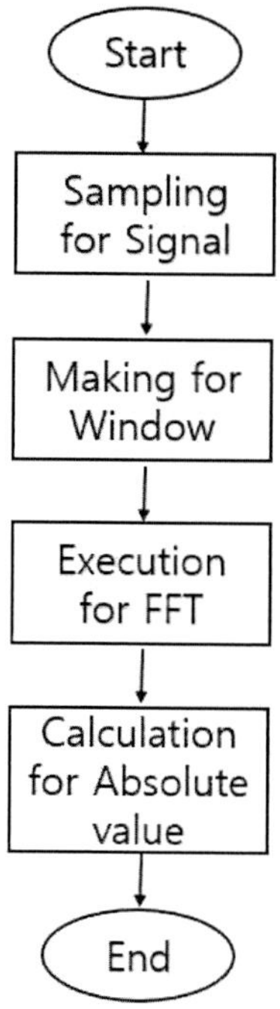

| 그림 12-31 | FFT 알고리즘에 의한 진폭 스펙트럼을 구하는 Flow Chart

주파수 스펙트럼을 구하기 위해서는, 먼저 신호의 표본화(sampling)을 만들고, 분석 범위에 해당되는 창 만들기(making for window)를 구성하여 실행한다. 창 만들기는 표본화 된 신호와 창 함수에 대하여 곱셈을 실행하는 것이다. 창 함수 알고리즘은 Hamming Window, Hanning Window, 그리고 Blackman Window 등이 알려져 사용되고 있다. 창 함수 알고리즘의 함수 식은 아래와 같이 정리될 수 있다.

Hamming Window의 함수 식: (12-23)

$W[n] = \{0.54 - 0.46cos(2\pi n/N)\},\ 0 \le n \le N-1$. 그 외에 대하여 모두 0의 값.

Hamming Window 함수에서, 메인 로브(main lobe)의 피크(peak) 값을 기준으로 볼 때 사이드 로브의 가장 큰 값은 대략 −43dB에 있다.

Hanning Window의 함수 식: (12-24)

$W[n] = \{0.5 - 0.5cos(2\pi n/N)\},\ 0 \le n \le N-1$. 그 외에 대하여 모두 0의 값.

Hanning Window 함수에서, 메인 로브(main lobe)의 피크(peak) 값을 기준으로 볼 때 사

이드 로브의 가장 큰 값은 대략 −31dB에 있다.

Blackman Window의 함수 식 (12−25)

$W[n] = \{0.42 - 0.5cos(2\pi n/N)\},\ 0 \le n \le N-1$. 그 외에 대하여 모두 0의 값.

Blackman Window 함수에서, 메인 로브(main lobe)의 피크(peak) 값을 기준으로 볼 때 사이드 로브의 가장 큰 값은 대략 −58dB에 있다.

FFT에 의한 진폭 스펙트럼을 구하는 과정을 좀더 설명하면 다음과 같다.

먼저, 샘플링 된 신호를 $x[n],\ n = 0,1,2,\ ...,\ N-1$로 하여 DFT 연산을 하는 데이터는 다음과 같이 나타낸다.

$$x[n] \times W[n],\ n = 0,1,2,\ ...,\ N-1 \qquad (12-26)$$

다음, 이 데이터에 대하여 FFT을 실행하여 DFT의 $X[k]$ 구한다. 그리고 절대값 $|X[k]|^2$ 구한다. 다만 신호 $x[n]$이 실 신호인 경우에는 $X[N-k] = X[k]^*$ 가 되므로, 절대값은 $k = 0,1,2,\ ...,\ N/2$에 대하여서만 구하여도 된다.

$$|X[k]|^2 = (Re\{X[k]\})^2 + (Im\{X[k]\})^2,\ k = 0,1,2,\ ...,\ N/2$$

연산의 결과인 절대 값을 dB로 표시할 경우에는 다음과 같이 변환한다.

$$10\log_{10}|X[k]|^2,\ k = 0,1,2,\ ...,\ N/2$$

그림 12−32은 입력된 아날로그 신호가 디지털 신호로 변환된 후, DFT로 변환되고, DFT 값은 다시 FFT로 변환되는 과정을 간략하게 정리한 연산 흐름도이다.

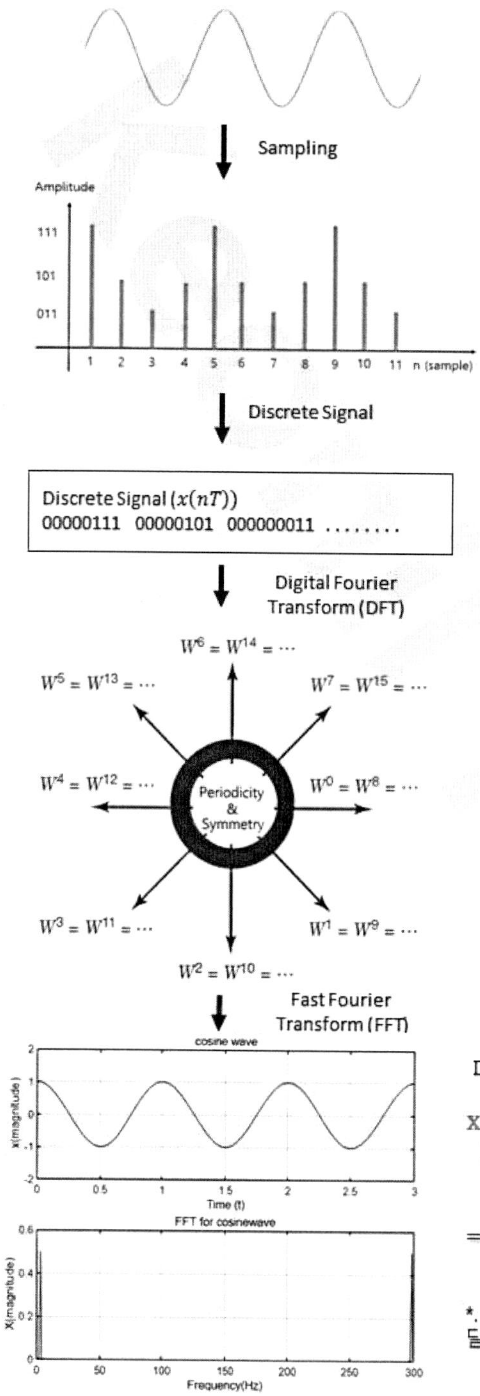

아날로그 진폭 A 신호

$$x(t) = A\sin(2\pi ft + \theta)$$

샘플링 신호 : $x_s(t)$,

Impulse function : $\delta(t - nT)$,

샘플주기 : $T = 1/F_s$

$$x_s(t) = \sum_{n=0}^{\infty} x(t)\ \delta(t - nT)$$

$$x(n) = \sum_{-\infty}^{\infty} x(m)\ \delta(n - m)$$

$$k = n - m$$

$$y(n) = \sum_{k=0}^{\infty} h(k)\ x(n - k)$$

$$X(k) = \sum_{n=0}^{N-1} x(n)\, W^{nk}$$

$k = 0, 1, 2, \ldots\ldots N-1$

N : 프레임 길이
T : 샘플링 주기

W : Twiddle constants or factors
$w = W_N^1 = e^{-j2\pi/N}$

Decimation in Frequency(DIF)

$$X(k) = \sum_{n=0}^{N-1} x(n)\ W_N^{nk}$$

$k = 0, 1, 2, 3, \ldots\ldots, N-1$

DIF-Radix 2 알고리즘(in case $N = 2N_1$)

$$X(k) = \sum_{n=0}^{N-1} x(n)\ W_N^{nk} + \sum_{n=N_1}^{N-1} x(n)\ W_N^{nk}$$

$$= \sum_{n=0}^{N_1-1} \left(x(n) + (-1)^k x(n + N_1)\right) W_N^{nk}$$

*. k 값이 짝수 일 때 와 홀수일때 결과가 달라져서 홀수와 짝수를 나누어 구해야 함.

| 그림 12-32 | 입력된 아날로그 신호의 DFT와 FFT 변환 흐름도

12-10-1 KB2837xD 보드 상에서 부동 소수점 연산을 이용한 FFT 프로그램 설계와 실행

FFT 함수(function)에 해당되는 FFT.c와 FFT 실행을 위한 메인 소스인 FFT_102.c를 각각 설계하여 프로젝트 폴더에 함께 넣는다. 그림 12-33은 FFT 실행을 위한 CCS 폴더 내의 프로그램 소스를 나타낸다. KB2837xD 보드 내에서의 실행은, 소스 프로그램을 작성하여 Build 하고, KB2837xD 보드를 연결하여 보드에 프로그램 파일을 로드 한 후에 CCS 툴에서 "resume" 버튼을 눌러 실행한다. 설계된 프로그램이 보드내에서 잘 동작하는지 확인하기 위하여 KB2837xD 보드에 실장 된 LED4와 LED5의 동작 상태를 확인한다. 프로그램이 잘 실행되면 CCS 툴의 화면 상단에 위치한 메뉴에서 툴(tool)을 선태하고 그것의 하위 폴더에서 그래프(graph)을 선택하여 실행된 결과를 CCS 툴 상의 그래프 모드에서 확인한다.

2837x_FLASH_lnk_cpu1	2022-10-04 오후 2:09	Windows 명령어 ...	7KB
F28x_Project	2021-02-12 오후 10:55	H 파일	3KB
F2837xD_Adc	2021-02-12 오후 10:55	C 파일	9KB
F2837xD_CodeStartBranch	2021-02-12 오후 10:55	ASM 파일	5KB
F2837xD_DefaultISR	2021-02-12 오후 10:55	C 파일	59KB
F2837xD_device	2021-02-12 오후 10:55	H 파일	9KB
F2837xD_GlobalVariableDefs	2021-02-12 오후 10:55	C 파일	26KB
F2837xD_Gpio	2021-02-12 오후 10:55	C 파일	18KB
F2837xD_Headers_nonBIOS_cpu1	2021-02-12 오후 10:55	Windows 명령어 ...	14KB
F2837xD_Ipc	2021-02-12 오후 10:55	C 파일	7KB
F2837xD_Ipc_Driver	2021-02-12 오후 10:55	C 파일	66KB
F2837xD_Ipc_Driver_Lite	2021-02-12 오후 10:55	C 파일	47KB
F2837xD_Ipc_Driver_Util	2021-02-12 오후 10:55	C 파일	16KB
F2837xD_Ipc_drivers	2021-02-12 오후 10:55	H 파일	23KB
F2837xD_PieCtrl	2021-02-12 오후 10:55	C 파일	4KB
F2837xD_PieVect	2021-02-12 오후 10:55	C 파일	17KB
F2837xD_SysCtrl	2021-02-12 오후 10:55	C 파일	38KB
F2837xD_usDelay	2021-02-12 오후 10:55	ASM 파일	5KB
FFT	2001-09-05 오후 10:07	C 파일	3KB
FFT_102	2022-10-13 오후 4:23	C 파일	12KB
FFT_main.pjt	2001-11-01 오전 3:53	PJT 파일	1KB

| 그림 12-33 | KB2837xD 보드 상에서 FFT 실행을 위한 CCS 툴 내의 폴더 구성

12-10-2 부동 소수점 연산을 적용하는 주파수 솎음 방식의 FFT 함수(FFT.c) 설계

아래의 프로그램은 FFT 실행을 위한 부동 소수점 연산을 사용하는 주파수 솎음 방식의 함수 프로그램이다. 설계된 함수 프로그램은 메인 폴더에 넣는다. (참고 Cgengo niyoru Digital Singousyori Nyuumon by Naoki Mikami)

```
1 /*********************/
2 /* Functions for FFT */
3 /*********************/
4 #include <math.h>
5
6 void fft_table(float wn_FFT[], short br_FFT[], int N_FFT);
7 void fft(float xr[], float xi[], float wn_FFT[], short br_FFT[], int N_FFT);
8 inline void swap(float *a, float *b);
9
10 /***************************/
11 /* Genarate tables for FFT */
12 /***************************/
13 void fft_table(float wn_FFT[], short br_FFT[], int N_FFT)
14 {
15     int i, n_half, ne, jp;
16     float arg;
17
18 /* Calculation of twiddle factor */
19     arg = 6.283185307f/N_FFT;
20     for (i=0; i<((N_FFT*3)>>2); i++) wn_FFT[i] = cosf(arg*i);
21
22 /* Calculation of bit reversal table */
23     n_half = N_FFT>>1;
24     br_FFT[0] = 0;
25     for (ne=1; ne<N_FFT; ne=ne<<1)
26     {
27         for (jp=0; jp<ne; jp++) br_FFT[jp+ne] = br_FFT[jp] + n_half;
28         n_half = n_half>>1;
29     }
30 }
```

- 라인 6–8: 함수 명을 나열한다.
- 라인 13–30: FFT의 Table을 만든다.
- 라인 22–29: 비트의 역 순을 만든다.

```
31
32 /*************************/
33 /* FFT for complex signal */
34 /*************************/
35 void fft(float xR[], float xI[], float wn_FFT[], short br_FFT[], int N_FFT)
```

```
36 {
37     float xtmpR, xtmpI;
38     int   j, jnh, k, jxC, jxS, ne, n_half, n_half2;
39
40     n_half = N_FFT>>1;
41     for (ne=1; ne<N_FFT; ne=ne<<1)
42     {
43         n_half2 = n_half<<1;
44         for (k=0; k<N_FFT; k=k+n_half2)
45         {
46             jxC = 0;
47             jxS = N_FFT>>2;
48             for (j=k; j<(k+n_half); j++)
49             {
50                 jnh = j + n_half;
51
```

• 라인 35–50: 복 소수 신호에 대한 FFT 연산을 한다.

```
52 /* beginning of butterfly operations */
53                 xtmpR = xR[j];
54                 xtmpI = xI[j];
55                 xR[j] = xtmpR + xR[jnh];
56                 xI[j] = xtmpI + xI[jnh];
57                 xtmpR = xtmpR - xR[jnh];
58                 xtmpI = xtmpI - xI[jnh];
59                 xR[jnh] = xtmpR*wn_FFT[jxC] - xtmpI*wn_FFT[jxS];
60                 xI[jnh] = xtmpR*wn_FFT[jxS] + xtmpI*wn_FFT[jxC];
61
62 /* end of butterfly operations */
```

• 라인 52–62: Butterfly 연산을 한다.

```
63                 jxC = jxC + ne;
64                 jxS = jxS + ne;
65             }
66         }
67         n_half = n_half>>1;
68     }
69 /* Bit reverse */
70     for (j=0; j<N_FFT; j++)
71         if (j<br_FFT[j])
72         {
73             swap(&xR[j], &xR[br_FFT[j]]);
74             swap(&xI[j], &xI[br_FFT[j]]);
75         }
76 }
77
```

• 라인 69–76: bit reverse을 한다.

```
78 /* used in FFT procedure */
79 inline void swap(float *a, float *b)
80 {
81     float tmp;
82     tmp = *a;
83     *a = *b;
84     *b = tmp;
85 }
86 // end
```

• 라인 78–86: FFT 실행 함수.

12-10-3 부동 소수점 연산을 적용하는 주파수 솎음 방식의 FFT 실행을 위한 메인 소스(FFT_102.c)

```
 6 #include "F28x_Project.h"
 7
 8 #define L4_LED_HIGH        GpioDataRegs.GPBSET.bit.GPIO43=1
 9 #define L4_LED_LOW         GpioDataRegs.GPBCLEAR.bit.GPIO43=1
10 #define L5_LED_HIGH        GpioDataRegs.GPCSET.bit.GPIO67 = 1
11 #define L5_LED_LOW         GpioDataRegs.GPCCLEAR.bit.GPIO67 = 1
12
13 #define REFERENCE_VDAC  0
14 #define REFERENCE_VREF  1
15
16 #define nFFT 256
17 #define nFFT3_4 ((nFFT*3)/4)
18
19 float wn_FFT[nFFT3_4];  /* for twiddle factor */
20 short br_FFT[nFFT];     /* for bit reversal   */
21 float xr[nFFT], xi[nFFT], yr[nFFT], yi[nFFT];
22
23 float FunctionSin(float x ) ; //근사값 방식, 이름 변경 floatSin to
24 float A = 2048 ; // DAC 12 bits, 4096 은 2배커짐
25 const float fDesired ;  //
26 float phase = 0 ;
27 float pi = 3.141592535 ;
28 float phaseIncrement ;
29 const float c1 = 1.5E-5 ; //for VCO
30 Uint16 fs = 40000 ; // sampling period : 25us.
31
```

• 라인 23–30: 정현파 신호 발생에 적용되는 변수 값이다. FFT 연산과 관계가 없는 신호 발생 프로그램.

```
interrupt void cpu_timer1_isr(void);

void InitDacModules(void);
void InitEPwmModules(void);
void InitAdcModule(void);
__interrupt void MainIsr(void);

Uint16  BackTicker;
Uint16  IsrTicker;

void main(void)
{
 InitSysCtrl();

#ifdef _FLASH
   InitFlash();
#endif

    InitGpio();
    EALLOW;
   GpioCtrlRegs.GPCDIR.bit.GPIO67 = 1; //L5, for ISR
   GpioCtrlRegs.GPBDIR.bit.GPIO43 = 1; //L4, for main
   GpioDataRegs.GPCDAT.bit.GPIO67 = 1; //L5
   GpioDataRegs.GPBDAT.bit.GPIO43 = 1; //L4

   DINT;
   InitPieCtrl();
//
   IER = 0x0000;
   IFR = 0x0000;

   InitPieVectTable();
//
   EINT;  // Enable Global interrupt INTM
   ERTM;  // Enable Global realtime interrupt DBGM

       EALLOW;  //210914
       PieVectTable.ADCB1_INT = &MainIsr;  // Interrupt Service
       EDIS;

       PieCtrlRegs.PIEIER1.bit.INTx2 = 1;  // Enable PIE group
       IER |= M_INT1;

        InitEPwmModules();  // Initialize EPWM Modules
        InitDacModules();   // Initialize DAC Modules
        InitAdcModule();    // Initialize On-Chip ADC

            BackTicker = 0;
            IsrTicker = 0;

            EINT;   // Enable Global interrupt INTM
```

```
 84             ERTM;    // Enable Global real-time interru
 85
 86      float xn ;
 87
 88      for(;;)
 89      {
 90          L4_LED_LOW  ;
 91
 92          BackTicker++;     //
 93
 94          float tmp  ; //
 95          const float fDesired = 3 ;
 96
 97          phaseIncrement = 2* pi* fDesired / fs ;  //200825
 98          phase =  phase + ( phaseIncrement + (c1 * xn * 4) );
 99
100                  if(phase >= 2*pi) //
101                  phase -= 2*pi ;
102                  phase = (phase > 2.0f) ? (phase -4.0f) : phase;
103
104          tmp =  (A* FunctionSin(phase)) / 3 ;
105          DaccRegs.DACVALS.bit.DACVALS =  tmp + 0x800 ; //output
106          xn = 120 ; //
107  //FFT
108      short i, rectangle, mask1, mask2;  //  short  rect, mask1, mask2;
109      const short mask0 = 0x1F;
110
111      mask1 = mask0 >> 1;
112      mask2 = mask0 - mask1;
113
114      fft_table(wn_FFT, br_FFT, nFFT);  // ganarate tables for FFT
115
116        /* 구형파 생성 */
117             rectangle = 0;
118             for (i=0; i<nFFT; i++)
119               {
120                  if ((rectangle & (mask1)) == 0)
121                    xr[i] = 0.0;
122
123                  else
124                  xr[i] = ((rectangle & mask2) == mask2) ? -1.0 : 1.0;
125                   xi[i] = 0.0;
126
127                   rectangle++;
128                   rectangle = rectangle & mask0;
129                         }
130
131                         for (i=0; i<nFFT; i++)
132                         {
```

• 라인 107–135: FFT 실행으로 구형파를 발생한다.

```
133                         yr[i] = xr[i];
134                         yi[i] = xi[i];
135                     }
136
137                     fft(yr, yi, wn_FFT, br_FFT, nFFT);
138
139         L4_LED_HIGH ;
140
141             } //end of for
142               } //end of main
143
144//  Step 10
145//  10.1 Local Interrupt Service Routines & Functions
146
147    __interrupt void MainIsr(void)
148    {
149
150     IsrTicker++;
151     L5_LED_LOW ;  //L5 켜짐,
152     AdcbRegs.ADCINTFLGCLR.bit.ADCINT1 = 1;  // Clear
153     PieCtrlRegs.PIEACK.bit.ACK1 = 1;
154     GpioDataRegs.GPCDAT.bit.GPIO67 = 1; //L5 꺼짐
155     L5_LED_HIGH ; //L5 꺼짐,
156
157            }  //Main Isr 끝
158
```

• 라인 147–158: 메인 인터럽트이다. 실제 FFT 실행에 관련된 동작은 없다.

```
159   // Sin function using 5th order polynomial
160   float FunctionSin(float x)
161   {
162       const float a1 = 1.57032002 ;
163       const float a3 = - 0.64211317 ;
164       const float a5 = 0.07186085 ;
165       float sinx,x2 ;
166
167       x = ( x > 1.0f) ? (2.0f - x) : x ;
168       x = ( x < -1.0f) ? (-2.0f - x) : x ;
169       x2 = x * x ;
170       sinx = ((a5*x2 + a3)*x2 + a1) * x ;
171       return (sinx) ;
172             }
173
```

• 라인 159–172: 사인 신호 발생 함수이다. 실제적으로 FFT 실행에 관련된 프로그램은 아니다.

이하 앞장에서 이미 설명되어 중복되는 함수 프로그램은 생략한다.

12-10-4 KB2837xD 보드 에서 부동 소수점 연산 기반 주파수 솎음에 의한 FFT 실행 결과

KB2837xD 보드가 실행되는 상태에서, CCS 툴 상에서 Graph Single time을 설정한다.

그림 13-34는 CCS 툴 상에서 Graph 설정 상태를 나타낸다. Graph 결과는 배열의 내용을 그대로 표시하는 것으로 Single time으로 설정하는 것이 옳은 방법이다.

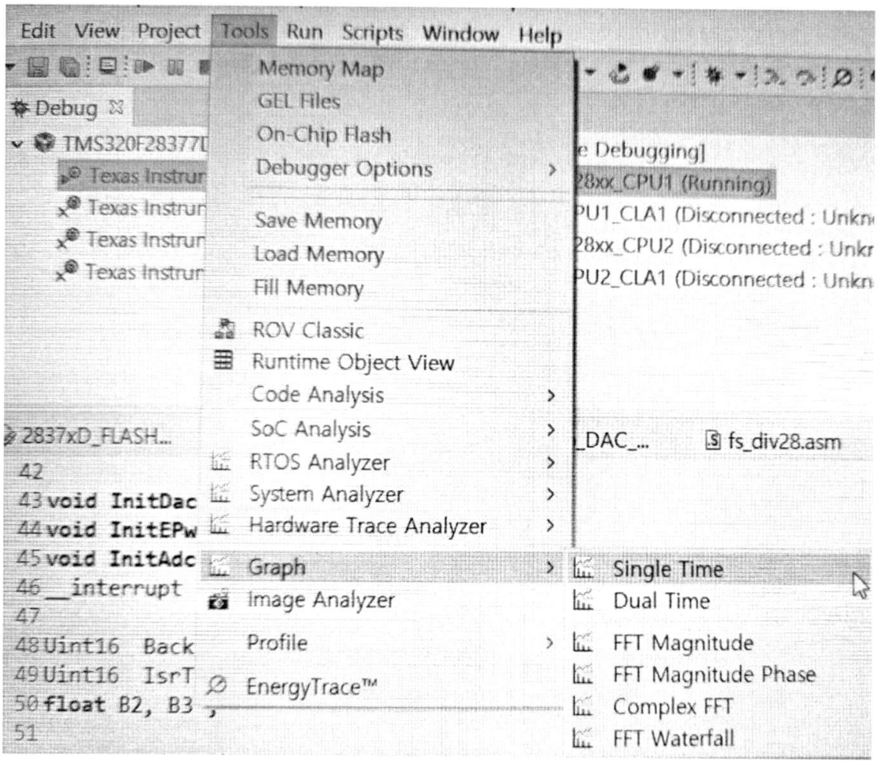

| 그림 12-34 | CCS 툴 상에서 Graph 설정 상태

그림 12-35은 Complex FFT의 입력을 측정하기 위한 설정 상태를 나타낸다.

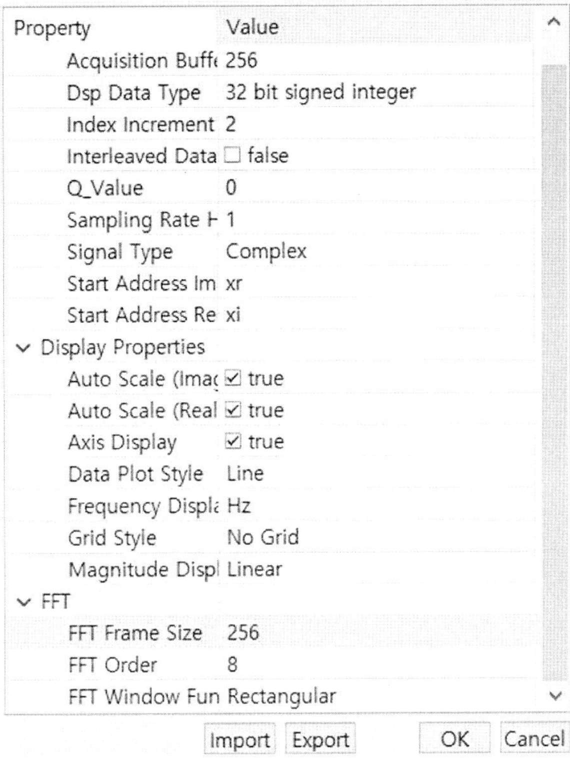

| 그림 12-35 | Complex FFT의 입력을 측정하기 위한 CCS 설정

Start Address 설정에서, 입력 신호의 실수부를 설정하려면 xr로 설정하고 허수부를 설정하려면 xi 로 설정한다.

그림 12-36은 입력 신호의 실수부의 측정 결과를 나타낸다. 허수부의 결과 값은 측정 결과로 나타나지 않는다.

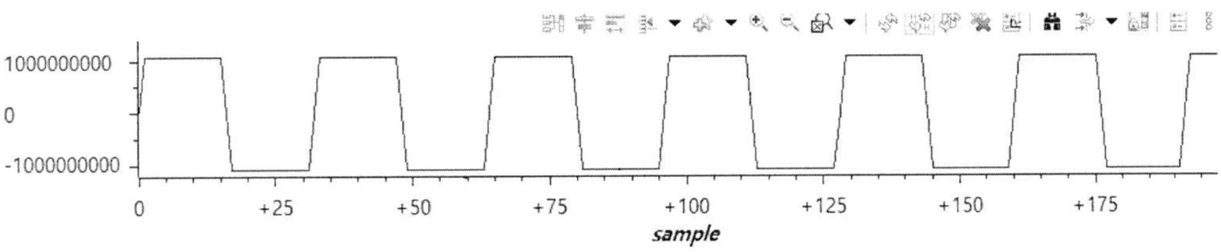

| 그림 12-36 | 입력 신호에 대한 실수 부의 측정 결과

CCS 툴 상에서 그래프 설정 관련하여, 출력의 허수부를 측정하려면 Start Address를 xr에서 출력의 허수부를 나타내는 yi로 변경하여 설정한다. 출력의 실수부를 나타내려면 yi 대신에 yr를 설정한다.

그림 12-37은 FFT 결과의 허수부가 측정된 결과를 나타낸다. FFT 결과의 실수부는 Graph 상에 나타나지 않는다.

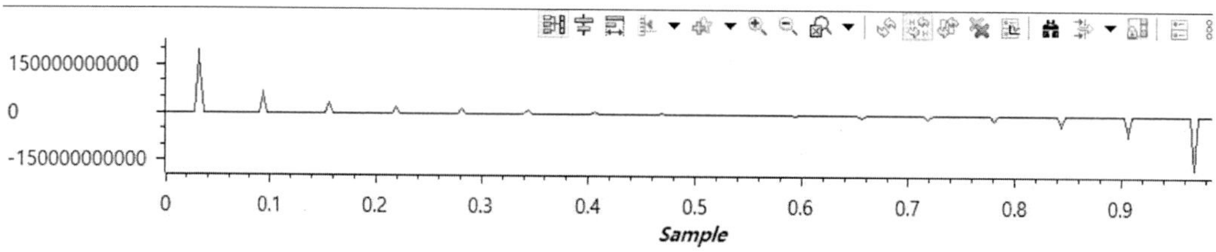

| 그림 12-37 | FFT 실행 결과의 허수부가 측정된 결과

CHAPTER 13

KB2837xD 보드 상에서 실행되는 FIR 필터_응용 시스템 설계

KB2837xD board for DSP R&D

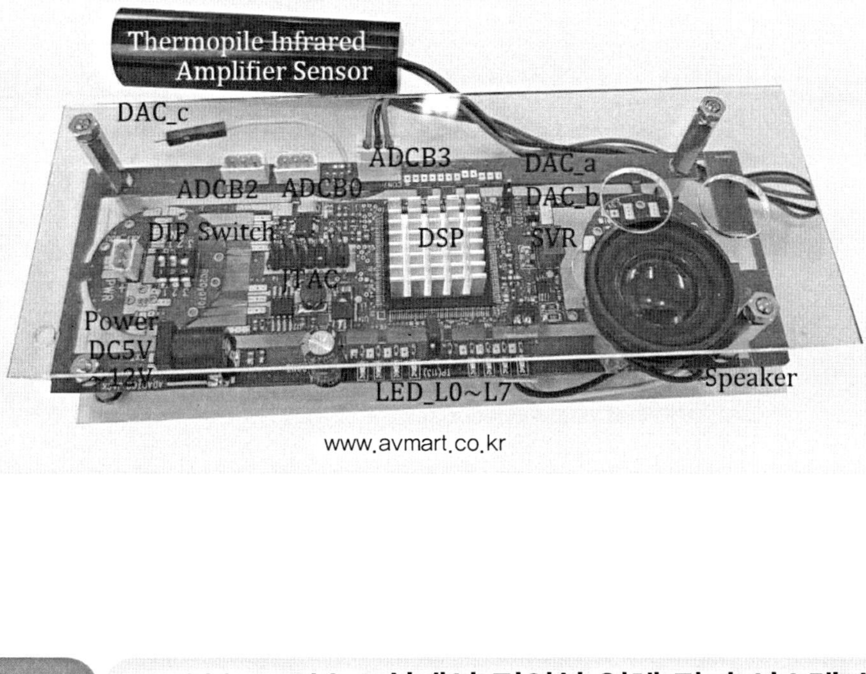

www.avmart.co.kr

13-1 KB2837xD 보드 상에서 적외선 인체 감지 시스템 설계와 실행

13-1-1 개요

적응 필터(adaptive filter) 알고리즘을 응용하여 적외선 인체 감지 시스템을 설계한다. 적외선 인체 감지 시스템은 KB2837xD 보드와 열전대열 적외선 감지 센서 모듈(thermopile infrared amplifier3) 로 구성한다. 인체에서 발산하는 적외선 파장 (8 ~ 14um)을 감지하는 적외선 센서는 감지 방법에 따라 초 전형(pyroelectric infrared: PIR) 적외선 센서 와 열전대열 (thermopile infrared: TIR) 적외선 센서로 구분되고, 인체 감지 센서의 출력은 환경 조건에 따라 차이는 있으나 100uV/1meter 이내 수준에 있다.

초 전형 적외선 센서(PIR)는 인체의 움직임을 감지하여 출력하는 구조로 되어있어서 사용 범위가 제한적이다. 이로 인하여 자동문 개폐 장치, 전등 켜기 장치 등의 일부 영역에만 적용되어 왔다. 그리고 추가적인 단점으로 가시광선과 자외선에 의한 오동작 발생 빈도가 높아 주로 감지 거리가 2 ~ 3 메타meter) 이내의 제한적 범위에서만 사용되어 왔다. PIR 방식의 센서 이후에 근래에 출시된 열전대열 적외선 센서는 PIR 방식의 구조적 단점을 보완하였고, 가시광선과 자외선에 의한 오동작이 발생 빈도를 최소화하였다. 그러나 열전대열 방식의 센서는 센서 주변의 환경 온도 변화에 출력 전압이 변화하는 단점이 있다.

본 교재에서는 열전대열 적외선 센서를 적용하여 인체 감지 시스템을 구현하고, 주변 환경 온도 변화에 영향을 받지 않도록 DSP(digital signal processor) 회로 기반에서 동작되는 적응 필터를 설계하여 적외선 인체 감지 거리가 확장된 적외선 인체 감지 장치를 설계한다.

본 설계에 응용되는 적응 필터 알고리즘은 실 시간으로 주변 환경 온도 변화에 따른 적외선 센서 출력 변화를 수 msec 이내에서 감지하여, 인체가 감지되기 직전의 대기 상태(standby)에서 항상 기준 값(error)이 0(zero)이 되도록 한다. 주변 온도 변화 영향이 최소화되도록 동작되는 적응 필터는 주변 온도 변화에 영향을 거의 받지 않도록 동작되어, 적응 필터가 적용되지 않은 적외선 인체 감지 시스템의 인체 감지 거리 최대 3m 수준에서, 적응 필터를 적용함으로 적외선 인체 감지 거리가 약10메터(meter) 수준으로 확장되고 환경 변화에 따른 오동작이 최소화된 결과가 마련된다. (참고 Reference [7],[12],[13],[26])

13-1-2 적외선 인체 감지 시스템 회로 구성

KB2837xD 보드 상의 CON7에 적외선 인체 감지 증폭기 모듈을 삽입하여 구동 회로를 완성한다. 그림 13-1은 KB2837xD 보드 상에서 구동되는 적외선 인체 감지 시스템의 회로 구성도를 나타낸다. 인체 감지 센서 모듈(TIR Amplifier3)의 출력은 CON7을 통하여 DSP IC 내에 실장 된 ADC 모듈의 ADCINB3 단자에 입력된다.

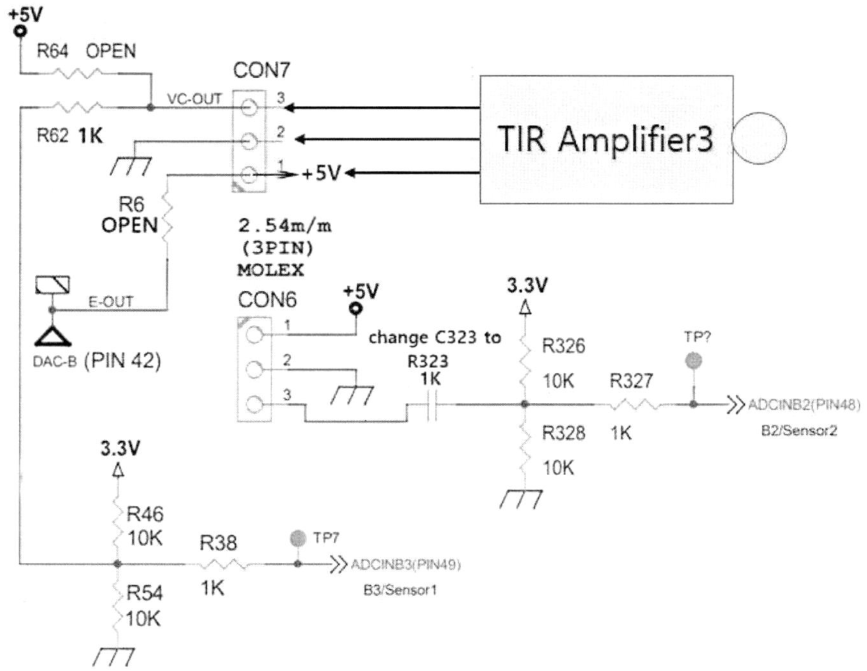

| 그림 13-1 | KB2837xD 보드 상에서 구동되는 적외선 인체 감지 시스템의 회로도

그림 13-2는 KB2837xD 보드 상에서 구동되는 적외선 인체 감지 모듈(thermopile infrared amplifier3)의 실제 제품 사진을 나타낸다(판매: www.avmart.co.kr). 적외선 인체 감지 모듈은 적외선 감지 증폭기(gain = 2000배) 와 저주파 대역 통과 필터를 케이스 내부에 실장하고 모듈의 케이스 앞 부분에 자외선 차단 렌즈를 부착하여 자외선 영향을 최소화한 구조이다.

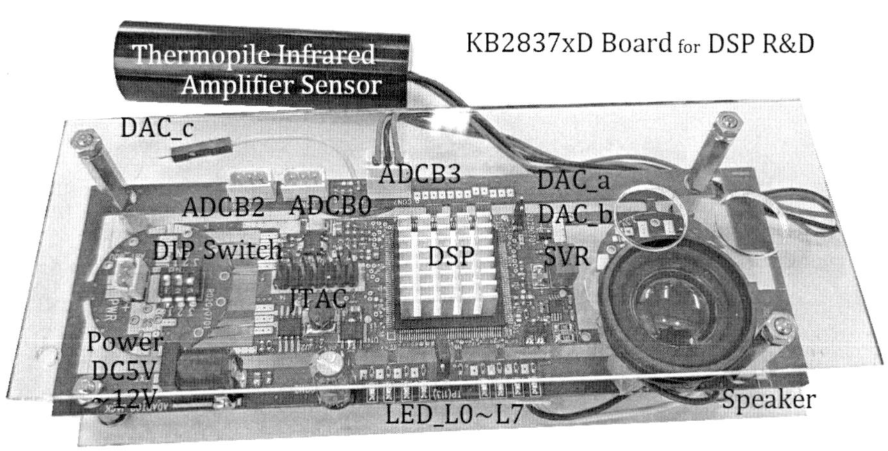

| 그림 13-2 | 적외선 인체 감지 시스템

그림 13-3은 KB2837xD 보드에 인체 감지 적외선 센서 모듈(TIR Amplifier3)이 연결된 상태의 내부 회로 구성 상태를 나타낸다.

DSP IC 회로 기반 인체 감지 판정 기 블록도 상에서 보면, 열전대열 적외선 센서 고감도 증폭기 모듈에서 출력되는 환경 온도 변화 잡음이 포함된 적외선 인체감지 출력 신호는 R3과 C3로 구성된 저주파 대역 통과 필터 통하여 CON7에 입력되어, DSP 회로 상의 A/D(analog digital converter) 단자에 TP2 신호로 입력된다. TP2 신호는 ADC 모듈의 ADCINB3 단자로 입력되어 A/D 변환 후 d(n) 신호가 된다. 동시에 또 다른 입력으로 TP2 신호는 감쇄기를 통하여 입력신호 크기가 작아진 상태로 적응 필터의 FIR 필터에 입력된다. 12-bit으로 변환된 d(n) 신호와 X(n) 신호는 약 0.8 mV (Vcc / 12bits) 크기의 해상도를 가지며, 적응 필터에 입력되는 정보로서 FIR (finite impulse response) 필터 기반으로 연산 되는 적응 필터(adaptive filter)와 LMS (least mean squares) 알고리즘으로 설계되어, 적외선 인체 감지 시스템의 동작이 실행 처리된다.

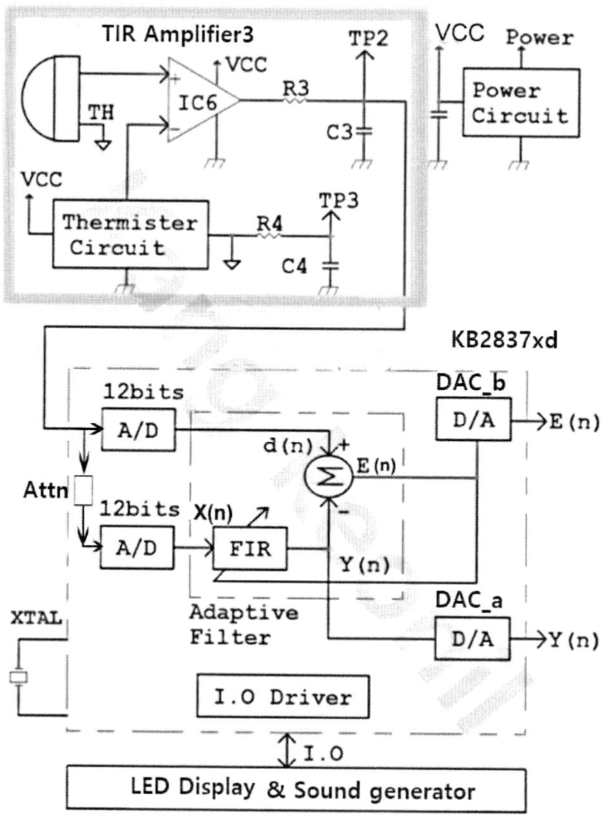

| 그림 13-3 | KB2837xD 보드와 인체 감지 적외선 센서 모듈의 내부 회로

적응 필터 기반 인체 감지 판정 기 동작은, 열전대열 적외선 감지 센서의 인체 감지 출력과 주변 환경 열 노이즈 변화 정보를 적응 필터에 입력하여, 적응 필터의 연산식에 의하여 수렴된 결과로 출력되는 결과 값인 에러 신호(error signal)로 인체 감지 판정 신호를 얻는다. 주변 환경 온도 변화가 발생되면 적응 필터 입력 신호 d의 값은 온도에 따라 변한다. 적응 필터가 없는 감지 장치에서는 인체가 감지될 때 d 신호의 값은 온도 변화에 따른 변화 값만큼이 인체 감지 값에 더해져 인체 감지 판정의 문지방 값이 온도 변화 량만큼 오차를 갖는 결과가 된다. 적응 필터가 동작되는 DSP 회로 기반 적외선 인체 감지 시스템은 환경 온도가 변화하는 대기 상태에서도 에러 신호 결과 값은 적응 필터의 동작으로 거의 0(zero)의 값을 유지한다. 대기 상태에서 인체가 감지되면 에러 신호 값은 순간 최대가 되며 수렴 동작이 이루어지면서 에러 값은 서서히 감소한다. 즉, 주변 환경 온도 변화에 대하여 문지방 값의 설정 변화를 최소화하는 적응 필터 동작을 기반으로 인체 감지 여부를 판정함으로써, 감지 판정을 위한 문지방 값이 최소화되고 인체 감지 거리가 확장된다. 구체적으로, 실시간으로 판정 감지 오차와 편차들을 줄이기 위한 DSP 회로 기반의 판정 기 모듈에서, 적응 필터의 FIR 필터 입력 X(n), 감지 출력으로 Summation의 입력 신호인 d(n), 그리고 출력 Y(n)의 관계식은 다음과 같다.

$$Y(n) = \sum_{m=0}^{N-1} W(m)X(n-m) = W^T X(n) \tag{13-1}$$

여기서,

$$W = [W(0), W(1), \ldots, W(N-1)]^T$$
$$X(n) = [X(n), X(n-1), \ldots, X(n-N+1)]^T$$

그리고 출력 $E(n)$의 동작은 다음과 같다.

$$E(n) = d(n) - Y(n) \tag{13-2}$$

식 (13-1)은 적응 FIR 필터의 입출력 관계가 콘볼루션으로 표현된 식으로, $W(m)$ $(m = 0, 1, \ldots, N-1)$은 필터 길이가 N인 FIR 필터이며, 출력 에러 값 $E(n)$의 제곱 값 $E^2(n)$가 최소가 되도록 적응 FIR 필터 벡터 값 W은

(벡터 W의 요소, 즉 시간 n에서의 $W(n)$) 다음과 같이 적응적으로 업데이트된다.

$$W(n+1) = W(n) + \beta \cdot E(n) \cdot X(n) \tag{13-3}$$

여기서 β 값은 스텝 크기(size)를 나타낸다.

그림 13-4는 실수 값을 갖는 필터 동작을 단계별로 나타낸 Transversal 블록 도이다.

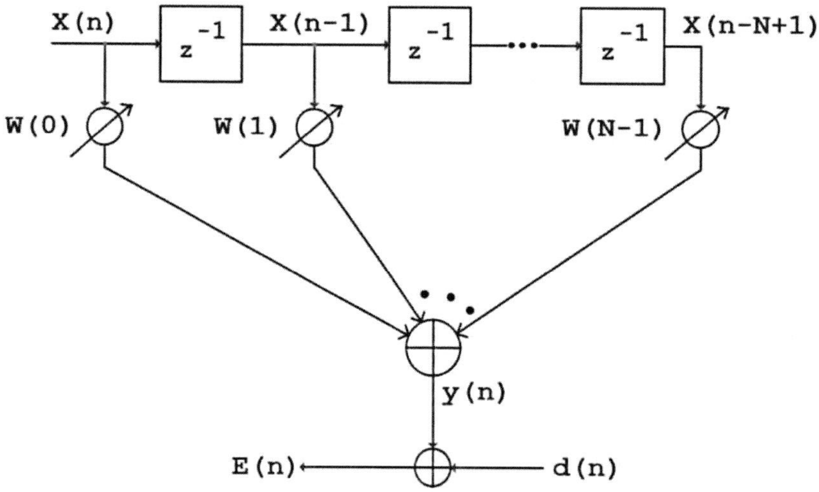

| 그림 13-4 | Transversal 필터의 블록 도

블록 도면은 열 벡터(column vector)로서 필터 탭 가중치(weight) $W(n)$와 입력 신호의 벡터 $X(n)$의 콘볼루션 출력 값을 나타낼 수 있다.

특히 $W^T X(n)$은 스칼라(scalar)이기 때문에 식이 이항(transpose) 되어도 동일한 결과를 갖는다. 그러므로 아래와 같이 표현될 수 있다.

$$W^T X(n) = (W^T X(n))^T = X^T(n)\,W$$
$$Y(n) = X^T(n)\,W \qquad (13\text{-}4)$$

즉, 앞에 열거된 식을 정리하여 설명하면, 식 13-1에서 현재 상태의 출력 $Y[n]$ 값은 W · X 의 dot product로 연산 된다.

$$Y[0] = W[0]X[n] + W[1]X[n-1] + W[2]X[n-2] \cdots + W[N-1]X[0] \cdots$$

연산 된 Y[n] 값은 식 13-2에 의하여 E[n] (error 값)로 최종 연산 된다. 수식 13-3에서 β 값이 작으면 E(n) 값이 최소 점에 도달하는 시간은 길어지나 보다 안정적인 steady state error 값을 보인다. 그리고 설계자는 적응 필터 동작이 인터럽트 설정 시간 내에서 목표 된 실행 값이 달성되도록 N 값과 β 값을 설정한다. 특히 적응 필터 수렴 동작에서 에러(error) 신호를 이용하여 인체 감지를 판정하는 알고리즘은 감지를 판정하기 위한 문지방 값을 0(zero) 값으로 낮추고 감지 판정 알고리즘 실행에서 연산의 양을 줄여 빠르게 처리할 수 있게 적응 필터의 파라메터 값을 설정하는 것이 요구된다.

13-1-3 적외선 인체 감지를 위한 적응 필터 프로그램 설계

KB2837xD 보드 상에서 구동 되는 적외선 인체 감지용 적응 필터 프로그램을 설계하고, 실행하여 결과를 본다.

그림 13-5은 DSP보드 상에서 구현되는 적응 필터 기반의 적외선 인체 감지 프로그램에 대한 흐름도(Flow Chart)을 나타낸다. 적응 필터 수렴 동작에 필요한 연산은 샘플링 주기(20KHz)와 동기 된 메인 인터럽트(main ISR) 프로그램 내에서 실행된다. 열전대열 적외선 인체 감지 세서는 센서 재질의 구조적인 문제로 주변 환경의 온도 변화에 민감하게 동작되어 감지 출력의 변화로 나타난다. 이러한 주변 환경 온도 변화에 다른 인체 감지의 오동작을 최소화하기 위하여, 인체가 감지를 하지 않은 대기 상태에서 주변 온도 변화에 따른 적응 필터의 출력 값 Yn 값을 주변의 환경 온도 변화로 값이 변한 d 신호 값에 일치하도록 수렴하여 에러(error)값이 0(zero)이 유지되도록 한다. 에러 값이 0의 값으로 유지된 대기 상태에서 인체가 감지되면 에러 값이 순간적으로 커지고 감지된 에러의 최대 값은 적응 필터의 연산으로 수렴 과정이 진행되어 수초 후에 0(zero) 값이 된다. 즉, 인체가 감지되어 에러 값이 최대가 된 값부터 수렴이 되어 에러 값이 0(zero)이 될 때 까지가 인체가 감지된 값이 된다. 인체 감지를 검출하여 판정하는 프로그램은 메인 루프에 위치하며, 에러 값과 프로그램에서 설정한 감지 기준 값을 비교하여 판정하도록 구성한다.

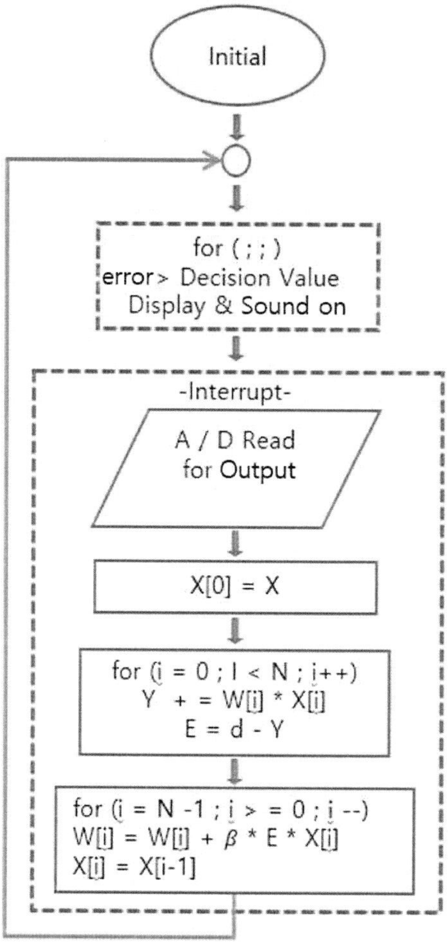

| 그림 13-5 | 적응 필터 기반의 적외선 인체 감지 프로그램에 대한 Flow Chart

참고 앞 장에서 설명되어 중복된 프로그램 ADC, DAC, EPWM 모듈 부분은 생략한다.

```

#include "F28x_Project.h"

#define SW2_STATE   GpioDataRegs.GPBDAT.bit.GPIO41 //on 일때가 low 임
#define SW3_STATE   GpioDataRegs.GPBDAT.bit.GPIO45

#define BLU_LED_HIGH        GpioDataRegs.GPASET.bit.GPIO31=1     // b2
#define BLU_LED_LOW         GpioDataRegs.GPACLEAR.bit.GPIO31=1   // 청색
#define RED_LED_HIGH        GpioDataRegs.GPBSET.bit.GPIO34=1     // b0
#define RED_LED_LOW         GpioDataRegs.GPBCLEAR.bit.GPIO34=1   // 적색
#define GRN_LED_HIGH        GpioDataRegs.GPBSET.bit.GPIO44=1     // GRN
#define GRN_LED_LOW         GpioDataRegs.GPBCLEAR.bit.GPIO44=1   //
#define L2_LED_HIGH        GpioDataRegs.GPBSET.bit.GPIO38=1
#define L2_LED_LOW         GpioDataRegs.GPBCLEAR.bit.GPIO38=1   //
```

```
24 #define L0_LED_HIGH        GpioDataRegs.GPBSET.bit.GPIO37=1     // L0
25 #define L0_LED_LOW         GpioDataRegs.GPBCLEAR.bit.GPIO37=1   //
26 #define L1_LED_HIGH        GpioDataRegs.GPBSET.bit.GPIO40=1     // L1
27 #define L1_LED_LOW         GpioDataRegs.GPBCLEAR.bit.GPIO40=1   //
28 #define L3_LED_HIGH        GpioDataRegs.GPBSET.bit.GPIO39=1     // L3
29 #define L3_LED_LOW         GpioDataRegs.GPBCLEAR.bit.GPIO39=1   //
30 #define L4_LED_HIGH        GpioDataRegs.GPBSET.bit.GPIO43=1     // L4
31 #define L4_LED_LOW         GpioDataRegs.GPBCLEAR.bit.GPIO43=1   //
32 #define L5_LED_HIGH        GpioDataRegs.GPCSET.bit.GPIO67 = 1   //L5
33 #define L5_LED_LOW         GpioDataRegs.GPCCLEAR.bit.GPIO67 = 1 //L5
34 #define L6_LED_HIGH        GpioDataRegs.GPBSET.bit.GPIO47=1     // L6
35 #define L6_LED_LOW         GpioDataRegs.GPBCLEAR.bit.GPIO47=1   //
36 #define L7_LED_HIGH        GpioDataRegs.GPBSET.bit.GPIO46=1     // L7
37 #define L7_LED_LOW         GpioDataRegs.GPBCLEAR.bit.GPIO46=1   //
38
39 #define REFERENCE_VDAC  0
40 #define REFERENCE_VREF  1
41 #define setup  30
42 #define N 20 // 5 적용가능
43 #define beta 1E-6 //1E-5 .1E-6 for TIR ok
44
45 float w[N]; //buffer weight
46 float delay [N]; //input buffer
47 float FunctionSin(float x ) ; //근사값 방식, 이름 변경
48 float A = 2048 ; // DAC 12 bits, 4096 은 2배커짐
49 const float fDesired ;
50 float phase = 0 ;
51 float pi = 3.141592535 ;
52 float phaseIncrement ;
53 const float c1 = 1.5E-5 ; //for VCO
```

- 라인 10-41: 앞장에서 설명된 내용으로 변수를 정의한다.
- 라인 42-46: 인체 감지 관련하여 ISR내에서 실행될 연산 프로그램의 파라메터 값이다.
- 라인 47-53: 메인 프로그램 내에서 실행되는 신호 발생기의 파라메터 값이다.

```
54
55 Uint16 fs = 40000 ; // 40khz, step 25us
56
57 interrupt void cpu_timer1_isr(void);
58 void InitDacModules(void);
59 void InitEPwmModules(void);
60 void InitAdcModule(void);
61 __interrupt void MainIsr(void);
62 Uint16  BackTicker;
```

- 라인 55: 신호 발생기의 값이다.

```
Uint16  IsrTicker;
float Yn ;
float E ;
float B2, B3 ;

void main(void)

{

 InitSysCtrl();

#ifdef _FLASH
    InitFlash();
#endif

    InitGpio();
    EALLOW;
    GpioCtrlRegs.GPADIR.bit.GPIO31 = 1; //cpu1, Blue
    GpioCtrlRegs.GPBDIR.bit.GPIO34 = 1; //cpu1, red
    GpioCtrlRegs.GPBDIR.bit.GPIO38 = 1; //cpu1, L2
    GpioCtrlRegs.GPBDIR.bit.GPIO44 = 1; //cpu1, 211020 Grn
    GpioCtrlRegs.GPCDIR.bit.GPIO67 = 1; //L5, ISR 확인용
    GpioCtrlRegs.GPBDIR.bit.GPIO37 = 1; //L0,
    GpioCtrlRegs.GPBDIR.bit.GPIO47 = 1; //L6,
    GpioCtrlRegs.GPBDIR.bit.GPIO40 = 1; //L1,
    GpioCtrlRegs.GPBDIR.bit.GPIO39 = 1; //L3,
    GpioCtrlRegs.GPBDIR.bit.GPIO43 = 1; //L4,
    GpioCtrlRegs.GPBDIR.bit.GPIO46 = 1; //L7,

    GPIO_SetupPinOptions(31, GPIO_OUTPUT, GPIO_PUSHPULL); //cpu1, blu
    GPIO_SetupPinMux(31, GPIO_MUX_CPU1, 0);
    GPIO_SetupPinOptions(34, GPIO_OUTPUT, GPIO_PUSHPULL); //cpu1, red
    GPIO_SetupPinMux(34, GPIO_MUX_CPU1, 0);
    GPIO_SetupPinOptions(38, GPIO_OUTPUT, GPIO_PUSHPULL); //cpu1, L2
    GPIO_SetupPinMux(38, GPIO_MUX_CPU1, 0);
    GPIO_SetupPinOptions(44, GPIO_OUTPUT, GPIO_PUSHPULL); //cpu1, GRN
    GPIO_SetupPinMux(44, GPIO_MUX_CPU1, 0);
    GPIO_SetupPinOptions(37, GPIO_OUTPUT, GPIO_PUSHPULL); //cpu1, L0
    GPIO_SetupPinMux(37, GPIO_MUX_CPU1, 0);
    GPIO_SetupPinOptions(40, GPIO_OUTPUT, GPIO_PUSHPULL); //cpu1, L1
    GPIO_SetupPinMux(40, GPIO_MUX_CPU1, 0);
    GPIO_SetupPinOptions(39, GPIO_OUTPUT, GPIO_PUSHPULL); //cpu1, L3
    GPIO_SetupPinMux(39, GPIO_MUX_CPU1, 0);
    GPIO_SetupPinOptions(43, GPIO_OUTPUT, GPIO_PUSHPULL); //cpu1, L4
    GPIO_SetupPinMux(43, GPIO_MUX_CPU1, 0);
    GPIO_SetupPinOptions(67, GPIO_OUTPUT, GPIO_PUSHPULL); //cpu1, L5
    GPIO_SetupPinMux(67, GPIO_MUX_CPU1, 0);
    GPIO_SetupPinOptions(47, GPIO_OUTPUT, GPIO_PUSHPULL); //cpu1, L6
    GPIO_SetupPinMux(47, GPIO_MUX_CPU1, 0);
    GPIO_SetupPinOptions(46, GPIO_OUTPUT, GPIO_PUSHPULL); //cpu1, L7
    GPIO_SetupPinMux(46, GPIO_MUX_CPU1, 0);
    GPIO_SetupPinOptions(41, GPIO_INPUT, GPIO_QUAL6);  //cpu1 sw2 input
    GPIO_SetupPinMux(41, GPIO_MUX_CPU1, 0);
```

```
    GPIO_SetupPinOptions(45, GPIO_INPUT, GPIO_QUAL6);  //cpu1 sw3 input
    GPIO_SetupPinMux(45, GPIO_MUX_CPU1, 0);
//
    EDIS;
    GpioDataRegs.GPADAT.bit.GPIO31 = 1;// cpu1 blue turn off LED
    GpioDataRegs.GPBDAT.bit.GPIO38 = 1; //L2
    GpioDataRegs.GPBDAT.bit.GPIO44 = 1; //211020 Grn
    GpioDataRegs.GPBDAT.bit.GPIO34 = 1; //211020 Red

    GpioDataRegs.GPBDAT.bit.GPIO37 = 1;//L0,
    GpioDataRegs.GPBDAT.bit.GPIO47 = 1; //cpu1 L6 ,
    GpioCtrlRegs.GPCDIR.bit.GPIO67 = 1; // cpu1 L5, isr 확인
    GpioDataRegs.GPBDAT.bit.GPIO40 = 1; //cpu1 L1,

    GpioDataRegs.GPBDAT.bit.GPIO39 = 1; //L3
    GpioDataRegs.GPBDAT.bit.GPIO43 = 1; //L4
    GpioDataRegs.GPBDAT.bit.GPIO46 = 1; //L7
//
    DINT;

    InitPieCtrl();
//
    IER = 0x0000;
    IFR = 0x0000;

    InitPieVectTable();
//
    EINT;  // Enable Global interrupt INTM
    ERTM;  // Enable Global realtime interrupt DBGM

   EALLOW;  //210914
   PieVectTable.ADCB1_INT = &MainIsr;  // Interrupt
   EDIS;

   PieCtrlRegs.PIEIER1.bit.INTx2 = 1;  // Enable PIE
   IER |= M_INT1;

        InitEPwmModules();  // Initialize EPWM Modules
        InitDacModules();   // Initialize DAC Modules
        InitAdcModule();    // Initialize On-Chip ADC

            BackTicker = 0;
            IsrTicker = 0;

            int i = 0;
            for (i = 0 ;i < N; i++) // 배열 clear,
                {
                w[i]=0.0;
                delay[i]=0;
               }
```

- 라인 160–165: 필터 N 길이 범위에서 FIR 필터 입력(delay) 값과 웨이트(w) 값을 초기화한다.

```
166
167             EINT;   // Enable Global interrupt INTM
168             ERTM;   // Enable Global real-time inter
169
170             int j ;
171                     for (j = 0; j <  setup ; j++)
172                     {
173
174                                 RED_LED_LOW ;
175                                 BLU_LED_LOW ;
176                                 L2_LED_LOW ;
177                                 GRN_LED_LOW ;
178                                 L0_LED_LOW ;
179                                 L1_LED_LOW ;
180                                 L3_LED_LOW ;
181                                 L4_LED_LOW ;
182                                 L5_LED_LOW ;
183                                 L6_LED_LOW ;
184                                 L7_LED_LOW ;
185
186             DELAY_US(50000);
187                                         RED_LED_HIGH ;
188                                         BLU_LED_HIGH ;
189                                         L2_LED_HIGH ;
190                                         GRN_LED_HIGH ;
191                                         L0_LED_HIGH  ;
192                                         L1_LED_HIGH  ;
193                                         L3_LED_HIGH  ;
194                                         L4_LED_HIGH  ;
195                                         L5_LED_HIGH  ;
196                                         L6_LED_HIGH  ;
197                                         L7_LED_HIGH  ;
198                     DELAY_US(50000);
199                                                 }
200     float xn ;
201
202     for(;;)
203     {
204         L4_LED_LOW  ;
205         BackTicker++;     // 무한루프 실행 횟수 확인용
206         float tmp  ; // short tmp와 결과 동일
207         const float fDesired = 3 ;
208         phaseIncrement = 2* pi* fDesired / fs ;  //200825
209         phase =  phase + ( phaseIncrement + (c1 * xn * 4) ); //주파
210                 if(phase >= 2*pi) //
211                 phase -= 2*pi ;
212                 phase = (phase > 2.0f) ? (phase -4.0f) : phase ;
213                 //aliasing 방지
214         tmp =  (A* FunctionSin(phase)) / 3 ; //3 출력크기를 작게 조절
```

```
215      DaccRegs.DACVALS.bit.DACVALS =  tmp + 0x800 ; // sg 출력220906
216
217        xn = 120 ; //92hz
218
219        GRN_LED_HIGH ; //211020 GRN LED Off
220        RED_LED_HIGH ;
221        BLU_LED_HIGH ;
222
223           if ( DacbRegs.DACVALS.bit.DACVALS > 0x050 ) //error volt
224           {
225               L3_LED_LOW ;
226           }
227           else if (DacbRegs.DACVALS.bit.DACVALS > 0x040 )
228           {
229               L2_LED_LOW ;
```

• 라인 202-217: 정현 파 신호를 발생하여 DAC-c단자를 통하여 출력한다.

```
230            }
231            else if (DacbRegs.DACVALS.bit.DACVALS > 0x030 )
232             {
233               L1_LED_LOW ; //L2
234               }
235            else if (DacbRegs.DACVALS.bit.DACVALS > 0x020 )
236              {
237               L0_LED_LOW ;
238                }
239            else if (DacbRegs.DACVALS.bit.DACVALS > 0x015 )
240               {
241               L7_LED_LOW ;
243             else if (DacbRegs.DACVALS.bit.DACVALS > 0x012 )
244                {
245                L6_LED_LOW ;
246                    }
247             else
248             {     L0_LED_HIGH ;
249                   L1_LED_HIGH ;
250                   L2_LED_HIGH ;
251                   L3_LED_HIGH ;
252                   L6_LED_HIGH ;
253                   L7_LED_HIGH ;
254                          }
255             L4_LED_HIGH ;
256
257                 }  //end of for
258                   } //end of main
```

• 라인 222-253: 에러 값의 변화를 LED 켜 짐으로 확인한다.

```
__interrupt void MainIsr(void)
{
 IsrTicker++;
 L5_LED_LOW ;  //L5 켜짐, 주기확인용
int  i ;
B2 =  AdcbResultRegs.ADCRESULT1 ;  // Con6 = DC1.65V
B3 =  AdcbResultRegs.ADCRESULT2 ;  // FIR input Con7
delay[0] = B3 / 1.2  ; //  Fir 입력 with attn
Yn = 0;        // init output add adapt filter
 for  ( i = 0 ; i < N ; i++)
 Yn += (w[i] * delay [i]) ;   // Yn output 계산
 E = B2 - Yn ; // con6 (ADCB2 = ADCRESULT1) - Yn
 for (i = N-1; i >= 0; i --)//
   {
     if (SW2_STATE) // switch 2 off (HIGH)
           {      //1
         if(SW3_STATE)  // 스위치 모두 OFF, port=high,
               {  //2
                       GRN_LED_LOW ; //211020 GRN
                       RED_LED_HIGH ;
                       BLU_LED_HIGH ;
   w[i] = w[i] +  beta * 0.5 * E * delay[i]
    / (delay[0] * delay[0] + 0.0001) ;   } //2 GRN 동작

          else  // switch 3  만 on (LOW),BLUE on
            {
                  GRN_LED_HIGH ; //211020 GRN OFF
                  RED_LED_HIGH ; //low 일때 켜짐
                  BLU_LED_LOW ; // BLUE ON low 일때 켜짐
   w[i] = w[i] +  beta * 2 * E * delay[i]
         / (delay[0] * delay[0] + 0.0001) ;  } //3 else
                                 }  //1
   else if (SW3_STATE) // switch 3 off (HIGH), RED LED
         {
                    GRN_LED_HIGH ;
                    RED_LED_LOW ; // ON low 일때 켜짐,
                    BLU_LED_HIGH ; //low 일때 켜짐
   w[i] = w[i] +  beta * 1 * E * delay[i] / (delay[0]
 * delay[0] + 0.0001) ; }  //sw2 else 끝
   else  // 스위치 모두 ON, LED 모두 켜짐
    {
       GRN_LED_LOW ;
       RED_LED_LOW ;
       BLU_LED_LOW ;
   w[i] = w[i] +  beta * 2 * E * delay[i] / (delay[0]
 * delay[0] + 0.0001 ); } //처음 else switch2

     delay[i] = delay[i-1];

      }  // N-1 for 문 끝
DacaRegs.DACVALS.bit.DACVALS = Yn ;  //
DacbRegs.DACVALS.bit.DACVALS =  E ; // error
AdcbRegs.ADCINTFLGCLR.bit.ADCINT1 = 1;  // Clear INT1 flag
```

- 라인 259–314: ISR 인터럽트 프로그램으로 인체감지를 판정하기 위한 적응 필터의 연산 프로그램이다.
- 라인 315–326: 정현 파 신호 발생기의 함수를 실행하기위한 근사식 연산 파라메터 값이다.

```
311      PieCtrlRegs.PIEACK.bit.ACK1 = 1;
312      GpioDataRegs.GPCDAT.bit.GPIO67 = 1; //L5 꺼짐
313      L5_LED_HIGH ; //L5 꺼짐, 주기 확인용
314              } //Main Isr 끝
315   float FunctionSin(float x)
316   {
317       const float a1 = 1.57032002 ;
318       const float a3 = - 0.64211317 ; // 책에는 -0.64211317
319       const float a5 = 0.07186085 ;
320       float sinx,x2 ;
321       x = ( x > 1.0f) ? (2.0f - x) : x ;
322       x = ( x < -1.0f) ? (-2.0f - x) : x ;
323       x2 = x * x ;
324       sinx = ((a5*x2 + a3)*x2 + a1) * x ;
325       return (sinx) ;
326               }
```

13-1-4 KB2837xD 보드 상에서 적외선 인체 감지가 실행된 결과

적외선 인체 감지 증폭기인 TIR Amplifier3(thermopile infrared amplifier3, 이하 감지 센서 모듈)의 출력은 아날로그 신호 형태로, 인체가 감지 센서 모듈로부터 100cm이내의 근접된 상태에서 인체가 감지된 출력 직류 전압은100mV~200mV 범위에 있고, 감지 거리가 멀어질수록 그 출력 전압이 작아져 5m 이상에서는 수십 mV 범위에 있다. 인체에서 발산되는 적외선 신호는 주변의 환경 조건과 인체의 노출 정도에 따라 차이가 많이 나타난다. 특히 감지 센서 내부 회로에서 센서를 구성하고 있는 Thermopile 재질이 주변 환경 온도에 민감하게 변하여, 온도가 섭씨 1~2도 변화할 때 감지 센서의 출력도 함께 변화하여 그 변화 출력이 적외선 인체 감지 증폭기 TIR Amplifier3 모듈 상에서 수 mV에 있다. DSP 회로 기반의 적응 필터는 이러한 주변 환경 온도 변화에 인체 감지를 판정하는 문지방 값이 변화하지 않게 동작한다. 감지 센서 출력은 DSP 회로 기반 적응 필터에 입력되어(이하 d 신호), 주변 환경 온도 변화에 에러 값을 항상 0(zero)로 유지하여 판정 기의 문지방 값이 최소 값으로 유지되게 한다. 입력된 센서 출력 d 신호와 적응 필터의 연산의 출력 Yn 신호와 error 신호는 DAC 모듈을 통하여 아날로그 신호로 출력되어 실 시간으로 모니터링 될 수 있다. DSP 보드에서 적응 필터의 실행으로 출력되는 실질적인 인체 감지 신호 출력은 error 신호이고, error 신호는 DAC 모듈의 DAC–b 단

자를 통하여 출력된다. 그리고 Yn 신호는 DAC-a 단자를 통하여 출력된다.

그림 13-6은 일반적인 사무실 조건 섭씨 21도에서 감지 센서 출력을 측정한 값이다. 감지 센서 출력의 제품 간의 오차는 +/- 20% 범위에 있다.

	무 감지	50cm	150cm	250cm	350cm	450cm
출력전압 mV	2490	2820	2750	2695	2640	2600
변화 전압 mV	0	330	260	205	150	110

| 그림 13-6 | 인체 감지 센서 TIR Amplifier3 모듈의 출력 값

그림13-7은 인체 감지가 이루어질 때, 인체 감지 센서 모듈의 출력을 나타내는 d 신호와 적응 필터의 실행의 결과인 FIR 필터의 출력 신호 Yn, 그리고 LMS 연산의 결과 값 error 신호를 디지털 오실로스코프로 측정한 것이다. Yn 신호의 연산 결과를 세밀하게 보기 위하여 적응 필터 연산 프로그램 설계에서 스텝 간격을 최소화하여 설정한다. 인체 감지 판정기는 에러 값의 크기가 정해진 문지방(threshold) 값 이상이 되면 인체가 감지된 것으로 판정한다. 실제적인 응용에서, error 신호가 5mV 이하에서는 인체 감지가 없는 것으로 인식하고 그 이상 값이 되면 인체가 인식된 것으로 판정한다. 즉, 주변 환경 온도 변화의 조건의 대기 상태에서 실시간으로 적응 필터가 동작되어도 에러 값이 0(zero)가 되기는 어렵다. 이로 인하여 문지방(threshold) 값을 0(zero)이 아닌 일정 값을 주어서 감지 판정의 오동작을 최소화할 필요가 있다. 다만 문지방 값이 커지면 동일 환경 조건에서 인체 감지 거리가 짧아진다.

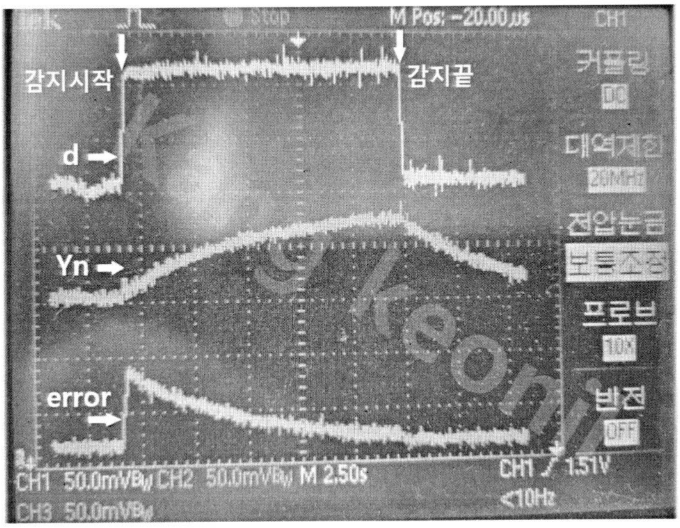

| 그림 13-7 | 인체 감지가 될 때 적응 필터 출력 신호 Yn 과 error 신호

- d 신호: 인체 감지 센서 모듈의 출력 신호로 적응필터의 d 입력 신호이다.
- Yn 신호: 적응 필터가 수렴 동작을 실행한 결과 값이다.
- error 값: $d - Y_n$

13-2 FIR 필터 기반 Dual-Band Notch Filter 설계

주파수 대역 밴드가 2개 이상으로 구성될 경우에는 주파수 대역 밴드의 특성에 따라 계수 값이 각각 설정되어 두 값이 합쳐져서 연산하도록 설계한다. 즉, Dual Band Notch Filter 설계에 적용될 계수 값은 MATLAB 프로그램 상에서 2종류의 계수 값을 각각 구하여 프로그램에 적용한다. 설계된 프로그램으로 KB2837xD 보드 상에서 650Hz와 2750Hz 주파수 대역의 Notch 필터를 실행하고 결과를 확인한다.

13-2-1 MATLAB 프로그램 상에서 Dual Band Notch 필터 계수 값 설계

MATLAB 프로그램 상에서 설정된 주파수 대역의 중심 주파수는 650Hz와 2750Hz이고 계수의 차수는 40개로 설계한다. 그림 13-8은 650Hz 대역의 Notch 필터 설계를 나타낸다.

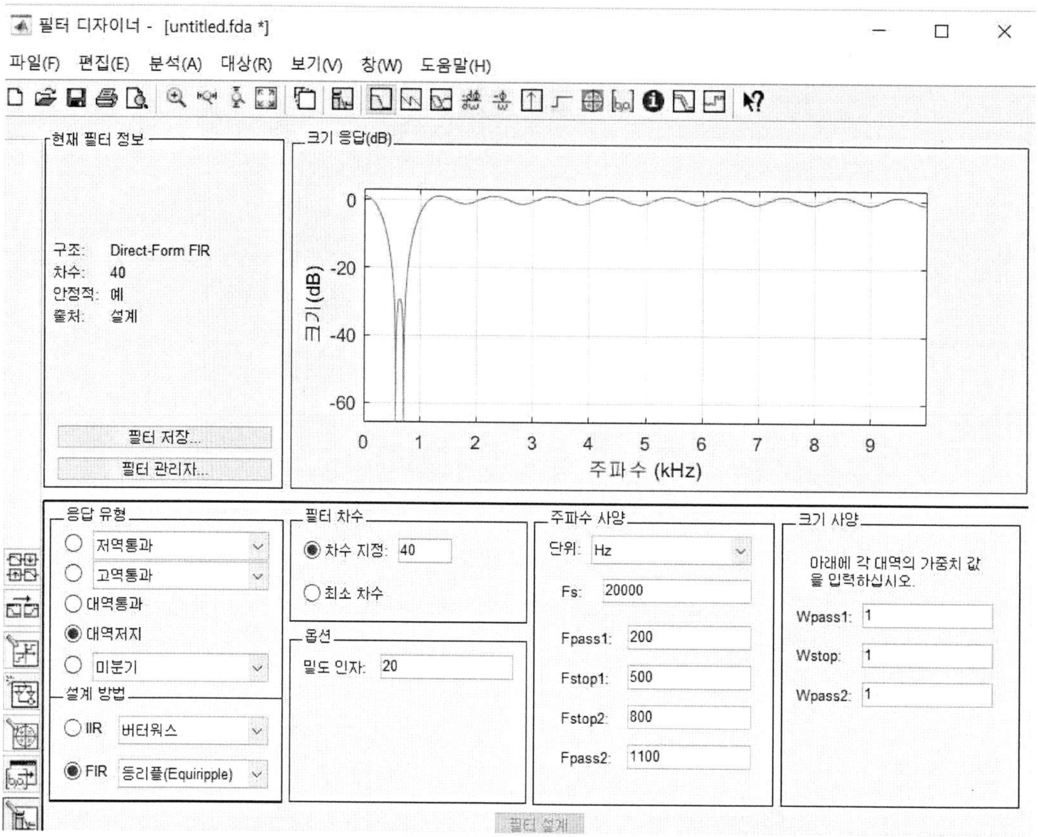

| **그림 13-8** | MATLAB 프로그램 상에서 650Hz 대역의 Notch 필터

그림 13-9는 2750Hz 대역의 Notch 필터 설계를 나타낸다. (**참고** MATLAB 실행 세부 사항은 앞 장에서 설명된 Notch filter 설계를 참조한다)

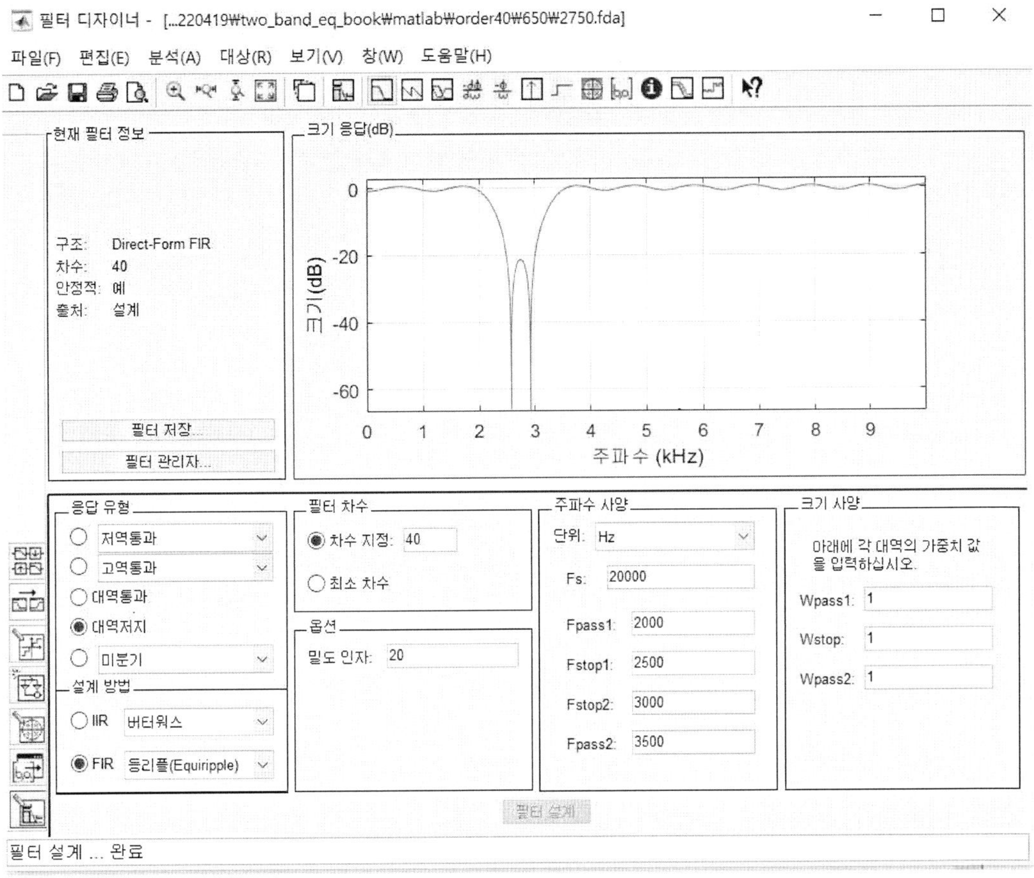

| 그림 13-9 | MATLAB 프로그램 상에서 2750Hz 대역의 Notch 필터

MATLAB 프로그램 상에서 실행된 계수와 MATLAB의 코드는 "filterDesign"로 실행된 화면(그림 13-8, 그림 13-9)에서 왼쪽 상단의 파일을 선택하여 MATLAB 코드 생성 폴더에서 확인할 수 있다.

13-2-2 KB2837xD 보드 상에서 실행되는 Dual Band Notch 필터 프로그램 설계

Dual Band Notch 필터의 구조는 앞장에서 설명된 단일 주파수 대역의 Notch 필터와 동일하게 구성되어 설계된다. 다만, Dual band notch filter는 계수가 2 종류로 나누어져 설계되고 2 종류의 계수는 합해져서 입력된 신호와 곱으로 연산 된다. 2 종류의 계수 처리에 대한 프로그램을 간단하게 하기 위하여 계수의 길이를 동일하게 41개로 설정한다. 다음은 단일 주파수 대역의 Notch 필터에서 설계된 프로그램에서 중복된 부분이 생략된 Dual Band Notch 필터의 소스 코드이다.

```
50 #define ORDER 41 // for 650hz notch & 2750 notch
51
52 // MATLAB 에서 filterDesign 하여 계수만들어서 적용
53
54 float Gn[ORDER] ;
55 //650hz notch
56 const float Hn[ORDER] =
57   {
58    -0.028085051646437420719282229697455477435,
59    0.05968767049503688471023821193739422597,
60    0.03944407775319295345051173740102967713,
61    0.03522569267549955501772629418155702296 6,
62    0.03585404348424146153684333171440812293 4,
```

- 라인 50: MATLAB 프로그램 상에서의 계수 길이는 40(0~40)이나, 실제 계수 길이는 41개 이므로 41로 설정한다.
- 라인 54: 입력 신호의 변수 명이다.
- 라인 56-99: 주파수 밴드 650Hz의 계수를 나타낸다. 프로그램 상에 삽입된 계수 값은 MATLAB 툴에서 만들어진 계수 값으로 소수점 이하 길이가 너무 길다. MATLAB 계수의 값에서 소수점 이하 16자리 수준으로 입력하여도 동일한 결과를 만들어 낼 수 있다.

```
63    0.037201440002592491007593622498461627401,
64    0.037627353044136273296782491115664015524,
65    0.036406448575632070763230530019427533261,
66    0.033280693313508614983309286117219016887,
67    0.028154293578177516654825751629687147215,
68    0.021152751652557116868180742130789440125,
69    0.012514397586048935095970335851234267466,
70    0.002594544299114913670639692711006318859,
71    -0.008133858745541878987328487937702448107,
72    -0.019138629429219653627081143554278241936,
73    -0.029750590289608684624322876288715633564,
74    -0.039418244323661540129410951749378000386,
75    -0.047610333026255141630755929327278863639,
76    -0.053820831612232278295948617596877738833,
77    -0.057737842626222869839498562782864610198 9,
78    0.941018586929596168033640424255281686783,
79    -0.057737842626222869839498562782864610198 9,
80    -0.053820831612232278295948617596877738833,
81    -0.047610333026255141630755929327278863639,
82    -0.039418244323661540129410951749378000386,
```

```
    -0.029750590289608684624322876288715633564,
    -0.019138629429219653627081143554278241936,
    -0.008133858745541878987328487937702448107,
    0.002594544299114913670639692711006318859,
    0.012514397586048935095970335851234267466,
    0.021152751652557116868180742130789440125,
    0.028154293578177516654825751629687147215,
    0.033280693313508614983309286117219016887,
    0.036406448575632070763230530019427533261,
    0.037627353044136273296782491115664015524,
    0.037201440002592491007593622498461627401,
    0.035854043484241461536843331714408122934,
    0.035225692675499555017726294181557022966,
    0.039444077753192953450511737401029677 13,
    0.059687670495036884710238211937394225 97,
    -0.028085051646437420719282229697455477435
    } ;

//2750 notch
const float Hn1[ORDER] =
{
 0.014286805752191936852435460991728177 76,
 -0.028910409129384785631433629760067560 71,
 0.005708260770483521324980547007044151542,
 0.005711233502092176450570804036033223383,
 -0.012251263420735835144026459886390512111,
 -0.030709130494046079501435642100659606513,
 -0.032820847671129992073613124148323549889,
 -0.010530313726033212196053767684134072624,
 0.026186994788557134417050775709867593832,
 0.051458435019814931232762234003530465998,
 0.041221661659567226942968432013003621 25,
 -0.005031418793741376620232141902988587 39,
 -0.057528917934943767098499023404656327 33,
 -0.075060530284496565500695908212946960703,
 -0.037635739563426480469576773657536250539,
 0.033529650695013568650892921141348779202,
 0.087435411088661263434573811537120491266,
 0.081332030713875694272196881229319842532,
 0.015332226207970513220946173760239616968,
 -0.064517663262789542999442460313730407506,
 0.900130816645609455051157965499442070723,
 -0.064517663262789542999442460313730407506,
 0.015332226207970513220946173760239616968,
 0.081332030713875694272196881229319842532,
 0.087435411088661263434573811537120491266,
 0.033529650695013568650892921141348779202,
 -0.037635739563426480469576773657536250539,
 -0.075060530284496565500695908212946960703,
```

```
132 -0.05752891793494376709849902340465632733,
133 -0.00503141879374137662023214190298858739,
134 0.04122166165956722694296843201300362125,
135 0.05145843501981493123276223400353046598,
136 0.02618699478855713441705077570986759383,
137 -0.01053031372603321219605376768413407262,
138 -0.03282084767112999207361312414832354988,
139 -0.03070913049404607950143564210065960651,
140 -0.01225126342073583514402645988639051211,
141 0.00571123350209217645057080403603322338,
142 0.00570826077048352132498054700704415154,
143 -0.02891040912938478563143362976006756071,
144 0.01428680575219193685243546099172817776
145 };
```

• 라인 102–145: 주파수 2750Hz 부분에 대한 계수 값이다.

이하 앞 장에서 설명된 중복 프로그램은 생략한다.

```
__interrupt void MainIsr(void)

{
 IsrTicker++;
 L5_LED_LOW ;  //L5 켜짐, 주기확인용
 int k ;
 float acc ;

 acc  = 0 ;
 Gn[0] =  AdcbResultRegs.ADCRESULT1 ; //Con6 으로 오디오

                for ( k = 0 ; k < ORDER ; k++ )   //

                {
          //      acc += ( Hn[k] * Gn[k] ) ; // ok
          //      acc += ( Hn1[k] * Gn[k] ) ; //ok
          //      acc += (( Hn[k] + Hn[k]) * Gn[k] ) ;


                  acc += (( Hn[k] + Hn1[k]) * Gn[k] ) ;

                for ( k = (ORDER-1 ) ; k > 0 ; k-- )
                Gn[k] = Gn[k-1] ;

                acc = acc / 2 ; // 2 band 에서 출력이 2배


                DacaRegs.DACVALS.bit.DACVALS =  acc ;

```

```
363    // Clear INT flag and Acknowledge to receive more
364
365    AdcbRegs.ADCINTFLGCLR.bit.ADCINT1 = 1;  // Clear INT1
366    PieCtrlRegs.PIEACK.bit.ACK1 = 1;

367    L5_LED_HIGH ; //L5 꺼짐
368
369            } //Main Isr 끝
```

• 라인 344: CON6으로 오디오 스위프 신호 200mV을 입력한다.

• 라인 353: 두개의 계수 값이 병렬로 동작되도록 설계된 연산식이다.

• 라인 359: 출력의 크기가 2배로 커지는 결과가 되어서, 필터가 동작 안된 주파수 대역상의 출력의 크기가 입력된 신호의 크기(200mV)와 같도록 2로 나눈다.

• 라인 361: 필터된 출력 신호가 DAC-a 단자로 출력된다.

그림 13-10은 KB2837xD 보드 상에서 Dual Band Notch 필터가 실행된 결과를 나타낸다. CON6 단자를 통하여 입력된 오디오 신호는 진폭이 200mV/rms로 설정되어, 입력되는 오디오 신호의 주파수는 자동으로 20Hz~10000Hz 범위를 스위프(sweep) 한다. Notch 필터가 실행되어 필터 된 디지털 출력 신호는 DAC 모듈에서 아날로그 신호로 변환되어 DAC-a 단자를 통하여 출력된다.

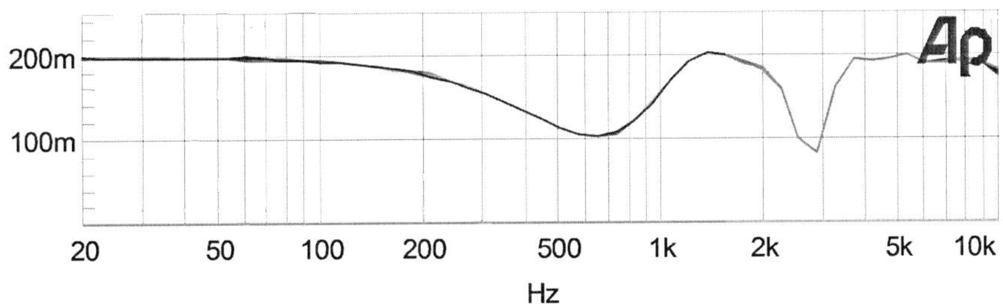

| 그림 13-10 | KB2837xD 보드 상에서 Dual Band Notch 필터가 실행된 결과

13-3 음성 주파수 대역 통과 필터 설계

13-3-1 주파수 대역 300~4000Hz Band Pass Filter

가청 신호 주파수 대역에서 음성 신호 대역(300~4000Hz)의 증폭 이득은 올리고, 음성 신호에 잡음의 영향을 줄 수 있는 주파수 대역에서는 증폭 이득을 줄여, 이로 인한 결과로서 음성 주파수 대역 내에서 잡음의 영향이 작아지고 음성 통신의 품질이 향상된다.

13-3-2 아날로그로 회로로 구성된 Band Pass Filter 회로 설계

OP-Amplifier을 이용하여 음성 신호 대역의 신호를 증폭하고, 불필요한 주파수 대역의 이득을 낮추는 BPF 회로를 설계하여 그 동작 상태와 결과를 확인한다. 그림 13-11은 OP-Amplifier을 이용한 BPF 증폭기 회로 도이다. 비 반전 증폭 회로와 BPF 회로의 조합으로 구성된 회로의 중심 주파수는 1KHz이다. BPF 영향을 받지 않는 1KHz 주파수 대역의 대략적 개념을 위한 증폭 이득의 계산은 다음의 수식으로 나타낼 수 있다.

$$v_0 = 1 + \frac{R2}{R3} * v_i \tag{13-5}$$

실제적인 회로 동작에서는, 주파수에 따라 임피던스 값이 변화하는 캐패시터가 저항과 병렬로 연결되어, R2와 C1로 구성된 병렬 임피던스 회로에서 합성 임피던스(R_f)는 복소수 값으로 계산되어 주파수가 높아질수록 XC1(C1의 임피던스)의 임피던스 값은 작아져, R2 값과 XC1 값이 같아지는 주파수(f_{T^1})에서 증폭 이득이 약 −3dB 낮아지고, 그 주파수 지점부터 주파수가 높아질수록 합성 임피던스 값은 더 작아지게 되어 증폭 이득이 더 작아진다. (13-6)

병렬 합성 임피던스: $R_f = R2 * jXC1/R2 + jXC1$

−3dB 이득 저하 주파수: $f_{T^1} = \dfrac{1}{2\pi R2\,C1}$

그리고 낮은 주파수 대역에서 증폭 이득의 변화는 C2와 R3 값에 의하여 결정되며, 주파수가 낮아질수록 C2의 임피던스 $XC2$ 값은 커지게 되고 C2와 R3가 직렬로 연결된 합성 임피던스 회로에서 합성 임피던스(R_g) 값은 증가하게 되어 증폭 이득이 낮아진다. (13-7)

직렬 합성 임피던스: $R_g = R3 + jXC2$

-3dB 이득 저하 주파수: $f_{T^2} = \dfrac{1}{2\pi R3\, C2}$

이로 인한 결과로서, 증폭 이득 최종 식은 $v_0 = 1 + \dfrac{R_f}{R_g} * v_i$가 된다.

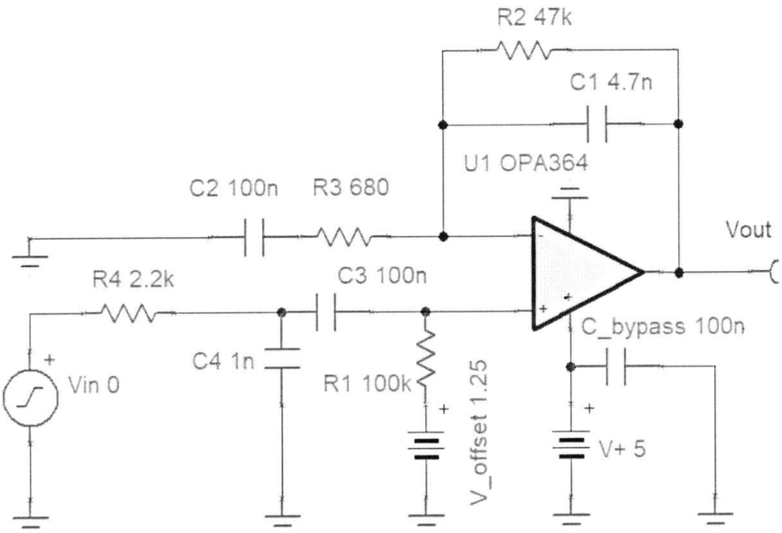

| 그림 13-11 | OP-Amplifier을 이용한 BPF 증폭기 회로

출력 "V out"에 영향을 미치는 또 다른 파라메터는 입력 신호의 크기가 작아지는 감쇄(attenuator) 회로 영향이다. 증폭기 IC 입력 회로에 입력되는 입력 신호의 크기는 신호 발생기의 출력 신호 값에서 R4, C4, C3로 구성된 BPF 필터 입력 회로에 의하여 감쇄되는 크기만큼 작아져서 OP-Amplifier의 플러스 (+) 입력 단자에 입력된다. 이로 인하여, 실제 증폭된 출력의 크기는 IC 입력 단자에 입력된 신호의 크기로 증폭이 되어 출력된다. 그림 13-12는 OP-Amplifier을 이용한 BPF 증폭기 회로의 주파수 변화 대비 증폭 이득 변화와 위상 변화를 TI 사의 Simulation 툴인 "TINA-9"를 이용하여 측정한 결과 값을 나타낸다.

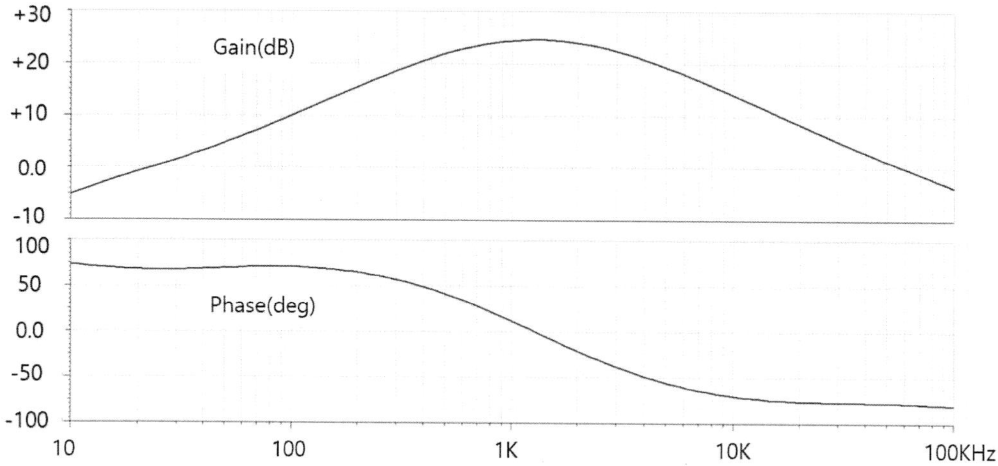

| 그림 13-12 | BPF 증폭기 회로의 주파수 변화 대비 증폭 이득 변화와 위상 변화

13-3-3 MATLAB 프로그램 상에서 Band Pass Filter의 계수 값 설계

300Hz~4000Hz 주파수 대역을 통과시키고 그 외의 주파수 대역에서는 신호 전달의 크기를 감쇄 하기위한 BPF(band pass filter)을 설계한다. 계수의 차수(order) 값이 길어지면 연산양이 많아지고 결과적으로 KB2837xD 보드 상에서 연산을 실행하기에는 실행 속도가 느려져서 올바른 결과 값을 기대할 수 없어 주의가 필요하다. 이로 인하여, 본 절에서는 MATLAB 프로그램 상에서 BPF 통과 대역과 차수 관계를 여러 번 Simulation 하여 최적의 값으로 주파수 밴드 값을 정하고 차수 값을 지정하여 300Hz~4000Hz 주파수 대역의 BPF 특성을 구현한다. 그리고 MATLAB에서 구해진 계수 값을 KB2837xD 보드 상에서 실행되는 BPF 프로그램 설계에 적용하여 BPF 동작 결과를 확인한다.

그림 13-13은 음성 주파수 대역 통과 필터를 나타낸다. 통과 대역 최대 주파수는 500~3000Hz/at −3dB 수준에 있고, 이것은 계수의 차수를 35으로 설계한 결과이다. MATLAB 프로그램 상에서 구해진 계수의 길이는 35개(총 길이는 36개)이다.

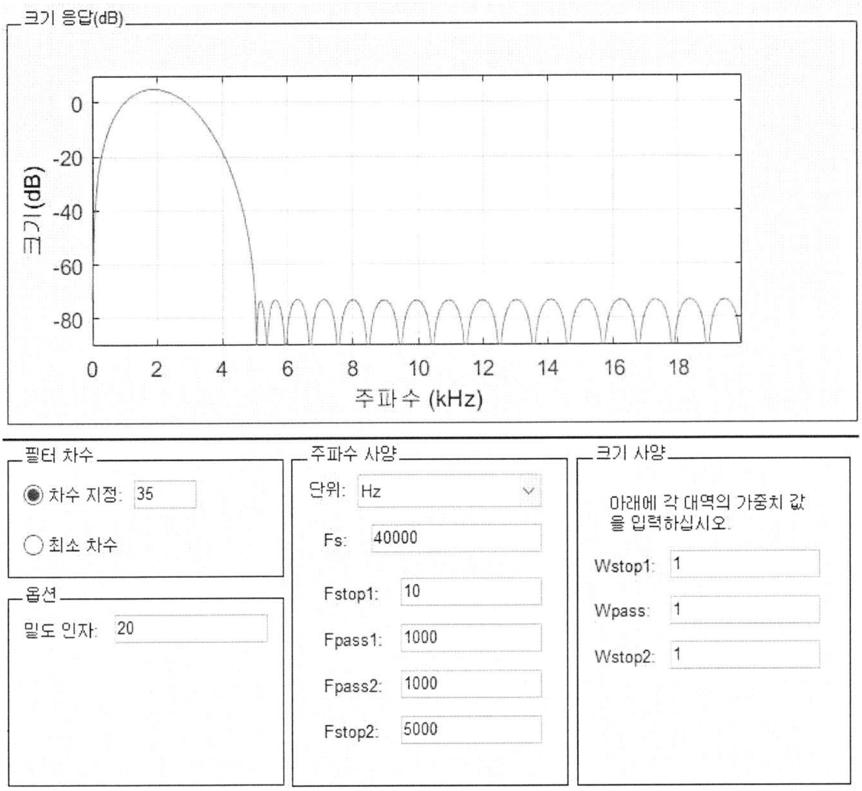

| 그림 13-13 | 계수의 차수가 35으로 설정된 300Hz~4000Hz 대역 통과 필터

- Fs: 샘플링 주파수 40KHz
- Fstop1: 10Hz, Fpass1: 1000Hz, Fpass2: 1000Hz, Fstop2: 5000Hz
- 차수지정: 35

13-3-4 KB2837xD 보드 상에서 실행되는 300~4000Hz Band Pass Filter 회로 구성

BPF 실험을 위하여 KB2837xD 보드에 입력되는 오디오 신호는 회로도 상에 표기된 CON6 단자를 통하여 입력된다. 오디오 입력 신호는 주파수 20Hz~10KHz, 그리고 진폭의 크기가 200mV/rms로 설정되어 C323 Coupling 회로를 거쳐 DSP IC 내에 실장 된 ADC 모듈의 ADCINB2에 입력된다. 그림 13-14는 CON6을 통한 오디오 신호가 ADC 모듈의 ADCINB2에 입력되는 경로를 나타낸 회로 도이다. 프로그램 설계된 디지털 Band Pass Filter 특성으로 출력되는 오디오 신호는 DSP IC 내에 실장 된 DAC 모듈의 DAC-a 단자를 통하여 출력된다.

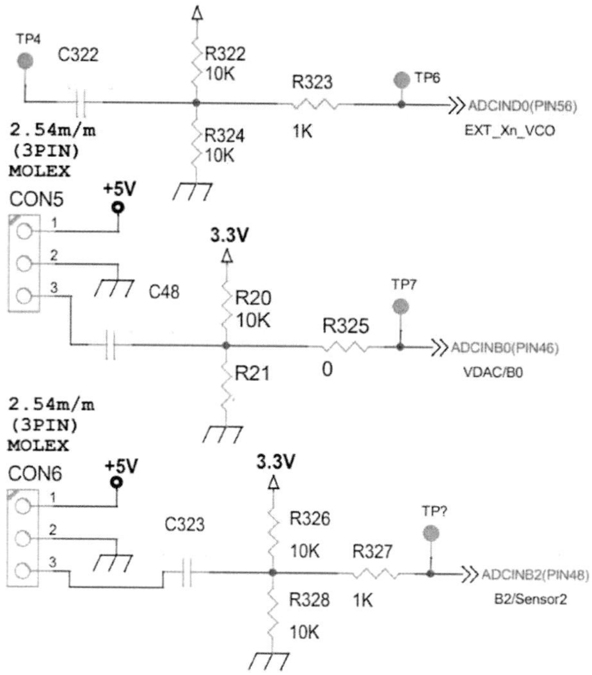

| 그림 13-14 | CON6을 통한 오디오 신호의 ADCINB2 입력 회로도

그림 13-15은 KB2837xD 보드 상에서 오디오 신호가 DAC-a 단자로 출력되는 경로를 나타낸 회로도이다.

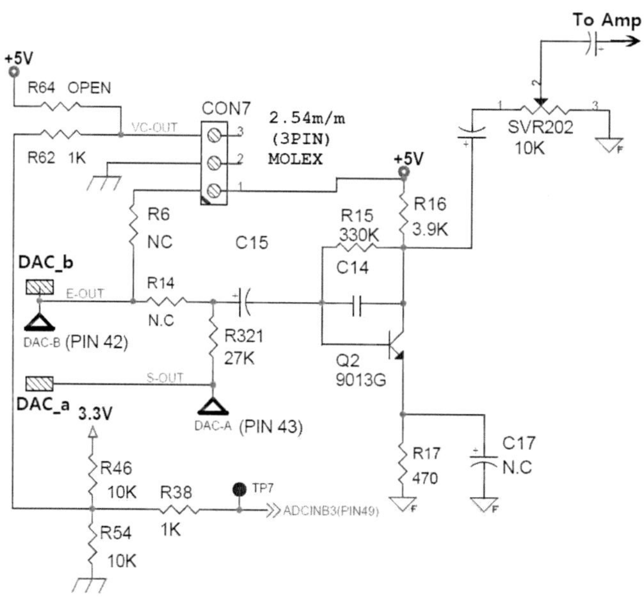

| 그림 13-15 | 오디오 신호가 DAC-a 단자로 출력되는 경로를 나타낸 회로도

13-3-5 KB2837xD 보드 상에서 실행되는 300~3400Hz BPF 프로그램 설계

```
//
#include "F28x_Project.h"

#define SW2_STATE   GpioDataRegs.GPBDAT.bit.GPIO41
#define SW3_STATE   GpioDataRegs.GPBDAT.bit.GPIO45

#define BLU_LED_HIGH    GpioDataRegs.GPASET.bit.GPIO31=1
#define BLU_LED_LOW   GpioDataRegs.GPACLEAR.bit.GPIO31=1

#define RED_LED_HIGH    GpioDataRegs.GPBSET.bit.GPIO34=1
#define RED_LED_LOW   GpioDataRegs.GPBCLEAR.bit.GPIO34=1

#define GRN_LED_HIGH   GpioDataRegs.GPBSET.bit.GPIO44=1
#define GRN_LED_LOW  GpioDataRegs.GPBCLEAR.bit.GPIO44=1

#define L2_LED_HIGH  GpioDataRegs.GPBSET.bit.GPIO38=1
#define L2_LED_LOW   GpioDataRegs.GPBCLEAR.bit.GPIO38=1

#define L0_LED_HIGH  GpioDataRegs.GPBSET.bit.GPIO37=1
#define L0_LED_LOW   GpioDataRegs.GPBCLEAR.bit.GPIO37=1

#define L1_LED_HIGH  GpioDataRegs.GPBSET.bit.GPIO40=1
#define L1_LED_LOW   GpioDataRegs.GPBCLEAR.bit.GPIO40=1

#define L3_LED_HIGH  GpioDataRegs.GPBSET.bit.GPIO39=1
#define L3_LED_LOW   GpioDataRegs.GPBCLEAR.bit.GPIO39=1

#define L4_LED_HIGH  GpioDataRegs.GPBSET.bit.GPIO43=1
#define L4_LED_LOW   GpioDataRegs.GPBCLEAR.bit.GPIO43=1

#define L5_LED_HIGH  GpioDataRegs.GPCSET.bit.GPIO67 = 1
#define L5_LED_LOW  GpioDataRegs.GPCCLEAR.bit.GPIO67 = 1

#define L6_LED_HIGH  GpioDataRegs.GPBSET.bit.GPIO47=1
#define L6_LED_LOW   GpioDataRegs.GPBCLEAR.bit.GPIO47=1

#define L7_LED_HIGH  GpioDataRegs.GPBSET.bit.GPIO46=1
#define L7_LED_LOW   GpioDataRegs.GPBCLEAR.bit.GPIO46=1

#define REFERENCE_VDAC  0
#define REFERENCE_VREF  1

#define setup  20 //setup 지연 시간  5분은 600, 400적당
```

```
51
52 #define ORDER 36 // BPF,smpling 40khz
53
54 //MATLAB 에서 filterDesign, 계수 적용, Input200mV
55
56 float Gn[ORDER] ;
57 //LPF300~10000hz
```

• 라인 52: MATLAB 툴에서 구해진 차수를 반영한다. (차수길이: 0~35)

```
58 const float Hn[ORDER] =
59   {
60    -0.0007652133342170,
61    -0.0027534077199209,
62    -0.0070168510360134,
63    -0.0145017998952583,
64    -0.0258161791268796,
65    -0.0407732044242114,
66    -0.0580137135253475,
67    -0.0748550430507500,
68    -0.0875044256147968,
69    -0.0916891177109941,
70    -0.0836231784745850,
71    -0.0611035289549536,
72    -0.0244343873629381,
73     0.0231231877390081,
74     0.0755842170459385,
75     0.1251923726157287,
76     0.1639156763565027,
77     0.1851419759371797,
78     0.1851419759371797,
79     0.1639156763565027,
80     0.1251923726157287,
81     0.0755842170459385,
82     0.0231231877390081,
83    -0.0244343873629381,
84    -0.0611035289549536,
85    -0.0836231784745850,
86    -0.0916891177109941,
87    -0.0875044256147968,
88    -0.0748550430507500,
89    -0.0580137135253475,
90    -0.0407732044242114,
91    -0.0258161791268796,
92    -0.0145017998952583,
```

```
93    -0.0070168510360134,
94    -0.0027534077199209,
95    -0.0007652133342170
96
97    } ;
98
99 /*
```

• 라인 58-99: BPF 연산을 위한 계수 값이다.

```
100 //HPF 100~1500hz
101 const float Hn1[ORDER] =
102 {
103
104 };
105  */
106 interrupt void cpu_timer1_isr(void);
107
108 void InitDacModules(void);
109 void InitEPwmModules(void);
110 void InitAdcModule(void);
111 __interrupt void MainIsr(void);
112
113 Uint16   BackTicker;
114 Uint16   IsrTicker;
115
116  float   Adc_B0_result; //VDC for DAC
117  float   Adc_B2_result; //
118  float   Adc_B3_result; //
119  float   Adc_D0_result; //
120
121 void main(void)
122
123 {
124    InitSysCtrl();
125
126 #ifdef _FLASH
127    InitFlash();
128 #endif
129
130     InitGpio();
131     EALLOW;
132          GpioCtrlRegs.GPADIR.bit.GPIO31 = 1; //Blu
133          GpioCtrlRegs.GPBDIR.bit.GPIO34 = 1; //Red
134          GpioCtrlRegs.GPBDIR.bit.GPIO38 = 1; //L2
135          GpioCtrlRegs.GPBDIR.bit.GPIO44 = 1; //Grn
```

```
        GpioCtrlRegs.GPCDIR.bit.GPIO67 = 1; //L5,
        GpioCtrlRegs.GPBDIR.bit.GPIO37 = 1; //L0,
        GpioCtrlRegs.GPBDIR.bit.GPIO47 = 1; //L6,
        GpioCtrlRegs.GPBDIR.bit.GPIO40 = 1; //L1,
        GpioCtrlRegs.GPBDIR.bit.GPIO39 = 1; //L3,
        GpioCtrlRegs.GPBDIR.bit.GPIO43 = 1; //L4,
        GpioCtrlRegs.GPBDIR.bit.GPIO46 = 1; //L7,

        GPIO_SetupPinOptions(31, GPIO_OUTPUT, GPIO_PUSHPULL);
        GPIO_SetupPinMux(31, GPIO_MUX_CPU1, 0);
        GPIO_SetupPinOptions(34, GPIO_OUTPUT, GPIO_PUSHPULL);
        GPIO_SetupPinMux(34, GPIO_MUX_CPU1, 0);
        GPIO_SetupPinOptions(38, GPIO_OUTPUT, GPIO_PUSHPULL);
        GPIO_SetupPinMux(38, GPIO_MUX_CPU1, 0);
        GPIO_SetupPinOptions(44, GPIO_OUTPUT, GPIO_PUSHPULL);
        GPIO_SetupPinMux(44, GPIO_MUX_CPU1, 0);
GPIO_SetupPinOptions(37, GPIO_OUTPUT, GPIO_PUSHPULL);//cpu1,L0
GPIO_SetupPinMux(37, GPIO_MUX_CPU1, 0);
GPIO_SetupPinOptions(40, GPIO_OUTPUT, GPIO_PUSHPULL);//cpu1,L1
GPIO_SetupPinMux(40, GPIO_MUX_CPU1, 0);
GPIO_SetupPinOptions(39, GPIO_OUTPUT, GPIO_PUSHPULL);//cpu1,L3
GPIO_SetupPinMux(39, GPIO_MUX_CPU1, 0);
GPIO_SetupPinOptions(43, GPIO_OUTPUT, GPIO_PUSHPULL);//cpu1,L4
GPIO_SetupPinMux(43, GPIO_MUX_CPU1, 0);
GPIO_SetupPinOptions(67, GPIO_OUTPUT, GPIO_PUSHPULL);//cpu1,L5
GPIO_SetupPinMux(67, GPIO_MUX_CPU1, 0);
GPIO_SetupPinOptions(47, GPIO_OUTPUT, GPIO_PUSHPULL);//cpu1,L6
GPIO_SetupPinMux(47, GPIO_MUX_CPU1, 0);
GPIO_SetupPinOptions(46, GPIO_OUTPUT, GPIO_PUSHPULL);//cpu1,L7
        GPIO_SetupPinMux(46, GPIO_MUX_CPU1, 0);
        GPIO_SetupPinOptions(41, GPIO_INPUT, GPIO_QUAL6);
        GPIO_SetupPinMux(41, GPIO_MUX_CPU1, 0);
        GPIO_SetupPinOptions(45, GPIO_INPUT, GPIO_QUAL6);
        GPIO_SetupPinMux(45, GPIO_MUX_CPU1, 0);
        //
        EDIS;

        GpioDataRegs.GPADAT.bit.GPIO31 = 1;
        GpioDataRegs.GPBDAT.bit.GPIO38 = 1; //L2
        GpioDataRegs.GPBDAT.bit.GPIO44 = 1; // Grn
        GpioDataRegs.GPBDAT.bit.GPIO34 = 1; // Red
        GpioDataRegs.GPBDAT.bit.GPIO37 = 1;//L0,
        GpioDataRegs.GPBDAT.bit.GPIO47 = 1; // L6 ,
        GpioCtrlRegs.GPCDIR.bit.GPIO67 = 1; // L5,
        GpioDataRegs.GPBDAT.bit.GPIO40 = 1; //L1
        GpioDataRegs.GPBDAT.bit.GPIO39 = 1; //L3
        GpioDataRegs.GPBDAT.bit.GPIO43 = 1; //L4
        GpioDataRegs.GPBDAT.bit.GPIO46 = 1; //L7
//
```

```
185    DINT;
186 //
187    InitPieCtrl();
188    IER = 0x0000;
189    IFR = 0x0000;
190 //
191    InitPieVectTable();
192
193    EINT;  // Enable Global interrupt INTM
194    ERTM;  // Enable Global realtime interrupt DBGM
195
196    EALLOW;  //210914
197    PieVectTable.ADCB1_INT = &MainIsr;
198    // Interrupt Service Routine Re-mapping
199    EDIS;
200
201    PieCtrlRegs.PIEIER1.bit.INTx2 = 1;
202    // Enable PIE group 1 interrupt 1 for ADCB1_INT
203    IER |= M_INT1;
204
205 InitEPwmModules();  // Initialize EPWM Modules
206 InitDacModules();   // Initialize DAC Modules
207 InitAdcModule();  // Initialize On-Chip ADC Module
208
209            BackTicker = 0;
210            IsrTicker = 0;
211
212  EINT;   // Enable Global interrupt INTM
213  ERTM;   // Enable Global real-time interrupt DBGM
214
215            int j ;
216                    for (j = 0; j <  setup ; j++)
217                    {
218                                RED_LED_LOW ;
219                                BLU_LED_LOW ;
220                                GRN_LED_LOW ;
```

• 라인 100-220: 앞장에서 설명된 부분으로, 이하 생략한다.

```
221                                 L0_LED_LOW ;
222                                 L1_LED_LOW ;
223                                 L2_LED_LOW ;
224                                 L3_LED_LOW ;
225                                 L4_LED_LOW ;
226                                 L5_LED_LOW ;
```

```
                                        L6_LED_LOW ;
                                        L7_LED_LOW ;
                        DELAY_US(100000); //
                            RED_LED_HIGH ;
                            BLU_LED_HIGH ;
                            GRN_LED_HIGH ;
                            L0_LED_HIGH ;
                            L1_LED_HIGH ;
                            L2_LED_HIGH ;
                            L3_LED_HIGH ;
                            L4_LED_HIGH ;
                            L5_LED_HIGH ;
                            L6_LED_HIGH ;
                            L7_LED_HIGH ;
                        DELAY_US(100000);
                                                }
                        int k ;
                        Gn [k] = 0.0 ;
    for(;;)
    {
        BackTicker++; // 무한루프 실행 횟수  1만큼 증가시킴
        L4_LED_LOW  ;

        if (  DacaRegs.DACVALS.bit.DACVALS > 0x800 )
                        {
                            L3_LED_LOW ;
                        }

   else if (  DacaRegs.DACVALS.bit.DACVALS > 0x7E0 )
                        {
                            L2_LED_LOW ;
                        }

   else if (  DacaRegs.DACVALS.bit.DACVALS > 0x7C0 )
                                    {
                                        L1_LED_LOW ;
                                    }

   else if (  DacaRegs.DACVALS.bit.DACVALS > 0x7A0 )
                                    {
                                        L0_LED_LOW ;
                                    }
   else if (  DacaRegs.DACVALS.bit.DACVALS > 0x780 )
                                    {
                                        L7_LED_LOW ;
                                    }
```

```
273   else if (  DacaRegs.DACVALS.bit.DACVALS > 0x760 )
274                                   {
275                                          L6_LED_LOW ;
276                                   }
277                       else
278                       {
279                            L6_LED_HIGH ;
280                            L7_LED_HIGH ;
281                            L0_LED_HIGH ;
282                            L1_LED_HIGH ;
283                            L2_LED_HIGH ;
284                            L3_LED_HIGH ;
285                       }
286
287           L4_LED_HIGH ;
288                    }  //end of for
289                     }      //end of main
290
291   __interrupt void MainIsr(void)
292
293   {
294    IsrTicker++;
295    L5_LED_LOW ;  //L5 켜짐, 주기확인용
296    int k ;
297    float acc ;
298
299    acc  = 0 ;
300    Gn[0] =  AdcbResultRegs.ADCRESULT1 ;
301    //Con6 으로 오디오신호 B2 입력(con6)
302
303     for ( k = 0 ; k < ORDER ; k++ )   //
304
305    {
306// acc += (( Hn[k] + Hn1[k]) * Gn[k] ) ; //LPF+HPF ok
307         acc += ( Hn[k]  * Gn[k] ) ; //BPF 계수
308                  }
309
310       for ( k = (ORDER-1 ) ; k > 0 ; k-- )
```

• 라인 300: CON6으로 오디오 스위프 신호를 입력한다.

• 라인 307: 입력 신호와 계수가 콘볼루션 연산을 한다.

• 라인 311: 새로운 입력 신호 값을 현재 n의 버퍼에 위치하도록 이전에 입력된 값들을 이동한다.

```
311             Gn[k] = Gn[k-1] ;
312
313 //       acc = acc / 2 :
```

• 라인 315: 필터된 오디오 신호를 DAC-a 단자로 출력한다.

```
314 //2 band 에서 출력이 2배로 커져서 깨짐 현상 발생하여  나누기 2
315 DacaRegs.DACVALS.bit.DACVALS =  acc + 0x900 ; //biasDC1.8
316
317 //Clear INT flag and Acknowledge to receive inte
318
319 AdcbRegs.ADCINTFLGCLR.bit.ADCINT1 = 1;
320 //Clear INT1 flag
321     PieCtrlRegs.PIEACK.bit.ACK1 = 1;
322 //Acknowledge this interrupt to receive more inter
323     L5_LED_HIGH ; //L5 꺼짐
324
325             } //Main Isr 끝
326
327 void InitDacModules(void)
328   {
329     EALLOW;
330     DacaRegs.DACCTL.bit.DACREFSEL  = REFERENCE_VREF ;
331 // DAC-A Reference select:
332 //ADC VREFHI/VREFLO are the reference voltages
333     DacbRegs.DACCTL.bit.DACREFSEL  = REFERENCE_VREF;
334 // DAC-A Reference select:
335     // ADC VREFHI/VREFLO are the reference voltages
336     DaccRegs.DACCTL.bit.DACREFSEL  = REFERENCE_VREF;
337
338 DacaRegs.DACOUTEN.bit.DACOUTEN = 1; // Enable DAC-A
339 DacbRegs.DACOUTEN.bit.DACOUTEN = 1; // Enable DAC-B
340     DaccRegs.DACOUTEN.bit.DACOUTEN = 1;
341     EDIS;
342
343 DacaRegs.DACVALS.bit.DACVALS = 0;//Clear A value regi
344 DacbRegs.DACVALS.bit.DACVALS = 0;//Clear B value regi
345     DaccRegs.DACVALS.bit.DACVALS = 0;
346   }
347
348 void InitEPwmModules(void)
349   {
350
351     EALLOW;
352     CpuSysRegs.PCLKCR0.bit.TBCLKSYNC = 0;
353     EDIS;
```

```
354
355     EALLOW;
356     ClkCfgRegs.PERCLKDIVSEL.bit.EPWMCLKDIV = 0;
357     EDIS;
358
359     // Setup Counter Mode and Clock
360     EPwm1Regs.TBCTL.bit.CTRMODE = 2;
361     // Count Up and Down (Symmetric)
362     EPwm1Regs.TBCTL.bit.HSPCLKDIV = 0;
363 //TBCLK = (SYSCLKOUT / EPWMCLKDIV)/(HSPCLKDIV * CLKDIV)
364 // = 200MHz
365     EPwm1Regs.TBCTL.bit.CLKDIV = 0;
366
367     // Setup Period (Carrier Frequency)
368
369     EPwm1Regs.TBPRD = 2500;//40khz
370  // Set Timer Period, (200MHz/20KHz)/2 = 5,000,
371     EPwm1Regs.TBCTR = 0;  // Clear Counter
372 // Set up Event Trigger(SOC) with CNT_zero enable
373     // for Time-base of EPWM1
374     EPwm1Regs.ETSEL.bit.SOCAEN = 1;
375     // Enable SOCA
376     EPwm1Regs.ETSEL.bit.SOCASEL = 1;
377     // Enable CNT_zero event for SOCA
378     EPwm1Regs.ETPS.bit.SOCAPRD = 1;
379     // Generate SOCA on the 1st event
380     EPwm1Regs.ETCLR.bit.SOCA = 1;
381     // Clear SOCA flag
382
383     EALLOW;
384     CpuSysRegs.PCLKCR0.bit.TBCLKSYNC = 1;
385     EDIS;
386    }
387
388 void InitAdcModule(void)
389  {
390     // Initialize ADC-B module
391     EALLOW;
392     AdcbRegs.ADCCTL2.bit.PRESCALE = 14;
393 //Set ADCCLK divider to /8 (25MHz @ 200MHz )
394 AdcSetMode(ADC_ADCB, ADC_RESOLUTION_12BIT,
395             ADC_SIGNALMODE_SINGLE);
396     AdcbRegs.ADCCTL1.bit.INTPULSEPOS = 1;
```

- 라인 369: 샘플링 주파수를 40KHz로 셋업 한다. 인터럽트 주기와 샘플링 주기는 동기 되어 있고 25usec 이다.

```
    // Set pulse positions to late
    AdcbRegs.ADCCTL1.bit.ADCPWDNZ = 1;
    // Power up the ADC
    DELAY_US(1000);
// Delay for 1ms to allow ADC time to power up.
    EDIS;

    // Initialize ADC-D module,210726 add
        EALLOW;
        AdcdRegs.ADCCTL2.bit.PRESCALE = 14;
// Set ADCCLK divider to /8 (25MHz @ 200MHz )
AdcSetMode(ADC_ADCD, ADC_RESOLUTION_12BIT,
            ADC_SIGNALMODE_SINGLE);
        AdcdRegs.ADCCTL1.bit.INTPULSEPOS = 1;
        // Set pulse positions to late
        AdcdRegs.ADCCTL1.bit.ADCPWDNZ = 1;
        // Power up the ADC
        DELAY_US(1000);
// Delay for 1ms to allow ADC time to power up.
        EDIS;

    // Configuration ADC module
    EALLOW;
    AdcbRegs.ADCSOC0CTL.bit.CHSEL = 0;
    // B0,VDAC,ADCRESULT0, SOC0 : ADCINB0,
    AdcbRegs.ADCSOC0CTL.bit.ACQPS = 14;
 // Sample and hold time : (14 + 1) SYSCLK = 75nsec
    AdcbRegs.ADCSOC0CTL.bit.TRIGSEL = 5;
    // Trigger source : EPWM1, ADCSOCA

    AdcbRegs.ADCSOC1CTL.bit.CHSEL = 2;
 // B2, ADCRESULT1, ADC-B SOC1 : ADCINB2,
    AdcbRegs.ADCSOC1CTL.bit.ACQPS = 14;
 // Sample and hold time : (14 + 1) SYSCLK = 75nsec
    AdcbRegs.ADCSOC1CTL.bit.TRIGSEL = 5;
 // Trigger source : EPWM1, ADCSOCA //170203 addB2

    AdcbRegs.ADCSOC2CTL.bit.CHSEL = 3;
    // B3, ADCRESULT2, ADC-B SOC2 : ADCINB3,
    AdcbRegs.ADCSOC2CTL.bit.ACQPS = 14;
 // Sample and hold time : (14 + 1) SYSCLK = 75nsec
    AdcbRegs.ADCSOC2CTL.bit.TRIGSEL = 5;
    // Trigger source : EPWM1, ADCSOCA

   AdcdRegs.ADCSOC3CTL.bit.CHSEL = 0;
   // D0, ADCRESULT3, ADC-B SOC3 : ADCIND0,
   AdcdRegs.ADCSOC3CTL.bit.ACQPS = 14;
// Sample and hold time : (14 + 1) SYSCLK = 75nsec
   AdcdRegs.ADCSOC3CTL.bit.TRIGSEL = 5;
```

```
// Trigger source : EPWM1, ADCSOCA

 AdcbRegs.ADCINTSEL1N2.bit.INT1SEL = 0;
 // End of SOC0 will set INT1 flag
 AdcbRegs.ADCINTSEL1N2.bit.INT1E = 1;
 // Enable INT1 flag
 AdcbRegs.ADCINTFLGCLR.bit.ADCINT1 = 1;
 // Make sure INT1 flag is cleared
 EDIS;
}
                // END
//
// End of file
```

13-3-6 KB2837xD 보드 상에서 실행되는 300~4000Hz Band Pass Filter 실행 결과

그림 13-16은 KB2837xD 보드 상에서 Band Pass Filter의 프로그램이 실행된 결과를 나타낸다. CON6 단자를 통하여 입력된 오디오 신호는 진폭이 200mV/rms(−14dBV)로 설정되어, 자동으로 주파수 20Hz~10000Hz 범위를 스위프(sweep) 한다. Band Pass Filter가 실행되어 필터 된 디지털 출력 신호는 DAC 모듈에서 아날로그 신호로 변환되어 DAC−a 단자를 통하여 출력된다. 측정된 결과 값을 보면, 디지털 BPF 특성에 의하여 주파수 별 감쇄된 크기는 약 50dB 수준에 있고, 통과 주파수 대역 특성은 MATLAB에서 실행된 결과 값과 유사한 300~4000Hz BPF 결과를 나타낸다. 통과 대역 주파수 필터 특성을 좀더 좋게 하기 위해서는 차수의 길이를 길게 하여야 하나, 차수가 길어지면 DSP 실행 동작이 느려지는 현상이 발생된다.

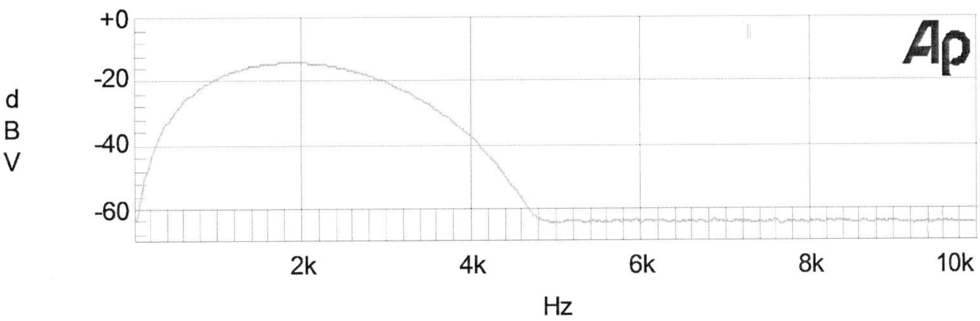

| 그림 13-16 | KB2837xD 보드 상에서 Band Pass Filter의 프로그램이 실행된 결과

CHAPTER 14

KB2837xD 보드 상에서 DUAL CPU Mode 프로그램 설계

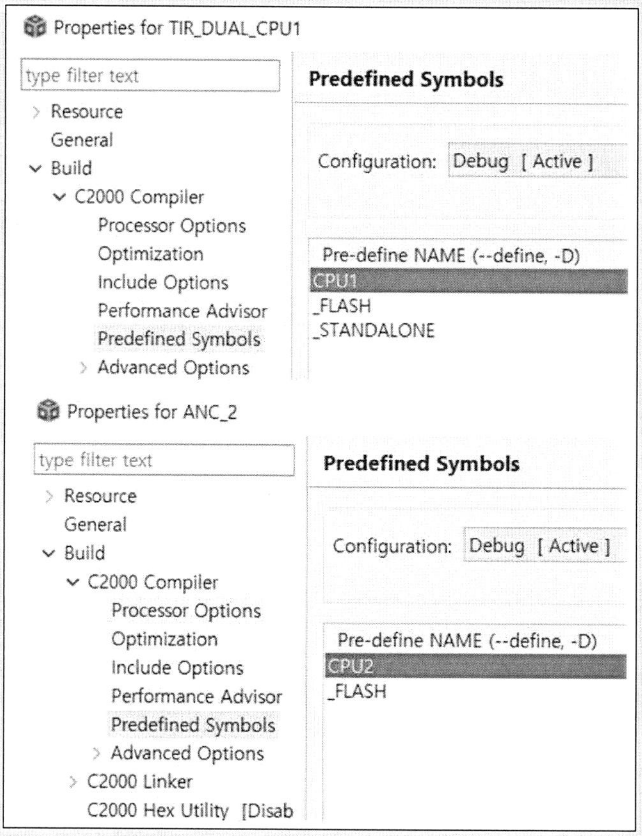

www.avmart.co.kr

14-1 DUAL CPU 동작 기반 적외선 인체 감지 프로그램 설계

TI 사에서 출시된 C2000 시리즈 DSP IC 중에서 특히 "Tms320f2837xD"은 DUAL CPU 기능을 실행할 수 있다. Tms320f2837xD가 실장 된 KB2837xD 보드 상에서 적외선 인체 감지 센서를 CON6과 CON7에 각각 연결하고, DUAL CPU 모드로 프로그램을 각각 구동하여 DUAL CPU 기능이 실행된 결과를 본다.

14-1-1 KB2837xD 보드 상에서 DUAL CPU 동작 실행을 위한 I/O 회로 수정

TI 사에서 제공된 Technical Manual를 기반으로, DSP IC 내의 CPU1과 CPU2에서 각각 동작되는 프로그램을 실행할 때, DSP IC 내에 실장 된 CPU1 과 CPU2 사이의 상관된 동작상에서 일부 제한이 따른다. 즉, GPIO의 공용 사용 방법, 메모리 영역의 할당, 변수 명의 공용 사용 등 프로그램 설계에서 주의가 요구되는 부분이 있다. 이로 인하여 KB2837xD 보드 상에서 GPIO가 2개의 프로세서에서 함께 구동하는 것을 볼 수 있도록 CPU1 과 CPU2의 입력과 출력을 외부 회로로 연결하여 연관된 동작을 함께 실행하여 결과를 확인한다.

그림 14-1은 DUAL CPU 동작을 실행하기 위하여 판매된 상태의 KB2837xD 보드 회로에서 수정할 회로 상태를 나타낸다. 회로도 상에서 빨강색으로 연결된 2개 부분이 DUAL CPU 동작을 위하여 수정할 부분이다.

그림 14-2는 DUAL CPU 동작 실행을 위하여 입출력 회로가 수정된 보드 상태를 나타낸다. 회로도 상에서 CPU1의 L0(gpio37)을 센서2의 출력으로 정하고, GPIO44를 CPU2의 입력으로 정하여, CPU1_ 센서2의 출력이 CPU2_GPIO44(스위치4)에 입력되게 구성한다. 그리고 CPU1의 L1(gpio40)을 센서 1의 출력으로 정하여 CPU2의 입력으로 사용될 GPIO43에 연결하여 센서1의 출력이 GPIO43(스위치5)에 입력되게 구성한다.

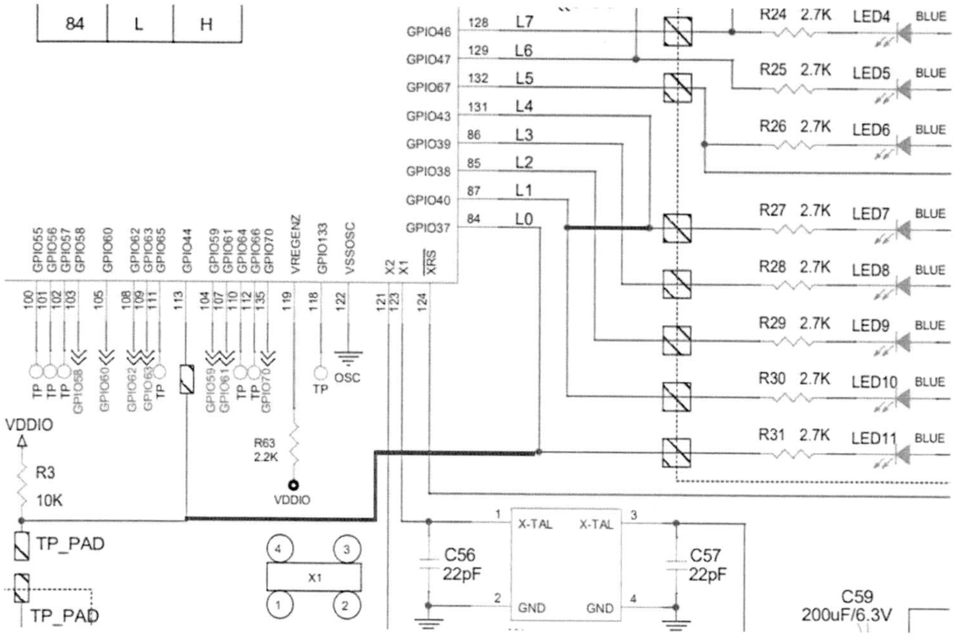

| 그림 14-1 | DUAL CPU 동작을 실행하기 위한 수정된 회로

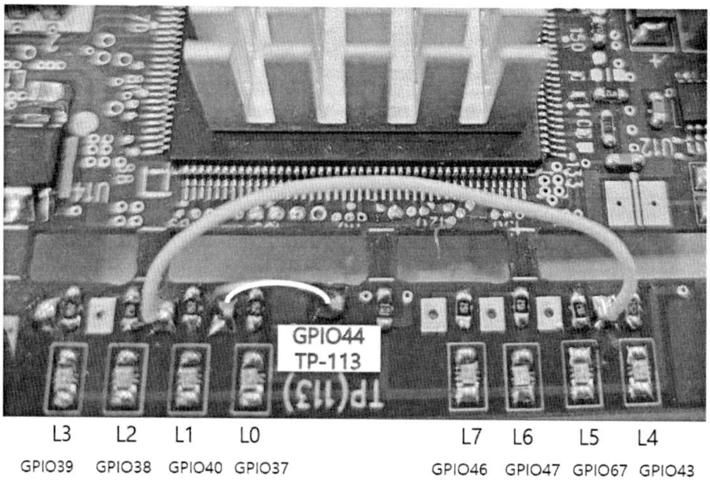

| 그림 14-2 | DUAL CPU 동작 실행을 위하여 회로가 수정된 보드

14-1-2 KB2837xD 보드 상에서 DUAL CPU 실행을 위한 속성 설정

DUAL CPU 기능을 실행하기 위하여서는, TI 사에서 제공하는 DUAL CPU 구동용 함수 프로그램이 몇 가지가 추가되어야 빌드(build)과정에서 에러가 발생되지 않는다. 그림 14-3은 DUAL CPU 모드에서 CPU1을 실행하기 위한 프로젝트 내의 파일 구성 상태를 나타낸다.

DUAL CPU 기능이 동작되기 위하여 IPC 파일들이 추가된다. IPC 관련 자료는 www.ti.com 에서 다운로드하여 적용하면 된다.

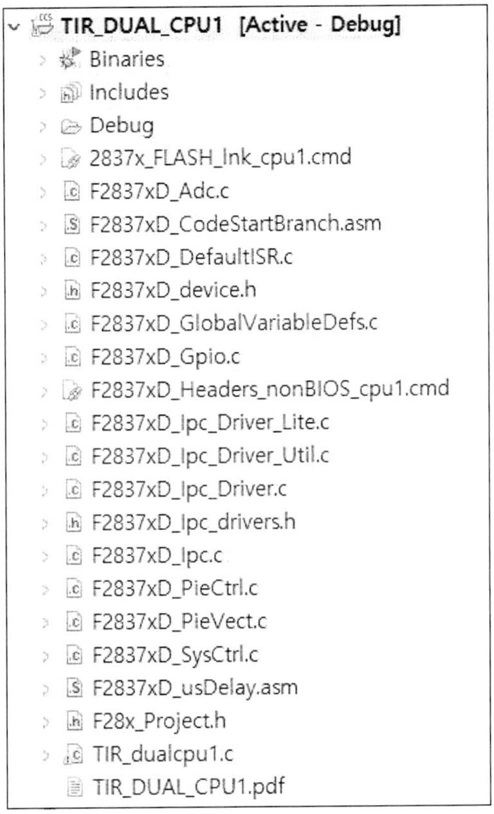

| 그림 14-3 | CPU1을 실행하기 위한 프로젝트 내의 파일 구성

그림 14-4는 DUAL CPU 모드에서 실행되는 CPU2 프로젝트 내의 파일 구성 상태를 나타낸다. IPC 관련된 파일들이 반드시 포함되어야 빌드 과정에서 에러가 발생되지 않는다.

| 그림 14-4 | DUAL CPU 모드에서 실행되는 CPU2 프로젝트 내의 파일

추가적으로, 프로젝트 구성과 셋업 설정이 완료된 후, 빌드(build) 과정에서 필요한 프로젝트 속성(properties) 내의 옵션(option) 사항 몇 가지를 설정해야 한다. 경로와 관련된 "Include" 파일은 일반적으로 사용되는 방법으로 그림 14-6와 같이 CPU1과 CPU2 프로젝트 내에 각각 설정하고, "Linker-Basic" 도 CPU1과 CPU2 프로젝트 상에서 각각 0x3F8로 설정한다. 그림 14-7은 CPU1에 해당되는 프로젝트의 속성 Predefine 설정 상태를 나타낸다. CPU2에 해당되는 프로젝트 내의 속성은 반드시 CPU2에 해당되는 경로로 설정을 한다. 그림 14-8은 CPU2에 해당된 프로젝트의 속성 Predefine 설정 상태를 나타낸다. 프로그램 빌드가 완료되면, Target Board를 연결하고(launch selected configuration) CCS상의 RUN 모드에서 해당되는 프로그램(xxxxx.out)을 로드(load)를 한다. 프로그램 로드는 CPU1 또는 CPU2를 선택하고 난 후에 각각 해당되는 프로그램을 로드 하는 절차를 따른다. CPU1 선택 → CPU1 Load → CPU2 선택 → CPU2 Load → CPU1 선택 → CPU1 Resume → CPU2 선택 → CPU2 Resume 이후, CCS 화면 상에서 CPU1과 CPU2의 상태는 "Suspend"에서 "Running" 상태로 변한다. 그리고 파워 리셋을 하기 위하여 KB2837xD 보드의 전원을 제거한 후 다시 인가한다. 그림 14-5는 CCS에서 Resume 실행 후 Running 상태를 나타낸다.

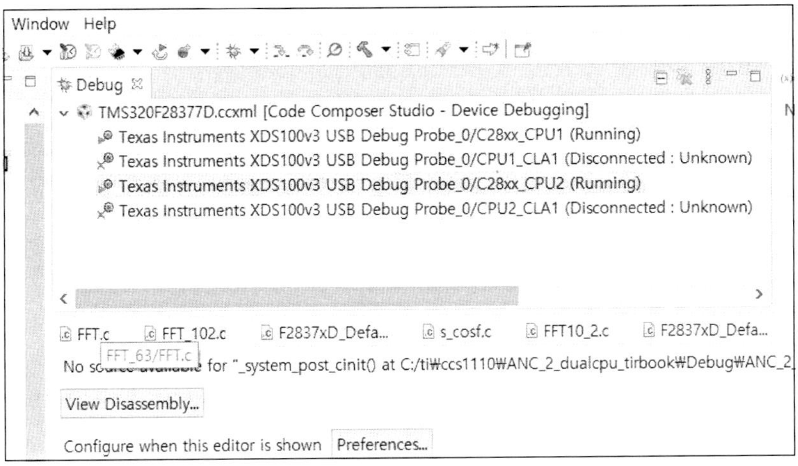

| 그림 14-5 | CCS에서 Resume 실행 후 Running 상태

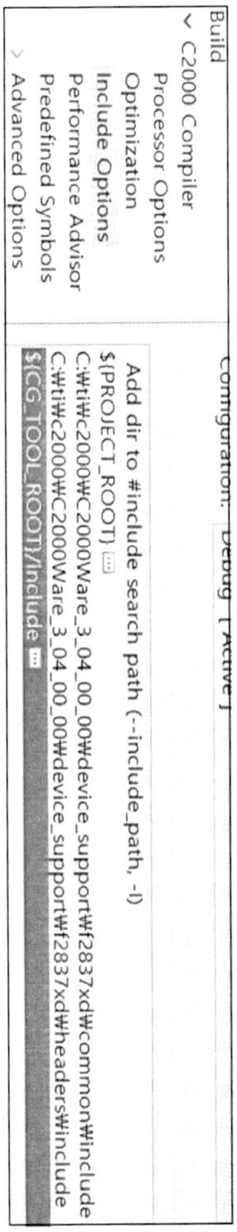

| 그림 14-6 | 프로젝트 속성내의 Include 설정 상태

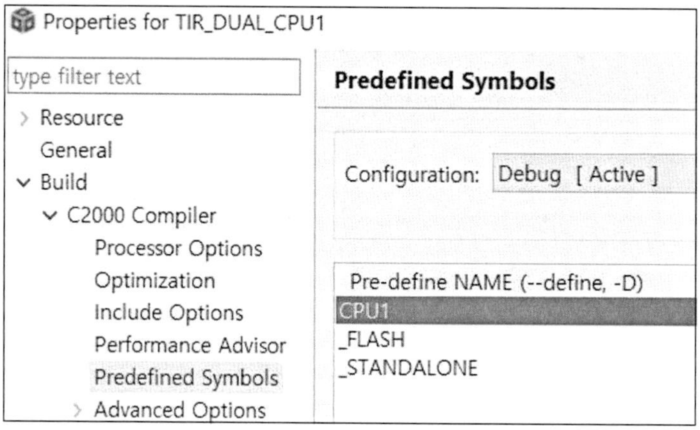

| 그림 14-7 | CPU1 구동 프로젝트의 속성 Predefine 설정

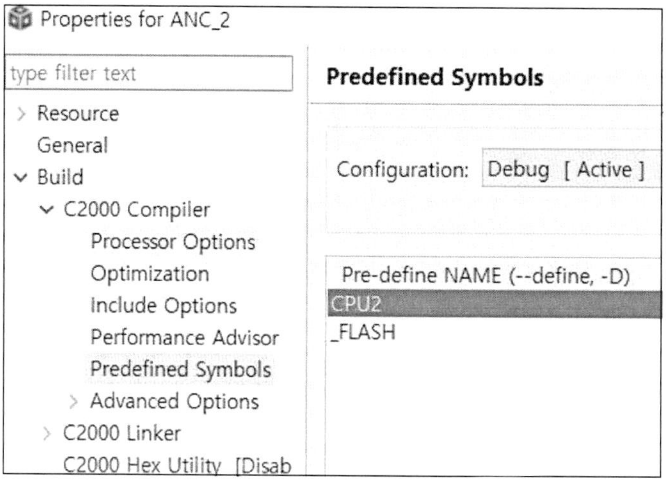

| 그림 14-8 | CPU2 구동 프로젝트의 속성 Predefine 설정

14-2 KB2837xD 보드 상에서 DUAL CPU 모드 실행을 위한 프로그램 설계

14-2-1 CPU1 & CPU2 구동용 회로 구성

DSP IC 내의 DUAL CPU 모드에서 2개의 CPU가 연관된 동작을 실행할 때, 일부 동작이 겹치는 영역에서 Master와 Sleeve 기능으로 분담되어 실행된다. 본 적외선 인체 감지 프로젝트에서는 Master 역할을 CPU1이 담당하고 CPU2는 Sleeve 역할을 한다. 적외선 인체 감지 센서 1의 출력을 CON7에 연결하여 ADCINB3에 입력하고, 적외선 인체 감지 센서 2의 출력을

CON6에 연결하여 ADCINB2에 입력한다. 적외선 인체 감지 모듈에서 인체 감지가 이루어진 상태로 시간이 경과될 때 적응 필터의 출력인 에러 신호가 설정된 문지방(threshold) 전압까지 낮아지는 결과 값을 갖는 감지 출력 신호를 CPU2에 입력하여, 적외선 인체 감지 상태가 사라진 후 얼마간의 시간까지 감지된 상태가 유지된 것처럼 감지 신호를 지연시키는 동작을 구현하여 결과를 본다. 그림 14-9은 소프트웨어 설계를 위한 DSP IC의 ADC 모듈의 입력과 DAC 모듈의 출력 구성도이다.

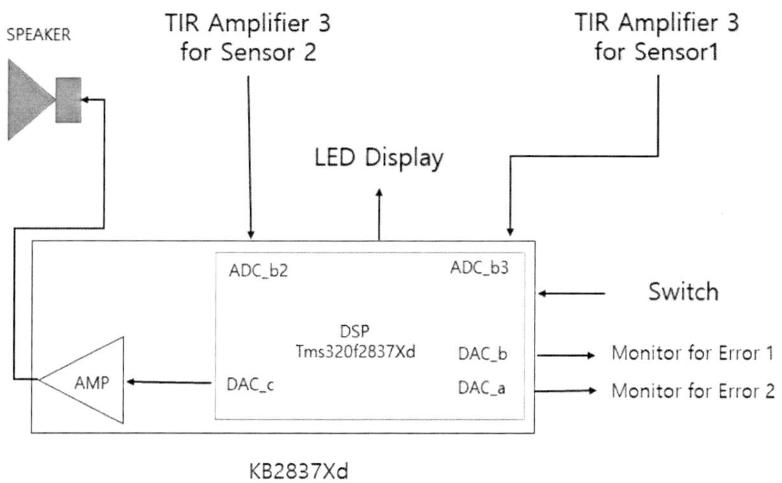

| 그림 14-9 | Dual CPU 기반 적외선 인체 감지 시스템의 입력과 출력 구성

14-2-2 CPU1 구동을 위한 적외선 인체 감지 프로그램

앞장에서 설명된 중복 부분은 생략하여 게재한다.

```
#include "F28x_Project.h"
#include "F2837xD_Ipc_drivers.h"

#define SW2_STATE    GpioDataRegs.GPBDAT.bit.GPIO41
#define SW3_STATE    GpioDataRegs.GPBDAT.bit.GPIO45
#define BLU_LED_HIGH     GpioDataRegs.GPASET.bit.GPIO31=1
#define BLU_LED_LOW      GpioDataRegs.GPACLEAR.bit.GPIO31=1
#define RED_LED_HIGH     GpioDataRegs.GPBSET.bit.GPIO34=1
#define RED_LED_LOW      GpioDataRegs.GPBCLEAR.bit.GPIO34=1
#define L2_LED_HIGH      GpioDataRegs.GPBSET.bit.GPIO38=1
#define L2_LED_LOW       GpioDataRegs.GPBCLEAR.bit.GPIO38=1

#define REFERENCE_VDAC  0
```

```
#define REFERENCE_VREF  1

#define setup  30

 #define N 5
 #define N2 5

 #define beta 1E-5
float w[N]; //buffer weight, 센서1
float w2[N2]; // 센서2
float delay [N]; //input buffer
float delay2 [N2];

//부동소숫점 신호 발생기 190707 ,다항식 근사 부동 소숫점
float FunctionSin(float x ) ;
float A = 2048; // DAC 12 bits, 2048이 최적
const float fDesired ;  //

float phase = 0 ;
float pi = 3.141592535 ;
float phaseIncrement ;
const float c1 = 1.5E-5 ; // 191206 VCO 용으로 add
 Uint32 fs = 20000 ; // step 50us ,

interrupt void cpu_timer1_isr(void); //sweep 용 함수
void InitDacModules(void);
void InitEPwmModules(void);
void InitAdcModule(void);
__interrupt void MainIsr(void);

Uint16  BackTicker;
Uint16  IsrTicker;

Uint32  Adc_B0_result; //210830 VDCfor DAC
Uint32  Adc_B2_result; //170203 add B2, 센서 2 입력
Uint32  Adc_B3_result; //191206 add, 센서 1 입력
Uint32  Adc_D0_result;  //210726 add for vco

Uint32  Dn; //Input
Uint32  Dn2;
Uint32  Yn; //
Uint32  Yn2;
Uint32  E;  //
Uint32  E2;
Uint32  B2, B22  ; //210805 add

void main(void)

{
```

```
72
73    InitSysCtrl();
74
75 #ifdef _STANDALONE
76 #ifdef _FLASH
77 // Send boot command to allow the CPU2 application
78 IPCBootCPU2(C1C2_BROM_BOOTMODE_BOOT_FROM_FLASH);
79 #else
80
81 IPCBootCPU2(C1C2_BROM_BOOTMODE_BOOT_FROM_RAM);
82 #endif
83 #endif
84
85 #ifdef _FLASH
86    InitFlash();
87 #endif
```

- 라인 27–67: 두개의 인체 감지 센서에서 출력된 신호를 동시에 두개의 적응 필터에서 연산을 실행하기 위하여 적응 필터 연산에 필요한 변수를 각각 따로 구성한다.
- 라인 75–87: DUAL CPU을 구동하기 위한 Boot Command이다. 이 부분은 TI 사에서 제공한 자료에 의하여 마련된 내용이다.

```
88
89     InitGpio(); // Skipped for this example
90     EALLOW;
91     GpioCtrlRegs.GPADIR.bit.GPIO31 = 1; //cpu1, Blue
92     GpioCtrlRegs.GPBDIR.bit.GPIO34 = 1; //cpu1, red
93     GpioCtrlRegs.GPBDIR.bit.GPIO38 = 1; //cpu1, L2
94
95     GpioCtrlRegs.GPCDIR.bit.GPIO67 = 1;//L5, ISR 확인용
96
97     GpioCtrlRegs.GPBDIR.bit.GPIO37 = 1;//L0, senssor2 동작
98     GpioCtrlRegs.GPBDIR.bit.GPIO40 = 1; //L1,sensor1
99
100  GPIO_SetupPinOptions(31, GPIO_OUTPUT, GPIO_PUSHPULL);
101  GPIO_SetupPinMux(31, GPIO_MUX_CPU1, 0);
102  GPIO_SetupPinOptions(34, GPIO_OUTPUT, GPIO_PUSHPULL);
103  GPIO_SetupPinMux(34, GPIO_MUX_CPU1, 0);
104  GPIO_SetupPinOptions(38, GPIO_OUTPUT, GPIO_PUSHPULL);
105  GPIO_SetupPinMux(38, GPIO_MUX_CPU1, 0);
106  GPIO_SetupPinOptions(41, GPIO_INPUT, GPIO_QUAL6);  //
107  GPIO_SetupPinMux(41, GPIO_MUX_CPU1, 0);
108  GPIO_SetupPinOptions(45, GPIO_INPUT, GPIO_QUAL6);  //
109  GPIO_SetupPinMux(45, GPIO_MUX_CPU1, 0);
110
```

```
111 GPIO_SetupPinOptions(39, GPIO_OUTPUT, GPIO_PUSHPULL);
112 GPIO_SetupPinMux(39, GPIO_MUX_CPU2, 0);
113 GPIO_SetupPinOptions(47, GPIO_OUTPUT, GPIO_PUSHPULL);
114 GPIO_SetupPinMux(47, GPIO_MUX_CPU2, 0);
115 GPIO_SetupPinOptions(46, GPIO_OUTPUT, GPIO_PUSHPULL);
116 GPIO_SetupPinMux(46, GPIO_MUX_CPU2, 0);
117 GPIO_SetupPinOptions(43, GPIO_INPUT, GPIO_QUAL6);  //
118 GPIO_SetupPinMux(43, GPIO_MUX_CPU2, 0);
119 GPIO_SetupPinOptions(44, GPIO_INPUT, GPIO_QUAL6);//GR
120        GPIO_SetupPinMux(44, GPIO_MUX_CPU2, 0);
```

• 라인 111: CPU2의 인체 감지 센서 1의 출력(L3)

• 라인 115: CPU2의 인체 감지 센서 2의 출력(L7)

• 라인 117: CPU2의 스위치 5 입력(L4), 인체 감지 센서 1의 출력이 입력된다.

• 라인 119: CPU2의 스위치 4 입력(L0), 인체 감지 센서 2의 출력이 입력된다.

```
121
122     EDIS;
123     GpioDataRegs.GPADAT.bit.GPIO31 = 1;//
124     GpioDataRegs.GPBDAT.bit.GPIO34 = 1; //
125     GpioDataRegs.GPBDAT.bit.GPIO38 = 1; //L2, switch
126
127     GpioDataRegs.GPBDAT.bit.GPIO37 = 1;//L0, sensor2
128     GpioCtrlRegs.GPCDIR.bit.GPIO67 = 1; // cpu1 L5,
129     GpioDataRegs.GPBDAT.bit.GPIO40 = 1; //cpu1 L1,
130
131     DINT;
132
133     InitPieCtrl();
134
135     IER = 0x0000;
136     IFR = 0x0000;
137
138     InitPieVectTable();
139
140     EINT;  // Enable Global interrupt INTM
141     ERTM;  // Enable Global realtime interrupt DBGM
142
143 EALLOW;  //210914
144 PieVectTable.ADCB1_INT = &MainIsr;  // Interrupt
145 EDIS;
146
147 PieCtrlRegs.PIEIER1.bit.INTx2 = 1;  // Enable PIE 1
148 IER |= M_INT1;
```

```

        InitEPwmModules();  // Initialize EPWM Modules
        InitDacModules();   // Initialize DAC Modules
        InitAdcModule();    // Initialize On-Chip ADC

  //  Step 7
        //  7.1 Initialize S/W modules and Variables /
            BackTicker = 0;
            IsrTicker = 0;

           Adc_B0_result = 0;
           Adc_B2_result = 0; //170203 add B2
           Adc_B3_result = 0; //191206 add for vco
           Adc_D0_result = 0; //210726 add for vco

   int i = 0; //170727 from short to int
   for (i = 0 ;i < N; i++) //
   {
                w[i]=0.0;
                w2[i]=0.0;

                delay[i]=0;
                delay2[i]=0;
               }

            EINT;   // Enable Global interrupt INTM
            ERTM;   // Enable Global real-time interru

      int j ;
      for (j = 0; j <  setup ; j++) // 실측정:150ms on,
          {
                                   RED_LED_LOW ;
                                   BLU_LED_LOW ;
                                   L2_LED_LOW ;
                        DELAY_US(100000);
                            RED_LED_HIGH ;
                            BLU_LED_HIGH ;
                            L2_LED_HIGH ; //L2
                        DELAY_US(100000);
                                                }

                        float xn ;

    for(;;)
    {
        BackTicker++;     // 무한루프 실행 횟수

                float tmp ; // short tmp와 결과 동일

```

```
198                 xn = xn ;
199                 if (xn < 2000)
200                 {
201                     xn = xn + 0.0005 ;
202                 }
203
204                 else
205                 {
206                     xn = 0 ;
207                 }
208
```

• 라인 198-207: DAC 모듈의 DAC-c 단자에서 출력되는 정현 파 신호를 100Hz에서 3000Hz 범위로 반복적으로 스위프(sweep) 한다.

```
209             const float fDesired = 3 ;
210             phaseIncrement = 2* pi* fDesired / fs ;
211     phase = phase + ( phaseIncrement + (c1 * xn * 2) );
212       if(phase >= 2*pi) //   2* 제거하면 파형이 찌그러짐
213       phase -= 2*pi ;
214       phase = (phase > 2.0f) ? (phase -4.0f) : phase ;//
215
216      tmp =  (A* FunctionSin(phase)) / 8 ; //210315 : /8
217      DaccRegs.DACVALS.bit.DACVALS =  tmp + 0x800 ; //
218
```

• 라인 209-216: 정현 파 신호를 만들어서 tmp 변수에 저장한다.

• 라인 217: 정현 파 신호에 직류 1.65V를 중첩하여 DAC-c 단자로 출력한다.

그림 14-10은 디지털 오실로스코프로 DAC-c 단자에서 측정한 정현 파 신호를 나타낸다.

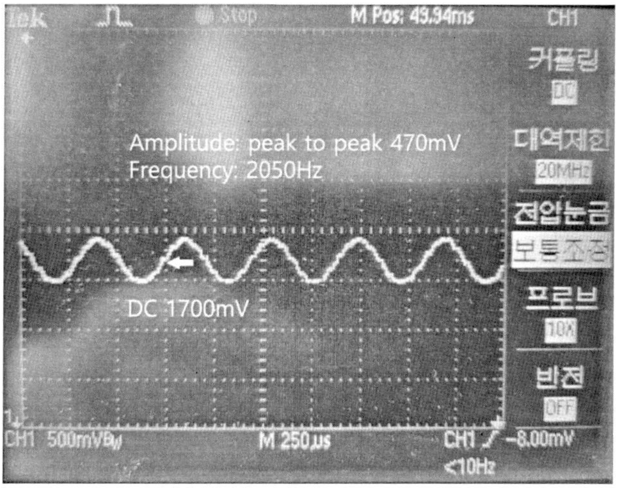

| 그림 14-10 | DAC-c 단자에서 출력된 정현 파 신호

참고 KB2837xD 보드 상에서 실행되는 정현 파 신호는 계제 된 소스 프로그램을 수정하여 인체가 감지 될 때 경고음으로 사용할 수 있게 마련된 것이다.

```
        if (SW2_STATE) // switch 2 off (HIGH)
                {       //1

                 if(SW3_STATE)  // 스위치 모두 OFF = LOW
                        {
                              L2_LED_LOW ;  // L2 LED
                              RED_LED_HIGH ;
                              BLU_LED_HIGH ;
     if( DacbRegs.DACVALS.bit.DACVALS > 0x008 )  // ok,
       {
        GpioDataRegs.GPBDAT.bit.GPIO40 = 1; //L1,high
                              }

         else
           {
               GpioDataRegs.GPBDAT.bit.GPIO40 = 0; //
                               } // 0x008 끝
                                   } //2 sw3 끝

    else  // switch 3  만 on (LOW) 의미, 3번째 값에서 감지

      {
                          RED_LED_HIGH ; //low 일때 켜짐
                          L2_LED_HIGH ; //L2
                          BLU_LED_LOW ; //low 일때 켜짐

```

```
        if( DacbRegs.DACVALS.bit.DACVALS > ( 0x015)) // ch1
           {
              GpioDataRegs.GPBDAT.bit.GPIO40 = 1; //L1,
                                                    }
             else
                 {
                      GpioDataRegs.GPBDAT.bit.GPIO40 = 0; //
                        }// 0x005
                            } // 3 else
                                     }  //1

     else if (SW3_STATE) // switch 3 off (HIGH), RED LED 켜짐
        {
            RED_LED_LOW ; //low 일때 켜짐, RED led 켜짐
            L2_LED_HIGH ;
            BLU_LED_HIGH ; //low 일때 켜짐

        if( DacbRegs.DACVALS.bit.DACVALS > (0x00F )) //ch1 f
            {
                 GpioDataRegs.GPBDAT.bit.GPIO40 = 1; //L1,
                                          }
            else
               {
                  GpioDataRegs.GPBDAT.bit.GPIO40 = 0; //L1,
                                   }
                                         }  //sw2 else 끝
            else  // 스위치 모두 ON, 가장 높은 감지 레벨, LED 모두
             {
                  RED_LED_LOW ; //low 일때 켜짐
                  L2_LED_LOW ;
                  BLU_LED_LOW ; //low 일때 켜짐

         if( DacbRegs.DACVALS.bit.DACVALS > (0x01F))  // ch1
                      {
                         GpioDataRegs.GPBDAT.bit.GPIO40 = 1; //
                               }
            else
              {
                GpioDataRegs.GPBDAT.bit.GPIO40 = 0; //L1,
                      }   //else 끝
                          } //처음 else switch2

// sensor2 = E2 ,고정 값으로 동작,
 if ( DacaRegs.DACVALS.bit.DACVALS > (E2 + 0x00A) ) // sens
     {
        GpioDataRegs.GPBDAT.bit.GPIO37 = 1; //L0 off, sen
                   }
            else
```

```
293            {
294             GpioDataRegs.GPBDAT.bit.GPIO37 = 0;
295  //Lo on,  L0 이 Low 되면 , 회로 연결된 sw4 가 low 되고 CPU2 의
296                       }
```

• 라인 219-285: 스위치2 와 스위치3의 선택에 따라 인체 감지 센서1의 출력에 해당되는 에러 값에 대하여 인체 감지 여부를 판정하는 문지방(threshold) 값을 변경한다. 문지방 값에 따라 오류 판정 율(rate)와 감지 거리의 차이가 나타난다.

```
297
298              }  //end of for
299          }     //end of main
300
301    __interrupt void MainIsr(void)
302    {
303     IsrTicker++;
304     GpioDataRegs.GPCDAT.bit.GPIO67 = 0; //L5
305
306     // Save conversion result of ADCINB0 inpu
307   Adc_B0_result = AdcbResultRegs.ADCRESULT0;
308   Adc_B2_result = AdcbResultRegs.ADCRESULT1;
309   Adc_B3_result = AdcbResultRegs.ADCRESULT2;
310   Adc_D0_result = AdcdResultRegs.ADCRESULT3;
```

• 라인 304: 인터럽트가 시작되는 시점에 LED_L5을 켜고 인터럽트가 끝나는 시점에 LED_L5를 꺼서, 실제적인 인터럽트의 실행 시간을 확인한다. 인터럽트 주기와 샘플링 주파수의 주기(50use)가 동기되어 실행되므로 인터럽트 실행 시간 내에서 새로운 입력 신호에 대한 연산이 끝나야 한다. 그림 14-11은 LED_L5 단자의 신호를 디지털 오실로스코프로 측정한 값이다. 측정된 값 a는 샘플링 주기에 해당되며 메인 프로그램과 인터럽트의 실행 시간을 나타내며 50usec이다. 측정된 값 b는 인터럽트의 실행 시간을 나타내며 16usec이다.

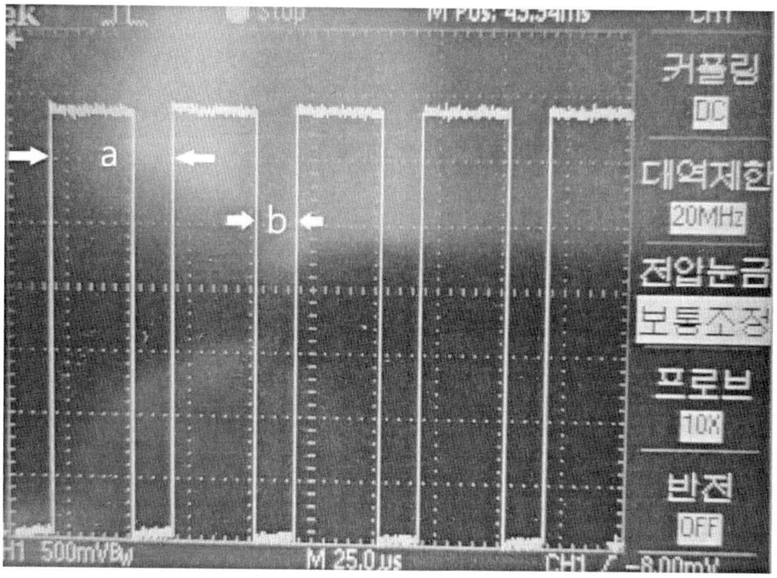

| 그림 14-11 | 샘플링 주기와 인터럽트 실행 시간

```
//190708 부동소숫점 신호 발생기를 이 부분에 넣으면 출력이 없다
int i; //170727 from short to int

float Yn, E, xn, Yn2, E2 ; //output filter /"error"

      delay[0]  = AdcdResultRegs.ADCRESULT3; // F
      delay2[0] = AdcdResultRegs.ADCRESULT3; //

   Yn = 0;        // init output add adapt filter,
   Yn2 = 0;
   xn = 0 ; //191206

  for  ( i = 0 ; i < N ; i++)

{    // 210830, Dual sensor 위하여 괄호 추가, 동작 ok

      Yn += (w[i] * delay [i]) ;       // Yn outpu
      Yn2 += (w2[i] * delay2 [i]) ;

           } //210830 Dual 센서 위하여 괄호 추가

   E = AdcbResultRegs.ADCRESULT2 - Yn ; // 센서 1
   E2 = AdcbResultRegs.ADCRESULT1 - Yn2 ; // 센서2

  for (i = N-1; i >= 0; i --)
  {
w[i] = w[i] +  beta * E * delay[i]
```

```
339             / (delay[i] * delay[0] * 2 + 0.001);
340
341  w2[i] = w2[i] +  beta * E2 * delay2[i]
342             / (delay2[i] * delay2[0] * 2 + 0.001);
343
344      delay[i] = delay[i-1];
345      delay2[i] = delay2[i-1];
346
347      }  // N-1 for 문 끝
348
```

- 라인 317–318: 적응 필터의 FIR 필터 입력을 DC1.65V 전압을 적용한다. 적응 필터 입력은 주변 온도 변화의 영향과 적응 필터의 실행 동작을 확인하면서 입력 값을 변경하여 실행하는 것이 좋다.
- 라인 324–345: 적응 필터의 연산 과정을 나타낸다. 앞 장에 설명된 적응 필터 연산 과정과 동일하게 동작되는 구조이다.

```
349      xn = AdcdResultRegs.ADCRESULT3 ;
350
351      DacbRegs.DACVALS.bit.DACVALS = E  ; // ok
352      DacaRegs.DACVALS.bit.DACVALS = E2 ; //ok
353
354      //  Clear INT flag and Acknowledge to receive
355      AdcbRegs.ADCINTFLGCLR.bit.ADCINT1 = 1;  // Cle
356      PieCtrlRegs.PIEACK.bit.ACK1 = 1;
357  // Acknowledge this interrupt to receive more int
358
359      GpioDataRegs.GPCDAT.bit.GPIO67 = 1; //L5 꺼짐
360
361              }  //Main Isr 끝
362
```

이하 함수 프로그램과 ADC 모듈, DAC 모듈, EPWM 모듈 관련 프로그램은 중복되어 게제를 생략한다.

14-2-3 CPU2 구동을 위한 CPU1과 연계된 GPIO 동작 프로그램

```
12 #include "F28x_Project.h"
13 #define SW4_STATE  GpioDataRegs.GPBDAT.bit.GPIO44
14 //sw4
15 #define SW5_STATE  GpioDataRegs.GPBDAT.bit.GPIO43
16 //L4 pad,sw5
17
18 #ifdef _FLASH
19
20 extern Uint16 RamfuncsLoadStart;
21 extern Uint16 RamfuncsLoadSize;
22 extern Uint16 RamfuncsRunStart;
23 #endif
24
25 void main(void)
26 {
27
28 #ifdef _FLASH
29   memcpy(&RamfuncsRunStart, &RamfuncsLoadStart,
30          (size_t)&RamfuncsLoadSize);
31 #endif
32
33     InitSysCtrl();
34
35 #ifdef _FLASH
36    InitFlash();
37 #endif
38
39     EALLOW;
40
41  GPIO_WritePin(39, 1);  // L3 for sensor1
42  GPIO_WritePin(47, 1);  //L6
43  GPIO_WritePin(46, 1);  //L7 for sensor2
44  GPIO_WritePin(44, 1); //sw4, input for sensor2
45  GPIO_WritePin(43, 1); //sw5, input for sensor1
46 //
47     DINT;
48
```

- 라인 13-15: CPU2에 적용되는 스위치4 와 스위치5을 정의한다.
- 라인 18-37: DUAL CPU 기능을 수행하기 위하여 TI 사에서 제공한 코드이다.
- 라인 41-45: GPIO를 공유하기 위하여 해당 GPIO을 Write 한다.

```
  InitPieCtrl();
  IER = 0x0000;
  IFR = 0x0000;

  InitPieVectTable();

  EINT;  // Enable Global interrupt INTM
  ERTM;  // Enable Global realtime interrupt DBGM

for(;;)
{
  GPIO_WritePin(47, 1); // L6 LED 꺼짐, Loop 확인

 if(SW5_STATE) //sensor1 감지, high
   {
     GPIO_WritePin(39, 0);  //sen1 감지시 L3 on, low
     DELAY_US(1000 * 5);  //sen1 감지 유지 5 ms delay,

  if(SW4_STATE) //sensor2, high
   {
     GPIO_WritePin(46, 0);  //sen2 감지, L7 on, low
     DELAY_US(1000 * 5);  // sens2 감지 상태 유지
        }
 else
 {
  GPIO_WritePin(46, 1);  // sen2 감지 사라짐, L7 off, high
  DELAY_US(1000 * 100);  //500 일때,chattering 없으나 감지가 느림
     }
       }

else
 {
  GPIO_WritePin(39, 1); //sen1 감지 사라짐, L3 off, high
   DELAY_US(1000 * 100);
     }

  if(SW4_STATE)  // high, off 의미, sensor2 감지
   {
      GPIO_WritePin(46, 0);  //sen2 감지 L7 on, low
       DELAY_US(1000 * 5);

      if(SW5_STATE)
      {
          GPIO_WritePin(39, 0);  //L3 on, low
         DELAY_US(1000 * 5);
      }
```

```
95
96          else
97          {
98              GPIO_WritePin(39, 1);  //L3 on, high
99              DELAY_US(1000 * 100);
100         }
101
102     }
103
104     else  //sw4, sw5 가  low 되면 무감지
105     {
106
107         GPIO_WritePin(46, 1);  //L7 off, high
108         DELAY_US(1000 * 100);
109     }
110
111    GPIO_WritePin(47, 0); // L6 LED 꺼짐, Loop 확인
112    }
113
114 }
115 //
116 // End of file
```

- 라인 58-112: 무한 루프로 동작되며, CPU1에서 감지된 출력이 CPU2의 스위치 4와 스위치 5에 입력되어 입력된 신호에 동기 되어 CPU2에서 감지 출력을 실행하는 동작을 나타낸다. 인체가 무감지 상태에 있을 때 CPU1_Sensor1 출력인 L1(GPIO40) 단자는 Low 상태에 있고, 또한 CPU1_Sensor2 출력인 L0(GPIO37) 단자도 Low 상태에 있다. 인체가 Sensor2에 감지될 때 CPU1_Sensor 2의 출력 신호가 HIGH 가 되고 스위치 4가 동작(SW4_STATE)되어 L7(GPIO46)이 Low가 된다. 또한 인체가 Sensor1에 감지될 때 CPU1_Sensor 1의 출력 신호가 HIGH가 되고 스위치 5가 동작(SW5_STATE)되어 L3(GPIO39)이 Low가 된다.

그림 14-12는 Sensor 1의 동작 상태를 디지털 오실로스코프로 측정한 값을 나타낸다. 그림 14-13은 Sensor 2의 동작 상태를 디지털 오실로스코프로 측정한 값을 나타낸다. 프로그램 상의 DELAY_US는 지연 동작을 usec로 나타낸 것으로 CPU1 과 CPU2 사이의 통신(ipc) 지연 시간이 일정하지 않게 추가되어 져서 설계 값 대비 지연되는 오차가 발생된다.

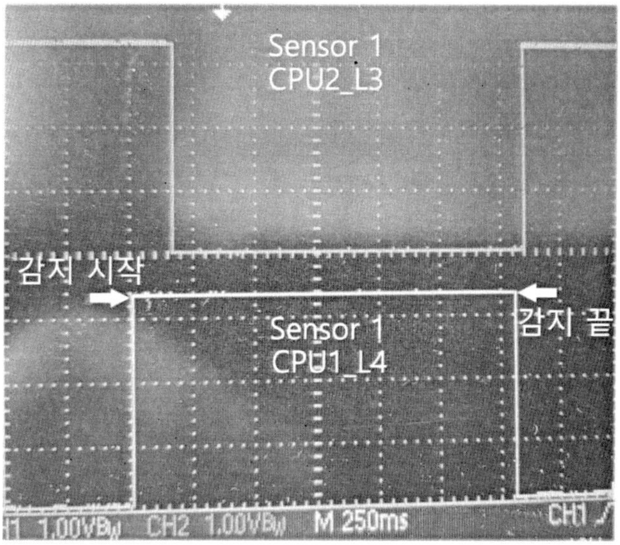

| 그림 14-12 | Sensor 1동작에 따른 CPU1과 CPU2 출력

참고 CPU1의 감지 결과는 지연 현상 없이 바로 출력된 것으로 나타나고, CPU1의 신호를 받아 동작되는 CPU2의 감지 출력은 프로그램 동작 대비 실행 결과 약 50msec 오차가 발생한다.

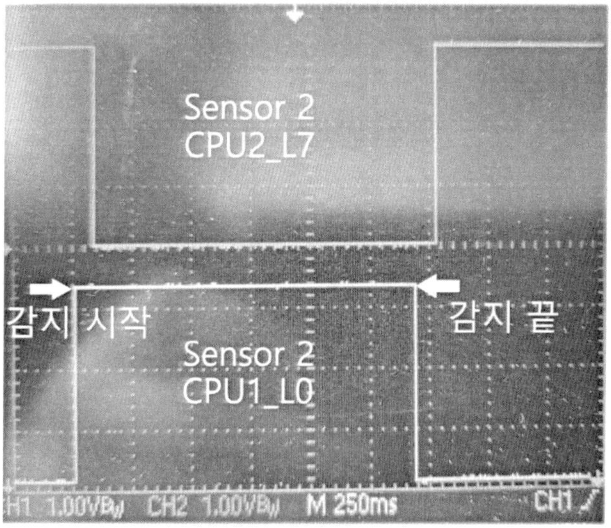

| 그림 14-13 | Sensor 2동작에 따른 CPU1과 CPU2 출력

참고 CPU1의 감지 결과는 지연 현상 없이 바로 출력된 것으로 나타나고, CPU1의 신호를 받아 동작되는 CPU2의 감지 출력은 프로그램 동작 대비 실행 결과 수 msec 이내 오차가 발생한다.

APPENDIX 01 CCS 셋업

1-1 CCS 자료 다운로드

TI 사의 DSP IC인 Tms320f2837xD 제품을 사용하기 위하여, 사용자 PC에 소프트웨어 설계 툴인 CCS가 설치되어야 한다. 해당 Software를 다운로드(download) 하기 위해서는 TI 사의 홈 페이지에 로그인(login)하여 필요한 사항을 확인하고, 요구되는 인적 사항을 작성하여 TI 사에 제출하면 요청한 Software를 Download 할 수 있는 권한을 받는다. 그림 1은 제출 서류의 예로서 주의할 사항은 반드시 "Civil"을 체크해야 한다.

| 그림 1 | 제출 서류의 예

Tms320f2837xD DSP 구동에 필요한 자료로는 C2000WARE 내에 저장된 예제 프로그램과 빌드에 필요한 프로그램 여러 종류가 있다. 반듯이 CCS (Code Composer Studio)을 다운로드 받아 사용자 PC에 설치를 하여야 한다. 그림 2는 TI 사로부터 자료를 다운로드 받아 C: 에 설치된 상태를 나타낸다. 설계자는 C2000WARE와 CCS을 다운로드하여 PC에 설치한다.

주의 TI 사에서 제공된 프로그램을 설치할 때 해당 폴더와 경로의 이름은 반드시 영문으로 하여야 한다.

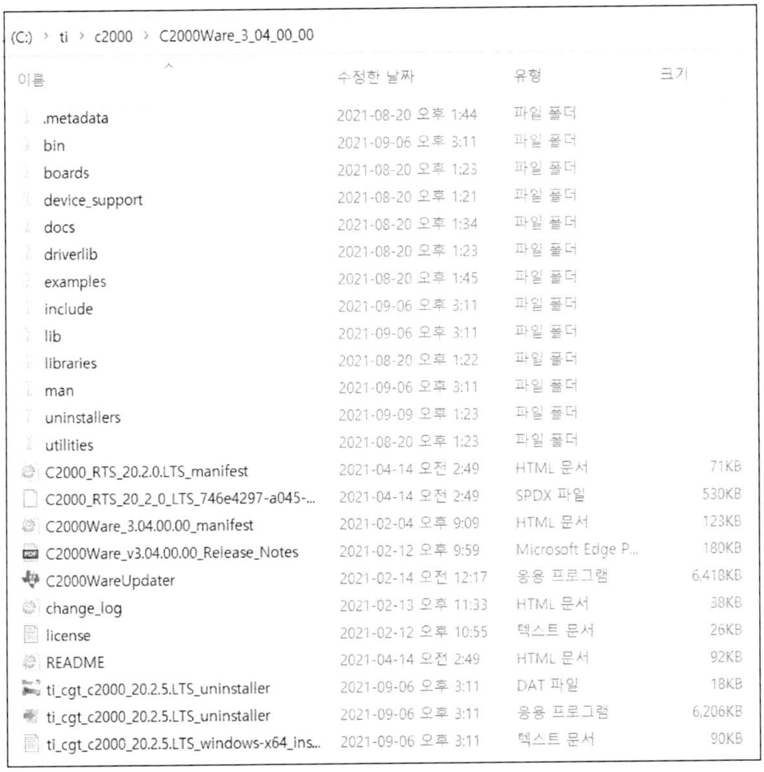

(C:) › ti › c2000 › C2000Ware_3_04_00_00

이름	수정한 날짜	유형	크기
.metadata	2021-08-20 오후 1:44	파일 폴더	
bin	2021-09-06 오후 3:11	파일 폴더	
boards	2021-08-20 오후 1:23	파일 폴더	
device_support	2021-08-20 오후 1:21	파일 폴더	
docs	2021-08-20 오후 1:34	파일 폴더	
driverlib	2021-08-20 오후 1:23	파일 폴더	
examples	2021-08-20 오후 1:45	파일 폴더	
include	2021-09-06 오후 3:11	파일 폴더	
lib	2021-09-06 오후 3:11	파일 폴더	
libraries	2021-08-20 오후 1:22	파일 폴더	
man	2021-09-06 오후 3:11	파일 폴더	
uninstallers	2021-09-09 오후 1:23	파일 폴더	
utilities	2021-08-20 오후 1:23	파일 폴더	
C2000_RTS_20.2.0.LTS_manifest	2021-04-14 오전 2:49	HTML 문서	71KB
C2000_RTS_20_2_0_LTS_746e4297-a045-...	2021-04-14 오전 2:49	SPDX 파일	530KB
C2000Ware_3.04.00.00_manifest	2021-02-04 오후 9:09	HTML 문서	123KB
C2000Ware_v3.04.00.00_Release_Notes	2021-02-12 오후 9:59	Microsoft Edge P...	180KB
C2000WareUpdater	2021-02-14 오전 12:17	응용 프로그램	6,418KB
change_log	2021-02-13 오후 11:33	HTML 문서	38KB
license	2021-02-12 오후 10:55	텍스트 문서	26KB
README	2021-04-14 오전 2:49	HTML 문서	92KB
ti_cgt_c2000_20.2.5.LTS_uninstaller	2021-09-06 오후 3:11	DAT 파일	18KB
ti_cgt_c2000_20.2.5.LTS_uninstaller	2021-09-06 오후 3:11	응용 프로그램	6,206KB
ti_cgt_c2000_20.2.5.LTS_windows-x64_ins...	2021-09-06 오후 3:11	텍스트 문서	90KB

| 그림 2 | TI 사로부터 자료를 다운로드 받아 C: 에 설치된 상태

1-2 CCS(Code Composer Studio) 설치

CCS는 TI 사에서 개발하여 무상 배포하고 있는 TI 사 임베디드 프로세스 Family를 개발하는 통합 Software 개발 환경 Tool로서, 소프트웨어 개발과 디버깅에 필요한 여러가지 Software 도구들이 포함 되어있다. TI 사의 홈 페이지에서 다운로드하여 설치한다. 그림 3은 CCS 다운로드 화면을 나타낸다.

| 그림 3 | CCS 다운로드 화면

설치 과정에서 "workspace"을 유효하게 하여 적용하면 프로젝트 별로 프로그램 개발할 때 편리하다. 그림 4는 workspace를 적용한 예를 나타낸다.

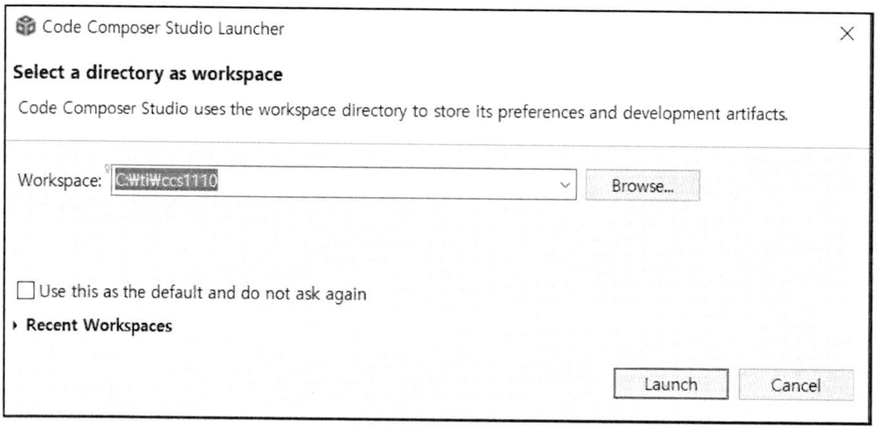

| 그림 4 | CCS 내의 Workspace

1-3 프로젝트(project) 생성

소프트웨어를 개발하기 위해서는 프로젝트가 만들어져야 한다. 만들어진 프로제트 내에 개발자가 설계할 프로그램과 빌드(build)에 필요한 Linker 프로그램들이 함께 로드 된다.

1) Launch를 클릭하고, File 메뉴에서 "New CCS Project를 선택한다.

2) Project name 난에 사용자가 원하는 프로젝트 이름을 영문으로 작성하고 Finish를 클릭 한다.

3) Project Explorer (화면 왼쪽 상단)에 프로젝트가 생성된 것이 확인되면, Project에 커서를 위치시키고 마우스 오른쪽 키를 클릭 하여 "Properties"을 확인하고 Include 경로를 추가한다.

4) Include Options 항목에 C2000WARE Ver3.04 내의 device support₩f2837xd Include 파일에서 common₩include와 header₩include 경로를 추가한다. 그림 5는 Include Option을 추가한 상태를 나타낸다.

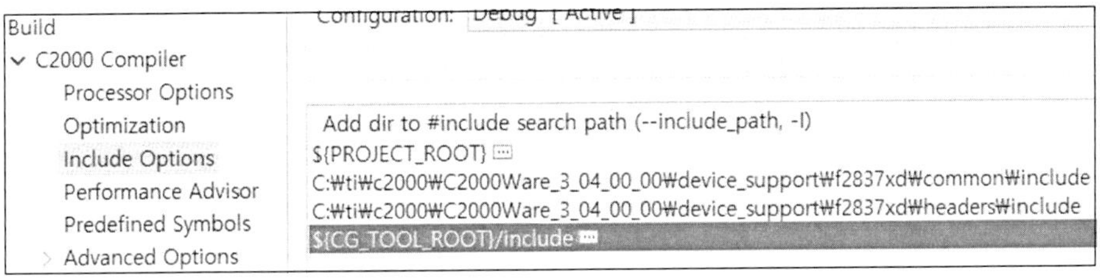

| 그림 5 | Include Option을 추가한 상태

5) Predefined Symbols에 "CPU1_FLASH_STANDALONE"를 추가한다. 그림 6은 Predefined Symbol이 추가된 상태를 나타낸다.

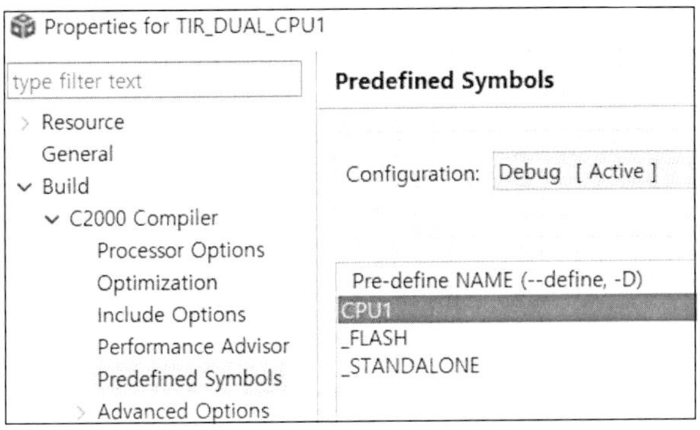

| 그림 6 | Predefined Symbol이 추가된 상태

6) C2000 linker Basic Options에서 Stack size를 0x200에서 0x3F8 로 변경한다.

7) 제품 개발 시, Build 과정에서 필요한 파일을 TI 사 자료실에서 찾아 프로젝트 SG_Noise_30pi에서 보여지는 것과 같이 프로젝트 생성시 17개 파일을 함께 복사하여 사용하면 편리하다. 그림 7은 만들어진 프로젝트 내에 파일 상태를 나타낸다. 2837xFLASH_lnk_cpu1.cmd 파일은 자동으로 생성된 파일이고, blinky_dc_cpu01.c는 TI 사에서 개발하여 배포한 참

고용 예제 파일로서 메인 파일(main.c)을 대체하여 개발용 software로 작성할 수 있다. 새로운 프로젝트를 만들면 main.c 파일이 자동 생성되는데, 사용자는 main.c 파일내에 개발하고자 하는 software을 작성하면 된다. Build 된 소스 파일은 이름을 변경하여 동일 프로젝트 내에서 사용될 수 있다. TI 사에서 개발된 예제 파일을 수정하여 새로운 프로젝트를 만들 경우에는 해당 예제를 파일을 add하고, 프로젝트 생성시 만들어진 main.c 파일이 중복되지 않게 제거되어야 한다.

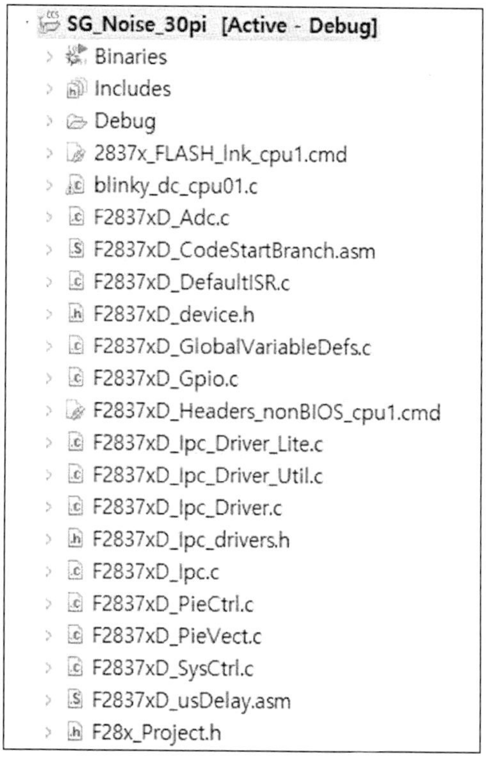

| 그림 7 | 새 프로젝트 내에 파일 구성 상태

1-4 Target Configuration File

CCS는 개발자가 사용 환경을 만들어 주어야 설정된 환경내에서 실행된다. Target Configuration File을 만들기 위해서는 CCS 메뉴 상단에서 "View Target Configuration "메뉴를 클릭 하여 만든다.

1-5 Build Project

설계된 프로그램 소스를 DSP 보드 내에서 동작 시키기 위해서는 소스를 Build 해야 한다.

Edit 모드에서 메뉴 상단의 "Project Build Project"을 클릭하여 Build 한다.

Build 가 성공적으로 완성되면 ".out"파일이 자동으로 생성된다. 그림 8은 빌드 후 DSP 보드에 프로그램 로드할 출력 파일을 나타낸다. (예: GPIO setup. out)

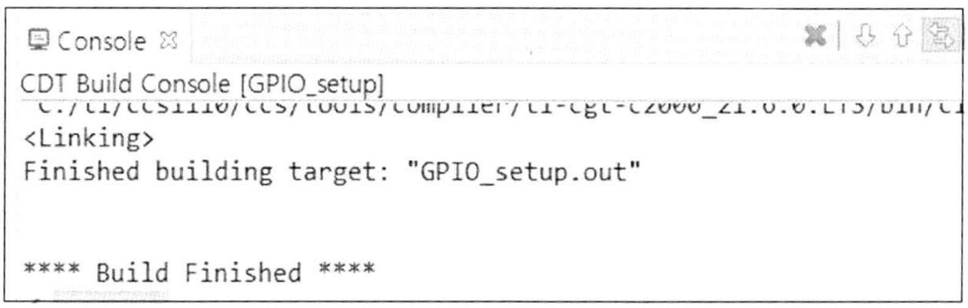

| 그림 8 | 빌드 후 DSP 보드에 프로그램 로드 할 출력 파일

1-6 CCS Debug mode 활성화와 Launch Selected Configuration 동작 실행

Debug 모드에서 실행되며, "User Defined"을 클릭하면 Target Configuration에서 만들어진 ".ccxml" 이 보여진다. 이 파일을 우측 클릭하면 "Launch Selected Configuration" 이 나타난다. 이것을 클릭하여 CCS 프로그램과 개발용 보드를 연결하고 설계된 프로그램(.out)을 로드 한다.

요약하여 설명하면, Debug → User Defined → TMS320F283777D.ccxml → 마우스 오른쪽 클릭 → Launch Selected Configuration → 프로그램 할 CPU 지정 → CCS 화면 상단의 Run 클릭 → Connect Target → Load → Target 보드에 설계 된 프로그램(.out) 로드가 끝난 후 Resume을 클릭 → 개발용 보드 동작 → 타겟 보드를 파워 리셋 한다.

APPENDIX 02

KB2837xD 보드의 블록 별 회로도

2-1 스위치(switch) 회로도

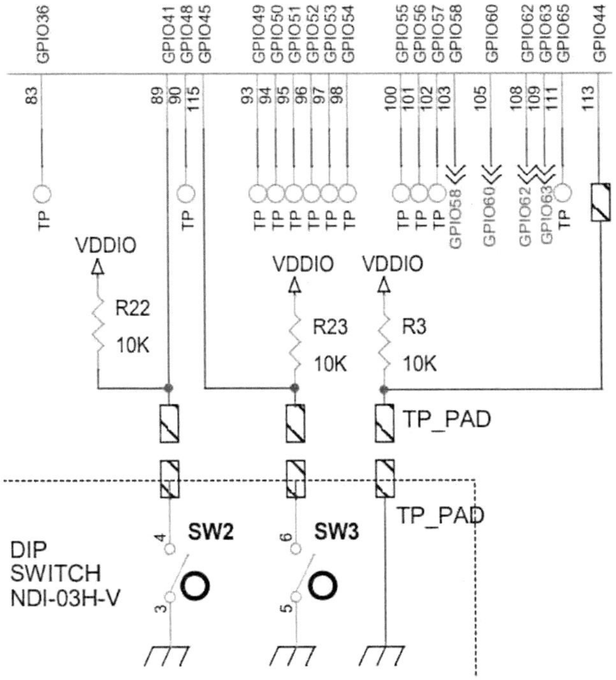

2-2 Color LEDs (Green, Red, Blue) 회로도

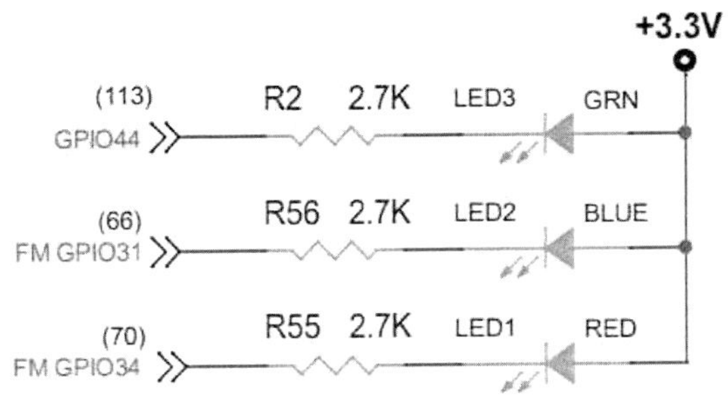

2-3 LED L0 ~ L7 회로도

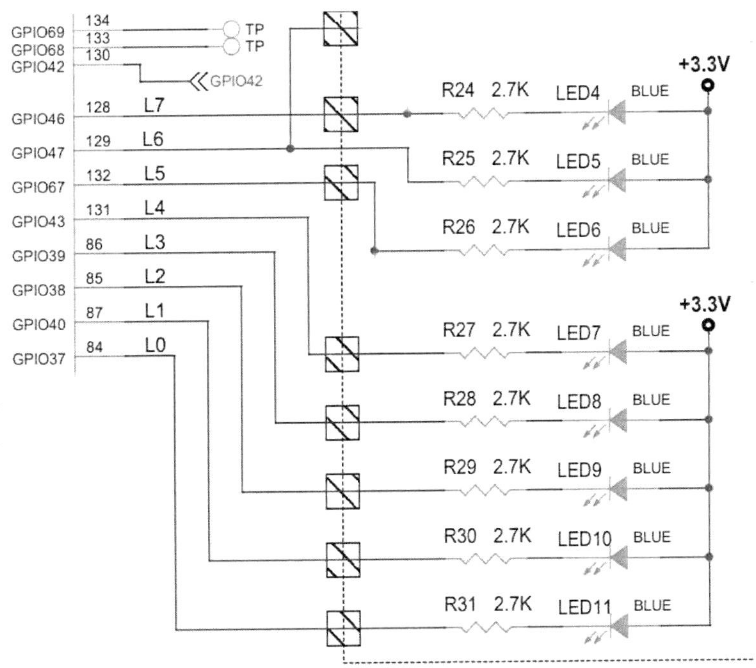

2-4 ADC & DAC와 연결된 I/O주변 회로도

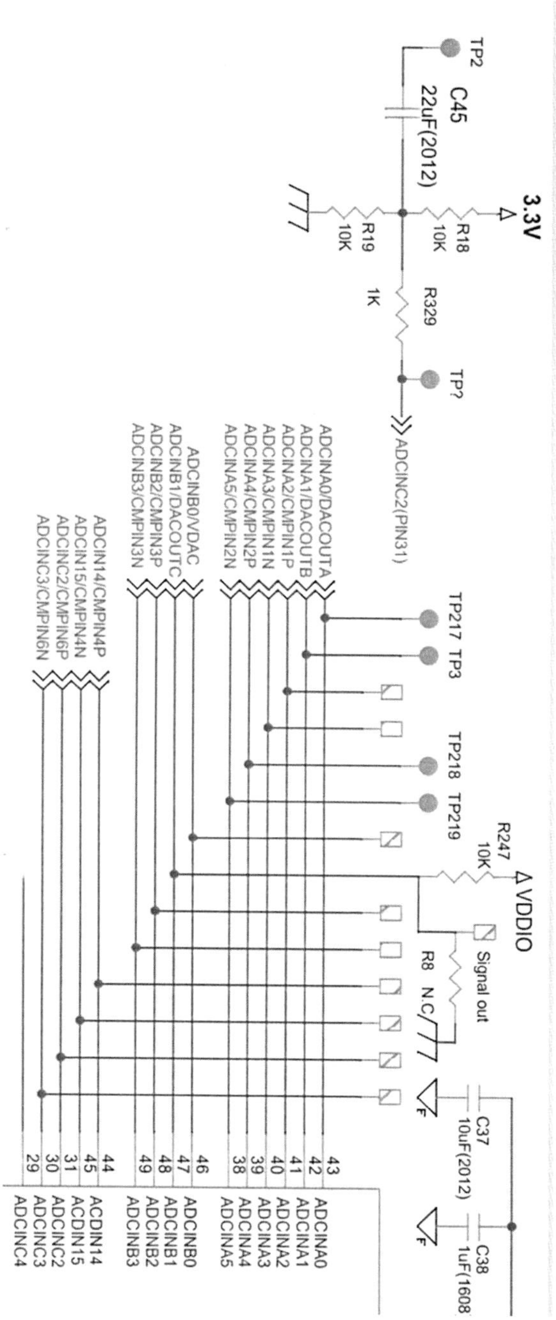

2-5 DAC & 스피커 구동 Audio Amplifier 회로 & CON7 (ADCINB3) 회로도

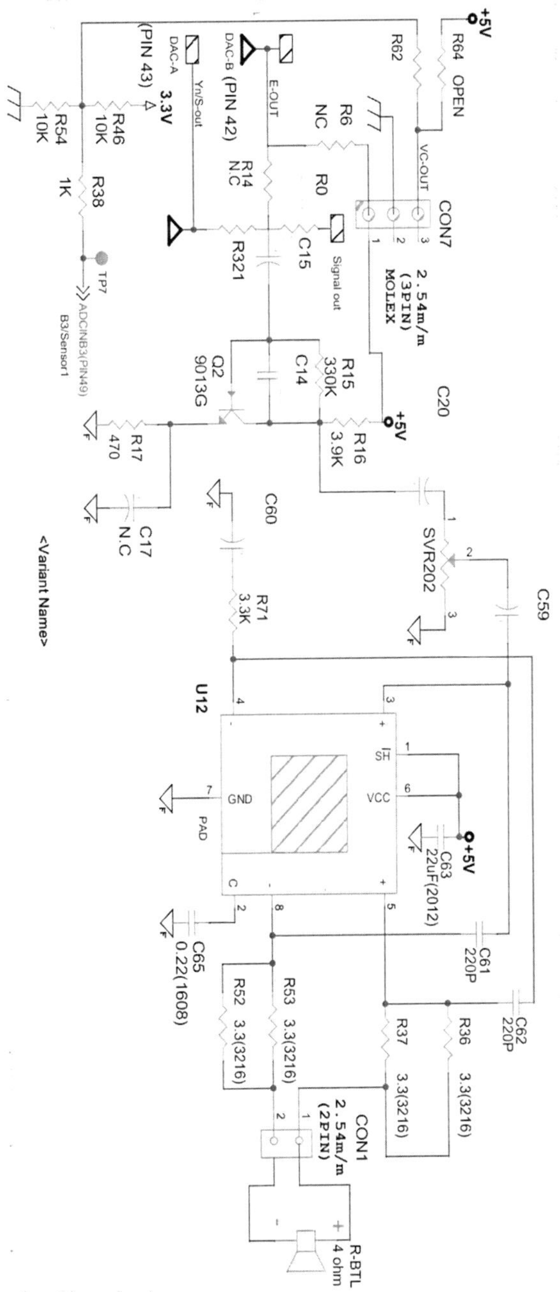

2-6 ADC 입력_CON5 (ADCINB0) & CON6 (ADCINB2) 회로도

외부에서 입력되는 Analog 신호는 CON5 또는 CON6을 통하여 DSP IC 내의 ADC 모듈에 입력된다.

ADCINB0 입력 단자는 DAC 모듈에 공급되는 전원 입력과 공용 단자로서 동작된다.

R21은 10kohm, R325는 1Kohm 저항이 각각 적용된다.

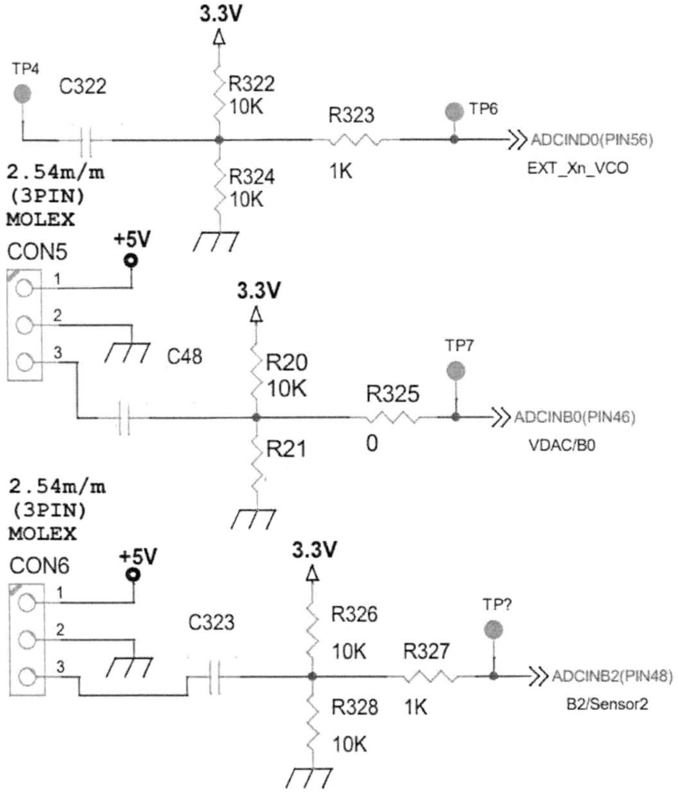

2-7 XTAL_OSC 회로도 와 RESET 회로도

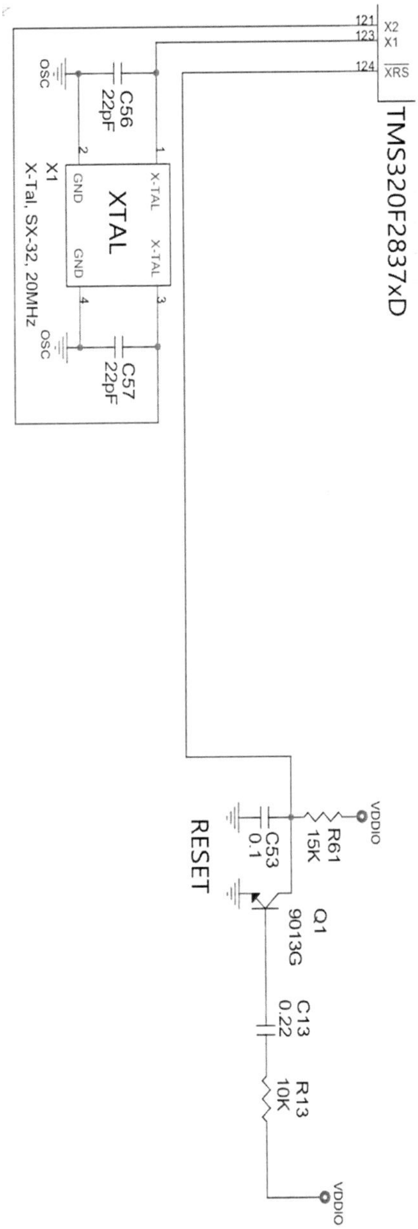

APPENDIX 03

KB2837xD 보드와 함께 실험에 적용되는 센서 모듈과 부품 규격

3-1 마이크 앰프 모듈 규격(모델명: KB6211V3)

www.avmart.co.kr

1) "KB6211V3"은 "High sensitivity microphone으로 가청 음성 신호를 Typical 500배 (1.0KHz, Gain =54dB) 증폭시켜주는 "스피커 구동 마이크 앰프 모듈" 로서 스피커를 직접 구동할 수 있는 High quality 증폭기가 내장되어 있어 잡음과 찌그러짐 그리고 특히 직선 성이 아주 우수하다.

2) 음향학 적 주파수 특성으로 설계되어져, 가청 음성신호 음이 명료하고 울림 현상이 최소화 되어 있다.

3) 가청신호 재생에 적합한 20Hz ~ 20,000Hz 통과 대역으로 설계되어 있다.

4) DYNAMIC RANGE가 넓어, 찌그러짐이 없이 미세 신호부터 큰 신호까지 폭 넓게 사용될 수 있다.

5) 스피커(4 ohm, 8 ohm,)를 직접 구동할 수 있는 오디오 출력 앰프 (Max 5 Watt)가 내장되어 있다.

6) 마이크에서 Pick-Up된 신호를 스피커 선을 길게 확장하여 먼 거리까지 보낼 수 있다. (500 Meters)

7) 신호 음량 조절용 SVR 이 내장되어 신호 볼륨을 0 ~ 500배 범위에서 변경하여 사용할 수 있다.

8) 마이크 앰프 모듈 크기: 35mm (길이) x 15mm (폭) x 11mm (높이)/Lead wire 제외

9) 사용 전압/전류: DC5.0V

10) 음성 감지 능력: 10meter 거리에서 감지된 음성 신호를 출력선에 연결된 스피커를 통하여 들을 수 있다.

11) Acoustic 입력 시 OUTPUT: 1800mVolts ± 3dB/(입력 신호: 5u bar/88dBspl 1KHz)

12) Distortion이 시작되는 출력 전압: 3.0 Volts rms (Peak to Peak 8.3Volts)

13) 전원 인가 후 3초가 경과된 후부터 정상 동작된다.

14) FREQ – RESPONSE (동작 전원: DC 12V, 신호 입력: 2.2Kohm Source 1mVolts 인가 시, 출력 값 rms), Amplifier Gain Curve / dB Volts (1 Volts = 0 dBV).

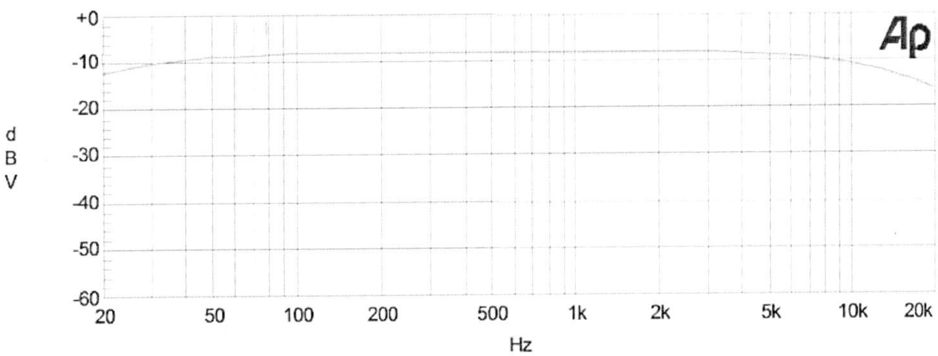

15) 연결 방법

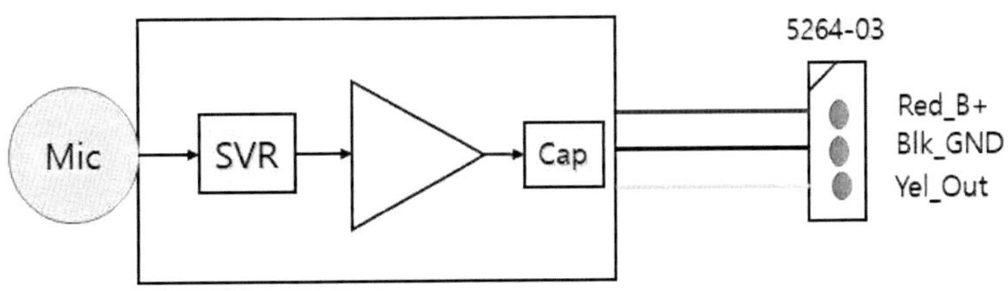

3-2 적외선 인체 감지 센서 모듈(모델명: TIR Amplifier3)

www.avmart.co.kr

1) 인체에서 발산되는 적외선을 감지하여, 수 meter 거리에서 인체 (체온)를 감지하는 장치에 응용함.

2) PIR 센서의 단점이 보완되고, 가시광선 차단 렌즈 필터가 내장되어 주변 환경 변화 영향이 최소화됨.

3) 인체감지 적외선 신호 증폭율이 약 8,000 배 수준에 있어, 미세한 인체 적외선 신호 감지에 최적임.

4) 인체 또는 동물 감지에 응용 사용되며, 감지 거리가 약 6 meters 수준임. (Normal Condition)

5) "Analog-OUTPUT" 로 출력된 신호는 응용 시, 별도 마련된 보드 내의 CPU 단자 ADC 입력단에 연결하여 실 시간으로 값을 읽을 수 있다. 관련 소프트웨어 www.avmart.co.kr에서 참조 바랍니다.

6) 구조: 실물 Size ---- L 75mm * Diameter 21mm, 사용 Connector ----- Molex 3264-03

7) 사용 가능 전원 전압: DC 5 Volts, 소비 전류: 1mA 이내 (Typ 740uA)

8) 적외선 감지 파장: 대역: 8um ~ 14um, 감지 Angle 범위: 약 8도

9) 인체 감지 시 Analog 출력 전압 변화 (측정 환경: 섭씨 22도, 사무실 실내, 측정 값의 "예" 참조)

	무 감지	50cm	150cm	250cm	350cm	450cm
출력전압 mV	2490	2820	2750	2695	2640	2600
변화 전압 mV	0	330	260	205	150	110

10) TIR Amplifier3 회로 구성과 실물 사진

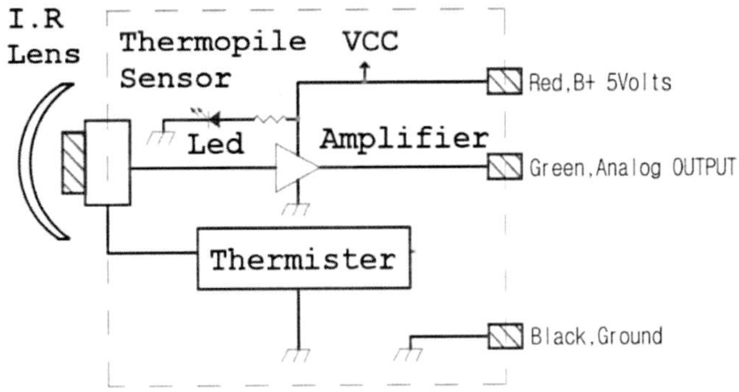

3-3 스피커(모델 명: Y09A04-77R1)

www.avmart.co.kr

1) 찌그러짐이 없는 최고의 음질 재생용 광대역 스피커(20Hz ~ 20KHz).
2) 감도 : 83dB +/- 3dB spl (0.5Watt 기준)
3) 최대 출력 : 약 15Watt
4) 임피던스 : 약 4 Ohm
5) 최저공진 주파수 : 180Hz
6) 특성

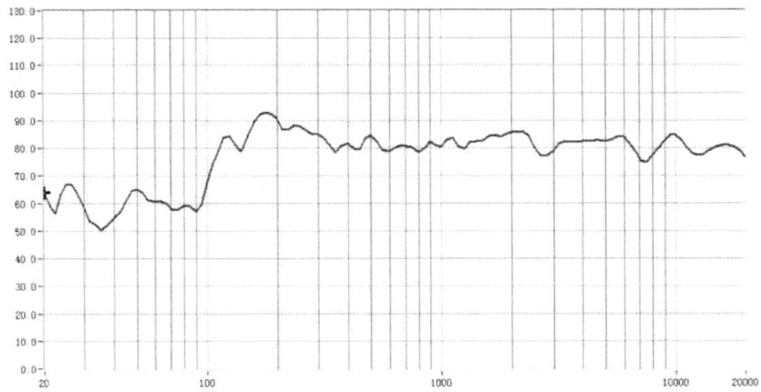

7) 실물 사진 (전면)

8) 실물 크기 (무게 : 약202g) 지름 : 78mm, 홀 간격: 60mm,

3-4 DSP 프로그램 개발용 보드(모델 명: KB2837xD)

www.avmart.co.kr

1) 아날로그 신호와 디지털 신호의 변환 처리를 쉽고 편리하게 개발 및 실행할 수 있게 구성된 DSP 개발용 보드이다.
2) C 언어에 의한 Digital Processing 학습과 임베디드 제품 개발에 쉽게 접근할 수 있게 구성된 보드이다.
3) Digital processing 소프트웨어를 실 제품 개발에 적용할 수 있도록 소스 공개(www.avmart.co.kr)
4) C 언어를 사용하여 DSP 신호 처리 응용 임베디드 제품 개발을 할 수 있게 DSP 동작 설명 게재
5) 보드 구성도(전원: DC12 Volts, Recommend Adaptor: HU10467-11002A/C)

TMS320f2837xD on R&D Board

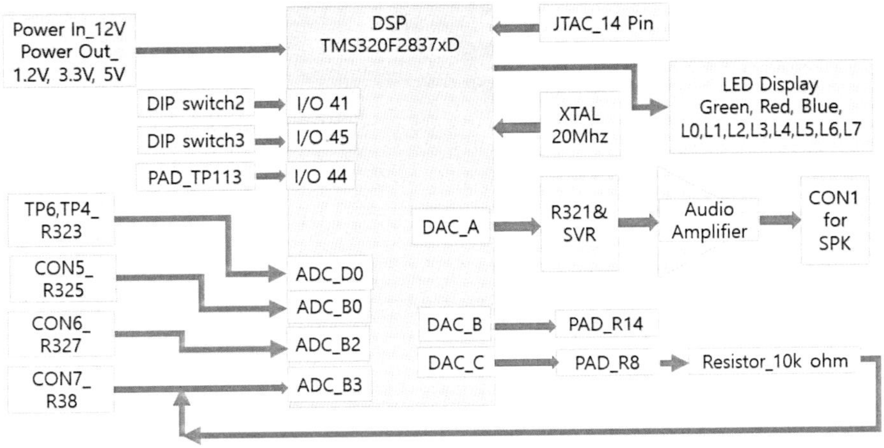

6) KB2837xD 실물 사진 (보드에 실장 된 스피커 규격: 직경 31mm)

KB2837xD 보드 크기: 165 8 60 * 35 mm

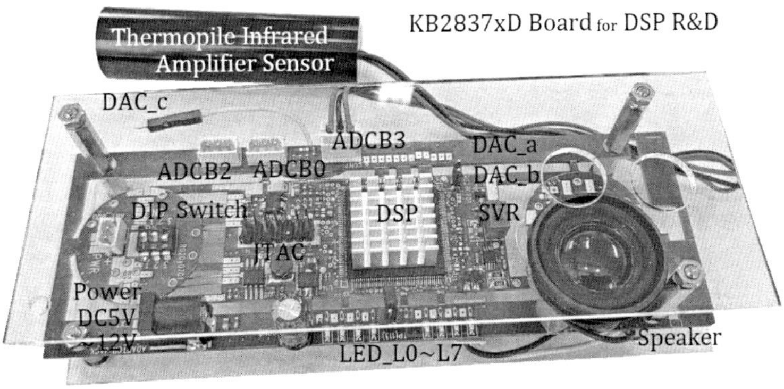

7) 프로그램 ADAPTOR _XDS100V3(JTAC 14 Pin) 연결 구성도

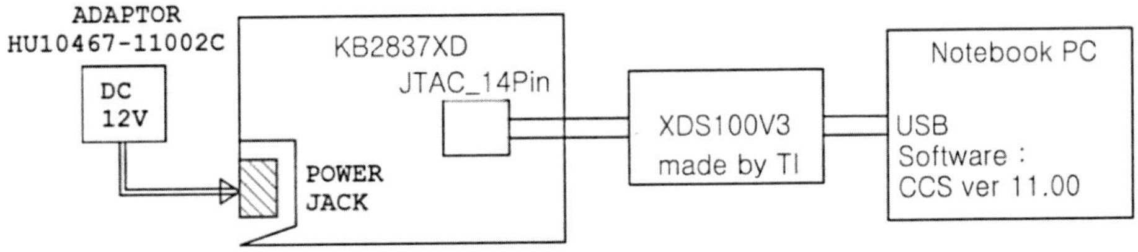

8) 입력 단자와 출력 단자_Top 면

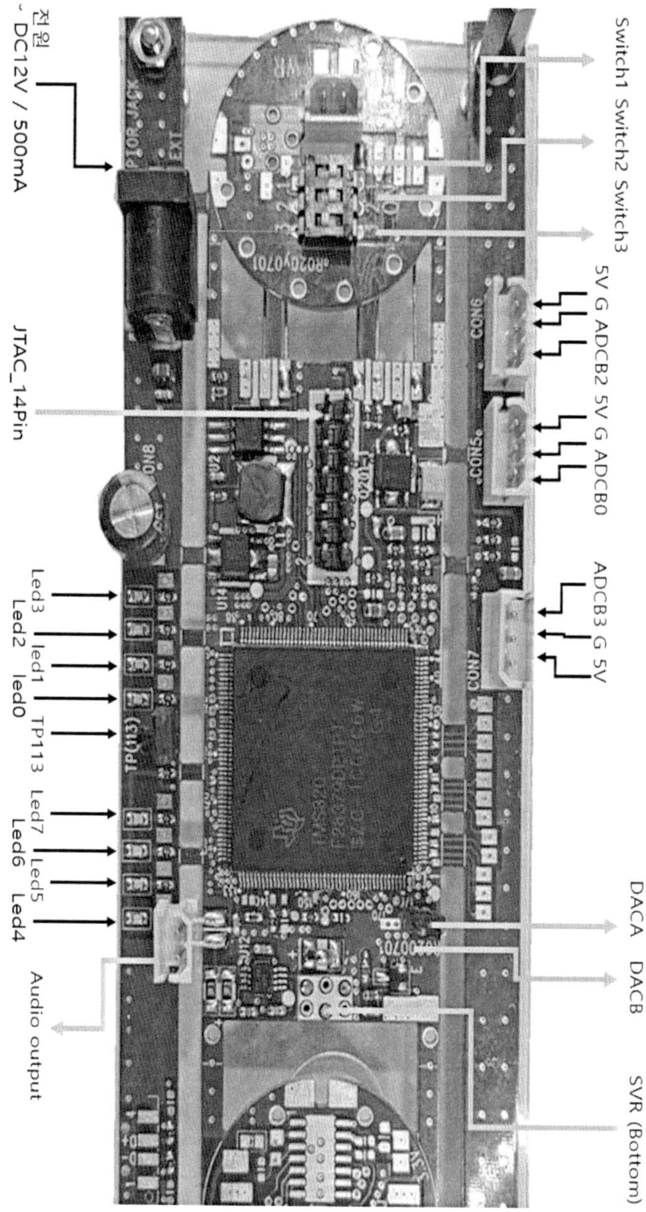

9) 입력 단자와 출력 단자_Bottom 면

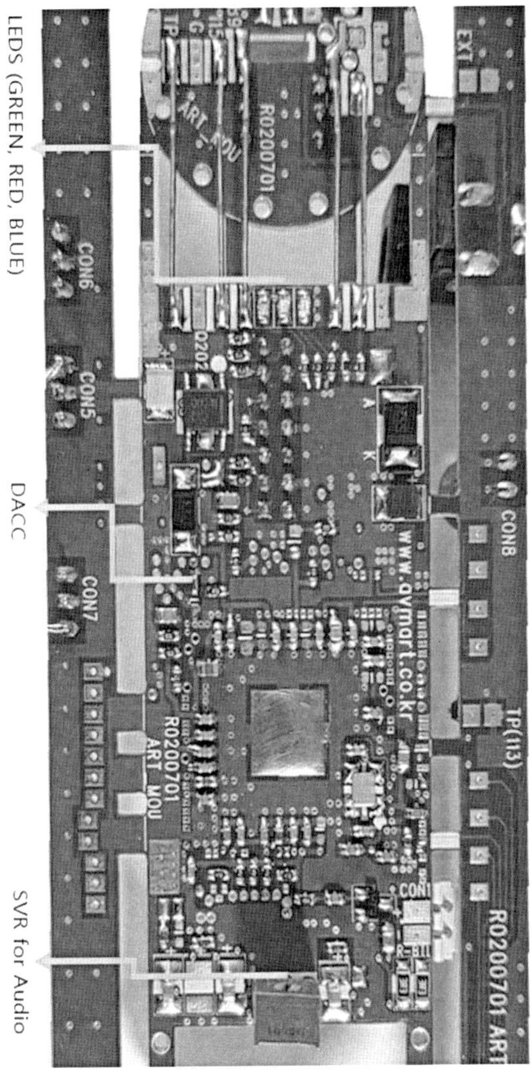

10) Top 면 부품 번호

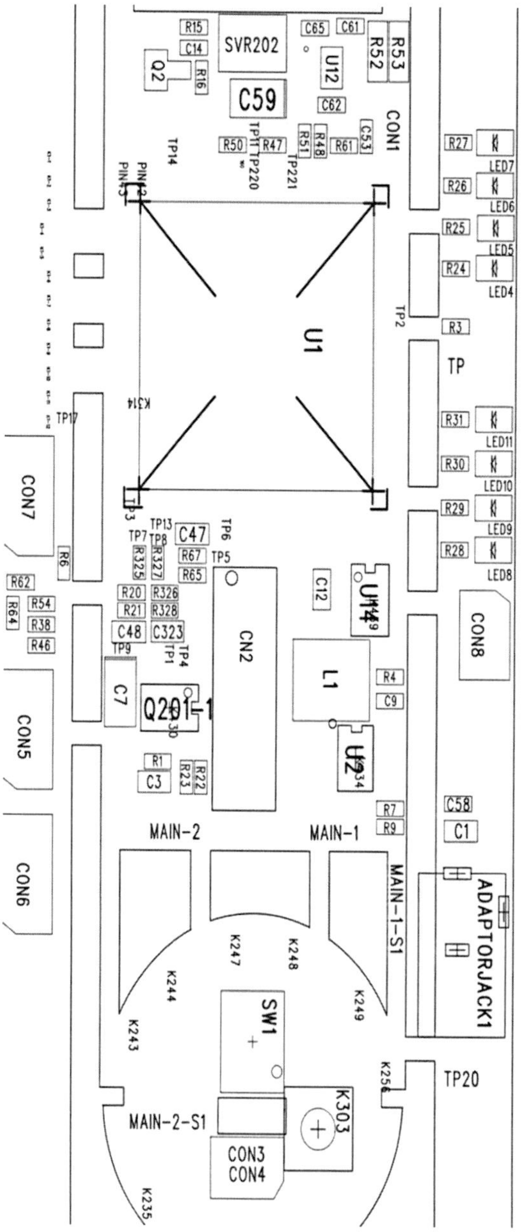
R15
C14
SVR202
C65
C61
R52
R53
Q2
R16
U12
C59
C62
CON1
R50
R47
R51
R48
R61
C53
TP14
TP220
TP221
R27
LED7
R26
LED6
R25
LED5
R24
LED4
TP2
R3
U1
TP
R31
LED11
R30
LED10
R29
LED9
R28
LED8
CON7
TP13
C47
TP6
TP7
TP8
R67
TP5
R6
R325
R327
R65
R62
R20
R326
C12
U14
R64
R54
R21
R328
CON8
R38
C48
C323
CN2
R46
TP9
TP1
TP4
L1
R4
C7
C9
CON5
Q201-1
R1
R23
R22
U2
C3
R7
C58
MAIN-2
MAIN-1
R9
C1
CON6
MAIN-1-S1
ADAPTORJACK1
K247
K248
K244
K249
K243
SW1
TP20
K303
MAIN-2-S1
CON3
CON4
K235

11) Bottom 면 부품 번호

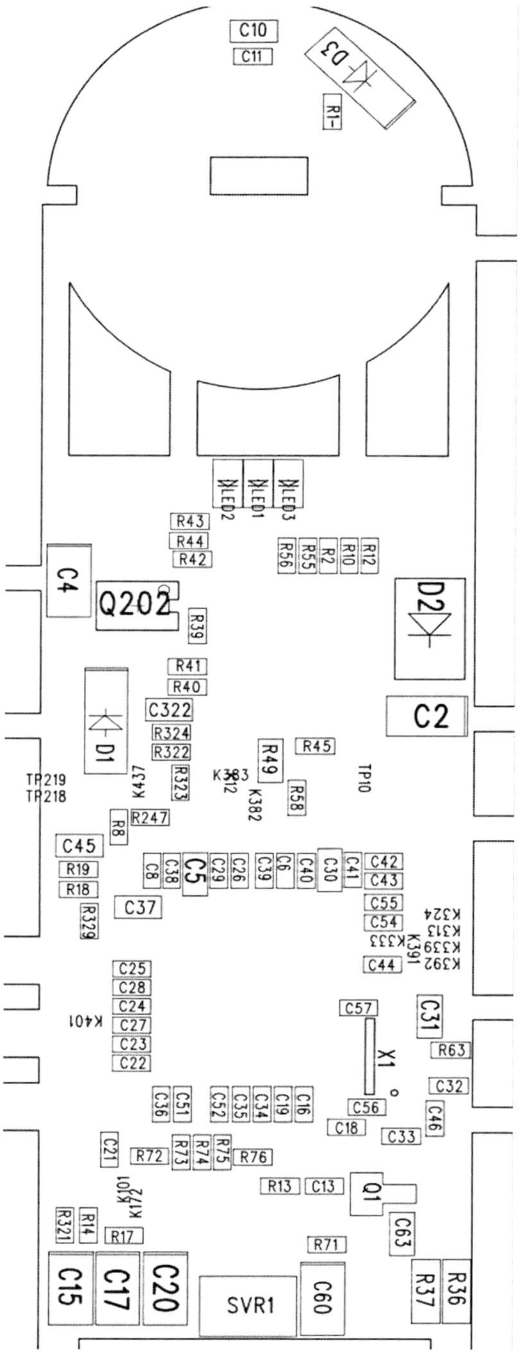

3-5 전원 아답터

www.avmart.co.kr

1.모델: 아답터 저잡음12V2A (XSG-1202000HEK)

2. 제품 설명

1) 저 잡음 전원을 요하는 제품과 오디오 앰프에 적합

2) 국내 안전 인증 "KC" 승인, "EMI 전파" 안전 승인 받음

3) 벽걸이 용으로 사용

4) 외경: 5.5 Ø +/-0.1 _마이너스 전원

내경: 2.1 Ø +/-0.1 _플러스 전원

5) SIZE: 75m/m × 44m/m × 32m/m

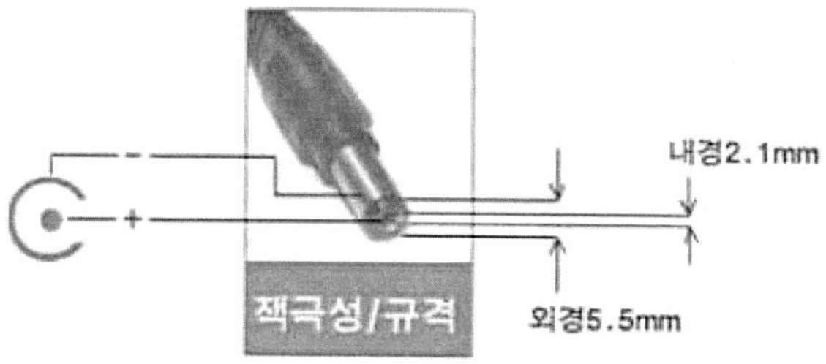

3-6 Atmega128 TIR

www.avmart.co.kr

1. 모델: Atmega128 TIR

2. 특징:

   1) KB2837xD 보드의 DAC 출력을 실시간으로 받아 디스플레이 할 수 있게 구성됨

   2) 임베디드 시스템을 이해하고, C 언어를 학습할 수 있게 하드웨어가 구성됨

   3) CPU의 I/O Port가, 별도 구성된 Pin Array로 연결되어 I/O Port 확장 실험이 편리함

   4) C 언어로 설계된 예제 프로그램_ADC 기능, I/O 제어, 주파수 카운터, 인터럽트 처리

3. 구조

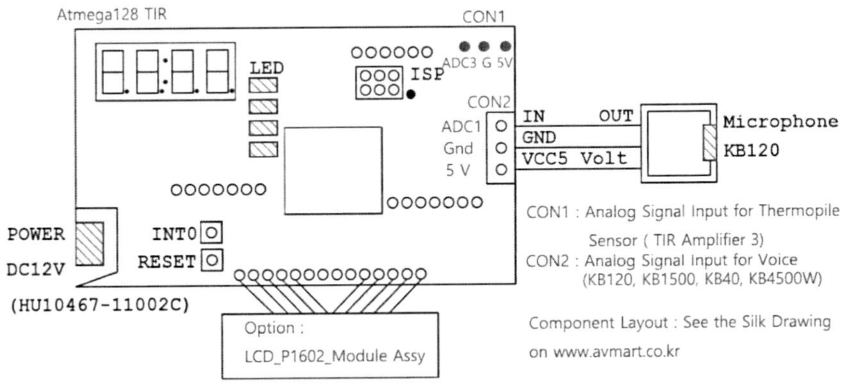

4. 실물 사진(SIZE: 105mm * 50mm* 22mm)

Reference

[1] JOHN WILEY & SONS, INC., DSP Application Using C and the TMS320C6xDSK

[2] Thad B, Welch., Processing from MATLAB to C with the TMS320C6x DSP

[3] Naoki Mikami., Cgengo niyour Digital Singousyori Nyuumon

[4] Tae Hong Park., Introduction to Digital Signal Processing

[5] https://www.ti.com/

[6] https://kr.mathworks.com/products/matlab.html

[7] http://www.avmart.co.kr/

[8] https://www.bksv.com/en

[9] Wikipedia, Adaptive Filter, https://en.wikipedia.org/wiki/Adaptive_filter

[10] Texas Instruments TMS320f-28377d, revised edition, Jun. 2015 (www.ti.com).

[11] Keonil Kang, K.Y Jung, and S.W Nam, "Passive-filter-configuration-based reduction of up-to several-hundred-MHz EMI noises in H-bridge PWM micro_stepping motor driver circuits," *IEICE Trans. Electron*, vol_E101_C, no. 2, pp. 104-111, Feb. 2018.

[12] Keonil Kang and S.W. Nam, "Design of thermopile infrared sensor module with extended human-body detection distance,"*Journal of the Institute of Electronics and Information Engineers,* vol. SP 55, no. 2, pp. 81-88, Feb. 2018.

[13] Keonil Kang and S.W. Nam, "Design of thermopile infrared sensor based decision module with extended human-body detection distance,"*Journal of the Institute of Electronics and Information Engineers,* vol. SP 55, no. 7, pp. 77-88, Jul. 2018.

[14] http://www.murata.com/en-global/products/,

[15] T.-W. Ahn, "Improvement method for human body sensing module and managing system, "*Journal of the Institute of Electronics and Information Engineers,* vol. 51, no. 10, pp. 223-227, Oct. 2014.

[16] M.–C. Dijkstra and T–S. Lammerink "Thermal flow–sensor drift reduction by thermopile voltage cancellation via power feedback control, "*IEEE Journal and Mag. Microelectro mechanical Systems*, vol. 23, no. 4, pp. 908–917, Aug. 2014.

[17] H.–W. Cha and M–Y. Cho, "A design of standing human body sensing system using rotation of PIR sensor", journal *of the Institute of Electronics and Information Engineers,* vol. 53, no. 1, pp. 129–136, Jan. 2016.

[18] Ro.–Serfa Juan, J–S. Kim, Y–H. Sa, H–S. Kim, and H–W. Cha, "Development of a sensing module for standing and moving human body using a shutter and PIR sensor,"*International Journal of Multimedia and Ubiquitous Engineering,* vol. 11, no. 7, pp. 45–56, Nov. 2016.

[19] Amphenol Advanced Sensors, Infrared Thermopile Sensors Non–contact temperature Measurement, 2015.(www.ge–mcs.com)

[20] S. Parnin, and M–M. Rahman, "Human location estimation using thermopile array sensor," *Proc. of 6th International Conference on Mechatronics-ICOM*'17, 2017.

[21] S.–G. Hong, H–S. Jeong, K. Kim, and J. Ryeom,"Development of multi–sensor module to detect the human body for outdoor led lighting features,"*Journal of Korean Institute of Illuminating and Electrical Installation Engineers,* vol. 30, no 10, pp. 9–19, Oct. 2016, http://dx.doi.org

[22] Texas Instruments TMS320f–28377d, revised edition, Jun. 2022 (www.ti.com).

[23] Analog Device. Inc., EMI, RFI, and shielding concepts, Tutorial, MT–095, 2009.

[24] www.ti.com/analogrefguide

[25] kr.mathworks.com

[26] www.k–bell.co.kr

Index